AF341438

CÉRÈS FRANCAISE.

CÉRÈS

FRANÇAISE

OU

TABLEAU RAISONNÉ DE LA CULTURE ET DU COMMERCE

DES CÉRÉALES EN FRANCE,

PAR

M. Gautier,

ANCIEN ADMINISTRATEUR DES VIVRES DE LA GUERRE, DE LA MARINE,
ET DE L'APPROVISIONNEMENT DE RÉSERVE
POUR PARIS.

PARIS.

Chez Mme HUZARD, imprimeur-libraire, rue de l'Éperon, 7.
TREUTTEL et WURTZ, libraires, rue de Lille, 17.
RENARD, libraire, rue Saint-Anne, 71.
LECOINTE et POUGIN, libraires, quai des Augustins, 49.
DENTU, libraire, galerie d'Orléans, Palais-Royal.

—

1833

TABLE DES MATIÈRES.

1re PARTIE.

CULTURE, ÉCONOMIE, LÉGISLATION.

*

VII

2me PARTIE.

COMMERCE.

Commerce intérieur, commerce extérieur.

ERRATA.

Introduction, page II, ligne deuxième, *des Cérès* lisez *de Cérès*.

— Id. ligne dixième, *pris*, lisez *prins*.

Chapitre 1er. Page 7, dans le sommaire, après les mots *du méteil*, effacez *des espèces et variétés*.

P. 11, ligne troisième, *Linnée* lisez *Linné*.

P. 24, avant dernière ligne, effacez *le meilleur*.

Chapitre ii. P. 93, devant l'accolade, *terres cultivées*, lisez *terres ensemencées*.

Chapitre iii. P. 110, en note, ligne quatrième, transportez le ; qui suit le mot *hectolitre* après les mots *la totalité des récoltes*.

Chapitre iv. P. 129, ligne douzième, effacez la virgule après les mots *dont ils disposent*.

Id., lisez ainsi la première phrase du second paragraphe : *En 1810, l'empereur, pour suppléer aux importations qu'empêchait la guerre maritime, voulut, etc.*

P. 134, avant-dernière ligne, *l'un et l'autre doit*, lisez *doivent.*

AVANT-PROPOS.

Cet ouvrage, selon le prospectus, devait être composé de deux volumes, dans lesquels le tableau de la culture et du commerce des céréales en France aurait été présenté dans tout son développement ; le nombre de souscriptions demandé pour subvenir aux frais d'impression n'ayant point été rempli, à beaucoup près, l'auteur a dû resserrer son plan ; il a réduit son livre à un seul volume et diminué, conséquemment, le prix de l'ouvrage. Il remercie ceux de ses anciens collaborateurs qui, par leurs souscriptions, l'ont, presque seuls, mis en état de le publier en petit nombre.

On s'est demandé, sans doute, à quoi bon un ouvrage nouveau sur les grains après tant d'autres, après des lois plusieurs fois amendées sur cette matière, et lorsque rien n'inspire des inquiétudes sur la subsistance commune? On peut répondre qu'aucun des ouvrages précédens n'a embrassé l'ensemble des questions et des faits relatifs à la production et au mouvement commercial des blés en France; que les documens sur lesquels les lois ont été basées sont encore, comme on le verra, très-hypothétiques; que le temps use tout, même les lois; et, quant à l'opportunité, que les mauvais jours renaîtront, et avec eux des embarras et des discussions auxquels il est prudent de se préparer.

L'administration a probablement pensé sur cet ouvrage comme le public, en n'accordant point à son auteur la faculté, deux fois demandée (1), de porter ses recherches dans les archives d'une époque plus rapprochée que celle qu'il a prise pour point de départ. Quoi qu'il en soit, il espère que son travail, tout incomplet qu'il est, ne restera pas sans utilité.

Le nom de *Cérès* semble désigner un livre exclusivement consacré à l'agriculture; c'est peut-être un tort d'avoir employé ce nom dans un sens moins restreint : on le pardonnera à cause de la concision.

______

(1) Par lettres à M. le Ministre du commerce et des travaux publics des 5 novembre 1831 et 1er mars 1833.

CÉRÈS FRANÇAISE.

INTRODUCTION.

C'est du nom de *Cérès*, par lequel les Latins dési-
gnaient la déité qui présidait aux semailles et aux
moissons (1), qu'est dérivé le mot *céréales*, mot nouveau dans notre langue, dont la signification est la
même que celle du mot *blés*, mais plus étendue et
moins équivoque. Elle embrasse indistinctement
toutes les graines farineuses, y compris le blé du

(1) Quoique ce soit en Grèce que *Cérès* enseigna aux hommes
à cultiver la terre, et que son culte prit naissance, elle n'y était
point honorée sous ce nom, mais sous celui de *Démêter*, épithète
dont le surnom que lui donnaient les Romains, *magna mater*,
mater maxima, semble être la traduction.

Nouveau Monde, le maïs, qui certainement n'était point connu des adorateurs des *Cérès*. On étend même ce nom aux fécules des tubercules que l'art de la meunerie et de la boulangerie, aujourd'hui très-perfectionné, sait convertir en pain.

Le mot *blés* embrassait aussi primitivement toutes les graines alimentaires; l'auteur du *Théâtre d'agriculture*, *Olivier de Serres*, le définissait ainsi sous le règne de Henri IV : « C'est un mot barbare cor-» rompu de l'Italien (1), et qui est pris généralement » pour tous grains, jusqu'aux légumes bons à man-» ger. » L'usage a restreint la signification de ce mot, employé au pluriel, à désigner les graines propres à la panification; et au singulier, à désigner spéciale-ment le blé par excellence, le froment.

Des recherches sur la nature primitive du blé, que les uns disent être une production spontanée de la terre, d'autres un produit de la culture (2), se-raient ici plus curieuses qu'utiles. Il en est de même de celles qui auraient pour objet de savoir au juste quelle contrée a produit les premiers épis nourri-ciers. Ce dernier objet de recherches a exercé la

---

(1) *Biado;* mot dérivé lui-même du latin barbare *bladum* ou *blaïum.*

(2) Voir *Buffon*, histoire du chien.

sagacité et la patience de plusieurs écrivains anciens et modernes (1). M. *Dureau de la Malle* fils croit avoir démontré, dans une dissertation lue à l'Institut, dont il est membre, que le froment est originaire des bords du Jourdain (2). Avant lui d'au-

---

(1) *Varron*, contemporain de *César*, comptait cinquante auteurs, grecs et latins, antérieurs à lui, qui avaient écrit sur l'agriculture. Dans les temps modernes, c'est-à-dire depuis l'invention de l'imprimerie, on ne s'est livré que fort tard à cette étude. Le plus ancien livre imprimé en France sur cette matière est de 1553, c'est une traduction des 13 *livres des choses rustiques de Columelle*. Vinrent ensuite, en 1558, des *Remontrances sur le défaut de labour*, par *Bellon*. Peu après le *Théâtre d'agriculture et Mesnage des Champs*, d'*Olivier de Serres*, que « le roi, dit » *Scaliger*, trois ou quatre mois durant après qu'on le lui eut » présenté, se faisait apporter et lire pendant une demi-heure après » son disner, » et les principes économiques de *Sully* qui disait que « labourage et pâturage étaient les deux mamelles de l'État », dirigèrent les esprits vers l'agriculture et les ouvrages qui l'enseignaient ; mais dans le cours du dix-septième siècle, sous Louis XIII et Louis XIV, on s'occupa plus des plantations, du jardinage, de la botanique que de la culture des blés. Les ouvrages les plus nombreux et les plus savans sur cette matière sont de la dernière moitié du dix-huitième siècle et des premières années du siècle actuel.

(2) L'auteur a fait naître le blé dans les environs de *Scythopolis*, l'ancienne *Bethsan*, ville située sur les confins de la Galilée et de la Samarie. « *Elle semble*, dit *Danville*, tirer son nom des » *Scythes* qui, selon *Hérodote*, s'avancèrent jusques dans la Pa- » lestine. » Cette expression de doute autoriserait à penser, si la

tres écrivains avaient dit cette plante indigène en Mésopotamie, d'autres encore en Sicile, d'où les Grecs l'avaient reçue par *Cérès*. Quoi qu'il en soit, long-temps avant l'âge où la chronologie place, en Europe, *Cérès* et *Triptolème*, le blé était cultivé dans cette partie de l'Asie occidentale et sur les bords du Nil. Notre plus ancien monument historique en fait foi : la Bible nous parle d'une famine dans le pays de Chanaan au temps d'Abraham, et de la fécondité de l'Egypte, où il se réfugia, vingt siècles avant notre ère. Aujourd'hui la culture du blé ou des blés, proprement dits, le froment, le seigle, l'orge, l'avoine, s'étend de la Perse au Canada, et du Nil et de l'Atlas à la mer d'Archangel. Ces grains sont le principal aliment des nations de l'Europe, comme le riz et le maïs sont celui des peuples des autres parties du globe. C'est l'état présent de cette culture et du commerce dont elle est la source, principalement en France, qui fait le sujet de cet ouvrage. Son but est de présenter réunis, sur cette culture et ce commerce, des documens jusqu'à présent épars, dans lesquels le cultivateur, le commerçant, l'admi-

---

conjecture de M. *de la Malle* était vérifiée, que le véritable nom aurait été *Sitopolis*, ville du blé, et non *Scythopolis*, ville des Scythes.

nistrateur, le législateur même, pourront peut-être puiser des notions utiles à leurs vues diverses.

Avant que la chimie nous eût appris que la farine des graminées est la substance qui s'assimile le mieux au corps des animaux (1), l'expérience avait enseigné aux hommes que les grains sont la nourriture la plus appropriée à leur nature. Aussi les blés, c'est-à-dire, selon la définition d'*Olivier de Serres*, les grains, les racines et les fruits farineux, sont-ils devenus par toute la terre la base de la subsistance commune, et la culture de ces alimens l'objet principal des travaux de tous. C'est cette culture qui a éveillé le génie de l'homme, fixé les peuplades errantes, créé la propriété, révélé la distinction du juste et de l'injuste, établi le droit, donné naissance aux lois, lié les familles entre elles et les peuples entre eux par l'échange des produits de leur sol. Les Grecs rapportaient tous ces bienfaits à *Cérès* en l'appelant *Thémosphore* ou législatrice. Un pays sans culture est un pays sauvage, sans instruction ou sans lois; un pays mal cultivé n'est point encore sorti de la barbarie ou y est retombé. L'agriculture et la civilisation marchent ensemble et agissent l'une sur l'autre : toutefois un pays peut être fécond sans que l'art de

______

(1) *Fourcroy*, philosophie chimique.

la culture y soit très-perfectionné ; l'Egypte, la Cri-
mée, en sont la preuve ; mais le sol le plus aride peut
être rendu fertile par la seule volonté de l'homme
aidée de son intelligence et de son travail. La France,
si riche de cette double puissance, a de grandes
conquêtes encore à faire sur son propre sol.

CHAPITRE PREMIER.

DES CÉRÉALES EN GÉNÉRAL.

Blés d'hiver, blés de mars. — Du *froment*, son analyse, ses espèces, ses variétés. — De l'*épeautre*, espèce de froment. — Du *seigle* ;
ses variétés. — Du seigle ergoté. — Du *méteil*, ses espèces et variétés. — De l'*orge* ; ses espèces et variétés : *escourgeon*, *pamelle*,
balliarge, etc. — Du *maïs* ; ses variétés, ses avantages, limites
de sa culture. — Du *millet* et du *panis*. — Du *sarrazin* ; de son
usage pour la nourriture des hommes. — De l'*avoine* ; ses espèces ;
de son usage comme aliment pour les hommes. — Du *riz*, production exotique. — *Des graines légumineuses* et des autres substances
farineuses.

Il n'est personne qui ne connaisse les diverses graminées qui servent à faire le pain, mais la nature et
les propriétés de chacune d'elles, les différences qui
distinguent les espèces et leurs variétés, les qualités
de chaque sorte de grains, les signes auxquels on
reconnaît leurs mérites ou leurs défauts ne sont pas
également familiers à tous. Nous allons présenter le

résumé des meilleurs écrits sur cette matière et quelques observations nouvelles.

L'usage a établi une première distinction entre les blés, c'est celle qui se rapporte au temps où ils sont semés. On appelle *blés d'hiver* le froment, le seigle, le méteil, l'épeautre, qui se sèment avant cette saison, dont ils supportent les intempéries lorsqu'elles ne dépassent pas leur degré ordinaire; et *blés de mars* ou *printanniers* l'orge, l'avoine, qui se sèment en mars, et même le froment que l'on sème dans ce mois.

On désigne aussi communément les blés d'hiver par la désignation de *gros blés*, et ceux de mars par celle de *petits blés* ou de *menus grains;* toutefois cette distinction n'est pas d'une précision rigoureuse, car il y a non-seulement, comme on vient de le voir, des fromens, mais aussi des seigles qui se sèment au printemps et des orges et des avoines qui se sèment avant l'hiver. Quelques agronomes trouvent plus exact d'appliquer d'une manière absolue la dénomination de *gros blés* au *froment,* au *seigle,* au *méteil* et aux *épeautres,* en quelque saison que ces divers grains soient mis en terre, et celle de *petits blés* à l'*avoine,* au *millet,* au *panis,* au *sarrazin* et à tous les autres menus grains. Nous suivrons cette classification.

Toutes les céréales, à l'exception du sarrazin, sont classées, par les botanistes, dans la famille des graminées. Ce sont des plantes unilobées ou monocotylédones, à fleurs glumacées : elles se distinguent entre elles par leur forme, leur port et d'autres caractères extérieurs qui seront indiqués à l'article de chacune d'elles.

C'est dans les livres qui traitent de l'agriculture qu'il faut aller étudier l'art de cultiver les diverses espèces de céréales, le choix et la préparation des terres qui sont propres à chacune d'elles, le choix et la préparation des semences, les soins à prendre pour que les semailles ne soient ni insuffisantes ni excessives, et pour préserver les moissons des plantes parasites, des maladies qui les détériorent, et les grains des insectes qui les dévorent. Cet ouvrage est, comme l'annonce son titre, une sorte de tableau statistique, et non un traité d'agronomie. Il a paru nécessaire mais suffisant d'exposer en tête ce qui caractérise les blés en général, et chaque espèce de blé en particulier.

(10)

§ 1ᵉ. — DES GROS BLÉS.

1º Du froment (1).

Le *froment* tient le premier rang parmi les céréales ; son grain est celui qui renferme le plus de farine, la plus agréable au goût, la plus nourrissante et la plus propre à la panification. La plante qui le produit tient au sol par des fibres déliées qui donnent naissance à plusieurs tiges ; ces tiges sont creuses ou pleines selon les climats ; elles s'élèvent à quatre ou cinq pieds, soutenues de distance en distance par des nœuds, de chacun desquels sort une feuille étroite et longue dont le pied embrasse la tige, presque jusqu'à la hauteur de l'articulation supérieure. Cette tige est surmontée d'un épi composé de petites balles qui sont le calice et la corolle de la fleur, dans lesquelles le grain est renfermé. Elles s'ouvrent d'elles-mêmes lorsqu'il est mûr pour le laisser tomber ; c'est pourquoi l'on moissonne partout quelques jours avant la complète maturité du blé

---

(1) Le latin *frumentum* était le nom générique de tous les blés. Le froment, proprement dit, s'appelait *triticum*.

afin d'éviter la perte qu'il causerait en s'égrenant : chaque balle contient un grain.

Linnée décrit ainsi les caractères botaniques de la fleur :

» Le calice du froment porte ordinairement trois » étamines ou filamens capillaires, ayant des anthè- » res oblongs et divisés en deux par une rainure, et » un pistil ou embryon piriforme surmonté de deux » styles capillaires recourbés dont les stigmates sont » en forme d'aigrettes. Chaque petit faisceau de » fleur, dans lequel est renfermé l'embryon, est at- » taché à un axe dentelé qui le réunit en épis à la » sommité de la tige. »

Ces épis sont ras ou barbus. Cette différence ne caractérise point une diversité d'espèce : il y a de nombreux exemples que le blé ras devient barbu, et que le blé barbu perd sa barbe, quand ils sont semés dans un autre sol que leur sol habituel (1). Un des

______

(1) « On sait, dit *Parmentier* (Mémoire sur les avantages que la province de Languedoc peut retirer de ses grains) « qu'en Lan— » guedoc tous les blés sont barbus, la *touzelle* exceptée (*) ; si » l'on transporte ces mêmes grains dans des provinces éloignées » et qu'on les y sème avant l'hiver, peu à peu ils deviendront ras. » On a même observé des touzelles à demi et au tiers bar- » bues. »

(*) *Tonzé* en ancien français signifiait *tondu, rasé.*

savans auteurs du Dictionnaire d'Agriculture et de l'Encyclopédie pense que ce double changement est moins l'effet du sol ou du climat que du voisinage des moissons de la variété opposée. On a remarqué qu'en général le blé à barbe donne un grain plus gros que celui du blé ras, mais que sa farine est moins blanche.

Le grain du froment est ovale, oblong, convexe d'un côté, plat de l'autre, et divisé de ce dernier côté par une rainure longitudinale. Son extrémité supérieure est arrondie et revêtue d'une petite houpe ou brosse, de poils plus ou moins soyeux, selon la finesse ou l'épaisseur de l'écorce du grain ; l'extrémité inférieure est moins obtuse ; c'est celle par laquelle il tient à la plante, et par laquelle il germe pour se reproduire. La couleur du froment est jaune, mais plus ou moins nuancé du blanc jaunâtre au jaune blaf (blafart) ou roux. Les fromens blancs, blonds, dorés, sont les meilleurs ; ceux qui approchent le plus du rouge, les moins estimés.

L'épi du froment, non plus que celui de toutes les autres céréales, n'est pas toujours et partout également chargé de grains. C'est ce qui fait, le plus ordinairement, la différence entre le produit des récoltes, l'abondance ou la disette. On peut aisément, d'après la force seule de l'épi sur pied, préjuger quelle sera la moisson. Si l'épi sort vigoureusement de son fourreau, s'il est gros et bien nourri, il portera cinquante à soixante grains ; s'il est maigre et sans énergie, il n'en donnera que quarante à cinquante, et seulement de vingt à trente s'il paraît débile et lent à se développer. La qualité du grain se ressentira aussi de ces différentes conditions de sa croissance. Plus l'épi est courbé par son poids vers la terre, à l'approche de sa maturité, plus la moisson sera riche, sous le double rapport de la quantité et de la qualité.

Long-temps on n'a vu dans le blé que son écorce et sa farine ; depuis que, vers le milieu du siècle dernier, les procédés de sa culture, ceux de la mouture, ceux de la boulangerie, sont devenus l'objet de beaucoup d'expériences, provoquées par les ouvrages des économistes français en faveur de la liberté du commerce des grains, la chimie a décomposé la farine même des différentes céréales et expliqué, par ses savantes analyses, les divers degrés de leur vertu alimentaire. On a appris ainsi que la farine du froment est composée de trois élémens principaux, d'amidon, de gluten et d'un extrait muqueux sucré. C'est à l'amidon surtout qu'est due la faculté nutritive de ce grain. *Parmentier* dit que le froment le plus médiocre en contient plus de huit onces par livre, tandis que la matière glutineuse s'y trouve à peine pour un huitième. *M. Tessier* évalue plus haut la quantité du gluten : « Chaque variété (de froment), dit-il, » en offre des quantités différentes, c'est-à- » dire, par livre depuis deux onces jusqu'à cinq. » Il ajoute que les blés de mars lui en ont fourni plus que les autres. Les expériences rapportées dans la note ci-dessous ont confirmé les siennes à cet égard. Le gluten est une substance propre au froment, il n'existe point dans la farine des autres céréales (1).

(1) Le célèbre chimiste anglais *Humphry Davy* expose ainsi qu'il suit le résultat de ses expériences sur le blé. (Elémens de chimie agricole, tome 1er, page 172.)

« 100 parties de blé d'excellente qualité, semé en automne, » m'ont donné :

» Amidon.	. . .	77
» Gluten.	. . .	19
	Total.	96

» 100 de blé semé au printemps :

» Amidon.	. . .	70
» Gluten.	. . .	24
		94

» 100 de blé de Barbarie :

» Amidon.	. . .	74
» Gluten.	. . .	23
		97

» 100 parties de blé de Sicile :

» Amidon.	. . .	75
» Gluten.	. . .	21
		96 »

Le blé du nord de l'Amérique contient plus de gluten que celui

Les auteurs varient sur le nombre des espèces de froment. *Columelle* en comptait six, *Linnée* dix, *Tournefort* treize. *Béguillet* (1) rapporte qu'*Adanson* en avait cultivé cent soixante espèces bien distinctes (2) ; mais on sait à présent que presque tous les fromens ne sont que des variétés d'une même espèce, produites, comme la différence entre le blé raz et le blé à barbe, par la nature du sol, par celle du climat et par diverses autres causes étrangères à la

d'Angleterre. En général, les blés qui croissent dans les climats chauds contiennent une plus grande quantité de cette substance. Ils sont plus denses, plus durs et plus difficiles à moudre.

Il a été lu, dans la séance de l'Académie des Sciences du 15 avril de cette année, un mémoire de M. *Gannal* sur la panification dans lequel il établit, entre autres principes, d'après ses expériences : 1° « Que les propriétés nutritives des substances végétales » sont proportionnelles à la quantité de fécule, de gomme, de » sucre ou d'huile que ces substances contiennent ; qu'ainsi le » riz qui renferme de 80 à 85 centièmes de fécule, est plus nu- » tritif que le blé qui n'en contient que 70 à 75 ; 2° que, contrai- » rement aux idées généralement admises, le gluten n'est pas une » substance nutritive ; 3° qu'il ne subit aucune altération pendant » la fermentation ni même pendant la digestion. »

(1) Traité de la mouture par économie, chap. 1er.

(2) *Adanson*, mort en 1806, a consacré sa vie à découvrir *des existences inconnues ;* il portait à plus de soixante mille celles qu'il avait découvertes dans les divers règnes de la nature. On peut présumer qu'il n'a tant multiplié les êtres que parce qu'il a très-souvent pris des variétés de forme pour des espèces différentes.

plante. C'est du moins l'opinion qui semble avoir prévalu.

M. *Tessier*, de l'Académie des Sciences, avait commencé avant 1789 une série d'expériences que la révolution interrompit, sur tous les fromens des diverses parties du monde, dont il avait pu se procurer de la semence ; il avait choisi pour ces expériences les terres les plus fromenteuses de France, plusieurs cantons de la Beauce. Il a fixé à vingt-quatre le nombre des variétés de blé froment, qui se cultivent en France, dont huit sont rases et seize barbues ; il n'a établi que deux classes de ces blés ; Savoir : « Les *fromens à grains tendres* et à chaume « creux, qui sont les plus anciens et les plus com- « muns, et les *fromens à grains durs* et à chaume « solide qui y ont été apportés d'Afrique et qui se « sèment beaucoup aujourd'hui, principalement « dans les départemens méridionaux (1). »

---

(1) Encyclopédie méthodique, dictionnaire d'agriculture.

Les blés tendres proviennent généralement des pays du Nord, ou des terres humides ; les blés durs et glacés des pays méridionaux secs ou seulement humectés. Quelquefois dans les années pluvieuses les premiers ont un excès d'humidité qui oblige de les sécher, pour pouvoir les moudre. Les blés qui s'exportent des ports de la Baltique sont étuvés en grande partie. Dans les années de fortes chaleurs il faut au contraire mouiller les blés durs pour donner prise sur

A la description de ces vingt-quatre variétés, M. Bosc en a ajouté treize, mais qui ne se cultivent que dans les jardins des écoles de botanique.

Parmi les huit variétés de froment ras cultivées en pleine terre, celle qui paraît exceller par sa qualité est le blé blanc des départemens du Nord et du Pas-de-Calais, qui croît aussi dans ceux de la Manche et des Bouches-du-Rhône. C'est le *Hedgewheat* des Anglais, de qui nous l'avons reçu ou à qui nous l'avons donné. Il est à balles blanches, peu serrées; son grain est petit, blanc et rond.

Dans les variétés barbues on distingue le blé dit de *Pologne*, et les blés appelés de *providence* et de *miracle*, et connus aussi sous le nom de *blés de barbarie* ou de *Smyrne*. Quelques autres seront mentionnées dans cet ouvrage aux articles des provinces où elles sont le plus cultivées; la singularité du *blé de miracle*, malgré le peu d'estime que l'on en fait, semble demander ici pour lui une mention particulière.

---

eux à la meule. Nos blés du Languedoc sont en général des blés durs. Ceux que la Russie méridionale verse abondamment depuis la disette de 1816 sur nos ports de la Méditerranée sont aussi de la même nature. Outre que leur poids est plus fort que celui des blés tendres parce qu'ils contiennent plus de farine, leur farine étant plus sèche absorbe plus d'eau au pétrissage et rend plus de pain.

M. *Tessier* dit : « que les grains de ce blé sont pe-
« tits , qu'ils se séparent difficilement de leurs balles ,
« que le pain qui en provient est sans saveur et qu'on
« ne le cultive que par curiosité. » Voici le jugement
qu'en portait à la fin du seizième siècle le sage auteur du *théâtre d'agriculture*, *Olivier de Serres*, qui
l'avait cultivé :

» Une autre espèce de froment y a de grande va-
» leur ; elle produit un grand espi plat , de chascun
» costé duquel sortent trois ou quatre petits espis
» avec leur queue courte , faisans ensemble comme
» un gros bousquest porté par un seul tronc; ains
» pour sa rareté le mesnager n'en peut faire estat cer-
» tain , bien que désirable pour son grand rapport.
» Ce froment a rendu chez moi quarante pour ung,
» semé dans un jardin , et employé en terre com-
» mune douze à quinze. Quant à son service, il fait
» pain très bon et fort savoureux , mais non si blanc
» comme l'autre bled parce que ayant la pelure du
» grain (qui est assez gros) fort desliée, difficilement
» se peut-il moudre grossièrement , comme est re-
» quis pour faire que le pain soit bien blanc; ains se
» convertit presque tout en farine avec peu de son ,
» tel défaut revenant néantmoins à la commodité du
» mesnage. »

On voit combien l'agriculteur ancien et l'agricul-

teur moderne diffèrent d'avis sur la qualité du pain
que donne le blé de miracle. Quant au défaut qu'*Olivier de Serres* lui trouvait à la mouture, il est plus facile
d'y remédier aujourd'hui que les moyens de mouture
et d'épuration des farines par le blutage sont portés
au plus haut degré de perfection. Le poids de ce blé
est, assure-t-on, supérieur d'un douzième à celui du
froment ordinaire, et de plus, cette espèce est moins
sujette que l'autre à la nielle et au charbon. De si
grands avantages devraient en recommander la culture, au moins dans les grandes fermes qui servent
de modèles aux petits cultivateurs, d'autant plus
qu'il exige des terrains bien préparés et une culture
plus soignée. On allègue que sa tige étant plus forte
que celle des autres fromens les oiseaux se posent sur
elle pour becqueter les épis; mais cet inconvénient ne
paraît guère plus difficile à parer que les dommages
auxquels sont exposés de la part des oiseaux les vignes, les arbres fruitiers et les moissons même des
blés ordinaires.

L'épeautre, dont nous parlerons bientôt, est regardé comme une véritable espèce de froment.

De quelque variété du froment que provienne le
grain, on apprécie son degré de bonté à certains caractères faciles à reconnaître. Le meilleur, celui que dans
les marchés on appelle *blé de tête*, est la qualité supé-

rieure ; il est dur , ramassé, pesant, plein, bombé, peu profond dans sa rainure, lisse et d'un jaune clair à la surface ; il glisse dans la main , il sonne quand on l'y fait sauter, et résiste sous la dent. Le froment de cette classe est celui que l'on désigne sous le nom de *blé dur* ou *glacé*, dont on fabrique les vermicelles, les macaronis et les autres pâtes dites d'Italie. Parmi les blés tendres , c'est celui qui approche le plus de ces qualités.

Le blé de second degré est le blé dit *marchand* ; il pèse moins ; il est moins blanc ou moins jaune, son écorce est plus grossière , il est peu ou point sonore, se casse facilement sous la dent, et s'échappe moins aisément de la main. Les fromens bruns et ceux de mars (1) sont communément de cette classe.

La troisième se compose des blés gris, maigres, dont la rainure est profonde, l'écorce épaisse

---

(1) Les fromens de mars ne sont point d'une autre espèce que ceux d'hiver ; s'ils sont moins gros, c'est qu'ils ne restent pas assez de temps sur terre pour prendre autant d'accroissement ; leur farine n'en est pas moins blanche ; le froment d'hiver semé en mars dé—génère en deux années ; le blé de mars semé en automne acquiert avec le temps les qualités du blé d'hiver. On donne, suivant les provinces, différens noms au blé de mars ; on l'appelle *froment marsais* dans l'une, *marsol* dans une autre, *trémas*, ou blé de *trois mois*, dans une troisième. Le mot *marsèche* désigne spécia—lement l'orge de mars.

et qui sont mélangés de graines hétérogènes.

Voilà à peu près tout ce qu'il semble utile de savoir au sujet du froment, relativement à sa nature et à ses qualités. Dans les pays qui ne produisent que cette espèce de blé il est nécessairement la nourriture de tous les habitans ; mais dans ceux où croissent aussi d'autres céréales, et c'est le plus grand nombre, les classes laborieuses , principalement dans les campagnes, se nourrissent de ces dernières, et le froment n'est pour le cultivateur qu'un objet de commerce ; il se consomme dans les villes ou s'exporte à l'étranger. Il en est de même du seigle dans les lieux où ce blé est la première des céréales, comme dans les états les plus septentrionaux de l'Europe , où l'avoine et d'autres grains inférieurs au seigle, sont la nourriture habituelle des classes les plus nombreuses de la population.

C'est la valeur annuelle du froment qui règle celle de toutes les autres céréales ; quelqu'abondant qu'il soit, son prix est toujours supérieur à celui du seigle et des autres blés.

2° De l'Épeautre.

L'épeautre est classé , comme on l'a vu ci-dessus, parmi les fromens ; c'est la raison qui fait placer ici l'article qui le concerne immédiatement après celui de cette première espèce de blé, quoique dans tous les livres d'agriculture l'épeautre soit rangé au-dessous du seigle.

Cette espèce est principalement cultivée en Allemagne et en Suisse, elle l'est aussi en France dans nos montagnes schisteuses et granitiques de l'Alsace, des Vosges, du Jura, du Dauphiné, des Cévennes, du Limousin, et dans quelques cantons des provinces planes où le froment et le seigle même réussissent mal, notamment dans les départemens de l'Indre et du Cher, où l'épeautre porte le nom d'*in-grain*, et dans celui du Loiret.

On croit l'épeautre originaire de la Perse; de nos jours, deux naturalistes français, MM. *Olivier* et *Michaux de Satory*, l'y ont vu croissant spontanément à quatre journées au nord d'Hamadan, c'est-à-dire vers le 35e degré de latitude nord. Ce fait et quelques autres fortifient l'opinion que le blé est originaire de l'Asie.

Cette espèce de froment était autrefois très-cultivée, en Égypte même dans les terrains trop élevés pour recevoir les arrosemens du Nil, et aussi dans les parties hautes de la Grèce et de l'Italie. Les Grecs l'appelaient *zea* ou *zeia*, nom qu'elle avait conservé chez les Latins, qui peut-être avaient reçu ce grain de la Grèce; ils lui donnaient dans leur propre langue le nom de *semen*, comme s'il eût été la *semence* par excellence ; ce qui semblerait indiquer que l'épeautre fut la première espèce de céréales introduite en Italie (1).

Son nom français, mal prononcé, est devenu, selon les lieux, *épaute*, *espote*, *espiote*. On l'appelle aussi généralement *froment rouge*, *blé locular* ou *locar*, probablement à cause des petites loges (*loculi*) ou bourses où est enfermé le grain. Cette dernière variété a les épis plus grèles et le grain plus petit que l'épeautre proprement dit. Dans quelques endroits, notamment dans l'ancienne province du Dauphiné, on appelle l'épeautre *brance*.

« La culture de l'épeautre ne diffère pas de celle » du froment ; on la coupe quand sa paille est de- » venue d'un beau jaune ; elle produit communé- » ment six pour un ; on la sème sur deux labours de » la mi-septembre à la mi-octobre.

» Le grain de l'épeautre est presque aussi long, » mais moins gros que celui du froment ; sa cou-

---

(1) On sait que les Romains n'apprirent que fort tard à faire du pain et qu'ils firent venir, pour la capitale, des boulangers de la Grèce. Jusques-là ils pilaient les grains après les avoir rôtis, et les mangeaient en bouillie.

» leur tire sur le rouge ; ses balles lui restent adhé-
» rentes, comme celles de l'avoine et de l'orge (1). »

La plante qui le produit est plus mince que celle du froment, et ne s'élève qu'à environ la moitié de la hauteur de cette dernière, c'est-à-dire guère au-dessus de deux pieds. Son épi est plat, uni, de couleur foncée, ayant une barbe longue et déliée ; Il porte deux rangées de grain (2). Les fleurs de l'épeautre sont les mêmes que celles du froment.

Les cultivateurs en distinguent deux variétés, l'une simple, l'autre à double bourre, et qui contient deux graines dans chaque balle.

L'épeautre n'est plus cultivé autant qu'autrefois ni autant qu'il paraît mériter de l'être. Si sa culture n'a rien de difficile, il n'en est pas de même de son moulage qui exige préalablement le dépouillement de sa balle ; sa paille, d'ailleurs, est courte et dure, double défaut qui la rend peu propre à la nourriture et au couchage des bestiaux. Mais à ces inconvéniens on peut opposer

----

(1) *Tessier*, Dictionnaire d'agriculture de l'Encyclopédie méthodique.

(2) C'est à cause de cette dernière circonstance que *Tournefort* lui donne l'épithète de *distichum* ; il lui donne le nom d'orge, *hordeum distichum*.

plusieurs avantages. Ce blé croît dans les terres qui ont le moins de fonds ; il reste plusieurs mois sous la neige sans altération et manque rarement, parce qu'il résiste aux causes qui attaquent le froment ; son grain, même mondé, est rarement piqué par le charançon. Comme il réussit le mieux dans les terres sèches il craint l'eau, mais on le sème sur des terrains en pente et labourés en billon. On le mange en gruaux, on en fait une bouillie préférable à celle de la farine de froment ; on en fait aussi une bière que l'on dit très-délicate. Tant d'avantages et l'exemple des Allemands et des Suisses qui font usage de moulins construits exprès pour monder l'épeautre, et qui regardent son chaume comme un bon aliment pour le bétail, semblent prouver que son usage n'est point répandu en France autant qu'il devrait et pourrait l'être dans les cantons qui se nourrissent de sarrazin, de millet et d'avoine. Le paysan pauvre, économe et routinier, adopte rarement une culture plus avantageuse que celle qu'il a reçue de ses pères si l'essai n'en a été fait sous ses yeux par de plus riches que lui. C'est un devoir pour ces derniers de donner en ce genre l'exemple des pratiques utiles.

Olivier de Serres, qu'il faut toujours citer quand il s'agit de pratiques, dit, en parlant de l'épeautre : « Quand il est ébourré et dépouillé de ses pellicules,

» *il demeure par après des plus délicats froments,*
» très-propre à faire pain blanc et friand ; mais
» d'autant qu'en cela n'y a du profit ne rendant
» que fort peu de belle farine pour l'abondance du
» son qu'elle fait étant moulue et pelée, cause qu'en
» ce royaume telle sorte de blé n'est beaucoup pri-
» sée. » On doit rappeler ici l'observation déjà faite
à l'article du froment sur un autre passage de *de
Serres* relatif au blé de miracle : c'est qu'à présent
l'art de la mouture est bien plus perfectionné que de
son temps. Il est vrai que cet art est presque aussi
arriéré actuellement qu'il y a deux siècles dans beaucoup de provinces.

Il est inutile de faire remarquer que l'épeautre,
comme tous les menus grains qui servent à la nourriture des campagnes, n'entre point dans le grand
mouvement du commerce des grains, et qu'il ne
se vend communément que sur les petits marchés
des pays où il est cultivé.

3° Du Seigle (1).

Après le froment, le seigle est le blé le plus estimé

---

(1) Ce nom est dérivé du latin *secale*, qui était le nom de ce

et dont l'usage est le plus répandu en Europe, principalement dans les régions septentrionales. Originaire de la haute Asie, il est meilleur dans les pays froids que dans les pays chauds; on ne le cultive point, du moins pour la nourriture des hommes, en Espagne, en Italie, si ce n'est au pied des Alpes, mais il est d'un usage presque général en Suède, en Prusse, dans la Russie septentrionale, dans plusieurs parties de l'Allemagne voisines de l'Elbe et du Weser. En France aussi il est la nourriture ordinaire des anciennes provinces de la Champagne, de l'Anjou, de la Sologne, du Limousin, de la Marche, du Périgord, du Rouergue, de la Bresse, de l'Autunois. Celui de Champagne est le plus estimé.

La plante du seigle a les mêmes caractères que celle du froment; mais elle s'élève plus haut, souvent jusqu'à six pieds et même à sept, et son épi est toujours barbu. Le seigle mûrit un mois plus tôt que le froment. Il abonde toujours dans les années sèches et froides.

---

blé chez les Romains; dérivé lui-même, selon *Béguillet*, du mot *secare*, couper, scier, par la raison que l'on coupait cette plante, à la différence de plantes légumineuses, telles que les pois, les lentilles, que l'on appelait ainsi (*legumina*) parce qu'elles étaient cueillies à la main, *quia manu leguntur*.

Aux fleurs qui sortent d'entre les écailles de l'épi comme de petits filets jaunes succède le grain ; il est oblong, presque cylindrique, plus ou moins grèle et de couleur brunâtre. Ce grain est plus maigre, plus petit, plus ridé que celui du froment.

Sa farine est très-blanche ; le pain que l'on en fait l'est aussi quand on n'y emploie que la fleur de cette farine. Il est moins nourrissant que le pain de froment, mais plus rafraîchissant, et même, dit-on, plus sain. On a vu à l'article du froment que ce grain (le froment) est le seul de toutes les céréales qui contienne une substance glutineuse.

On compte quatre espèces de seigle : le *seigle commun*, qui est celui qui sert à la nourriture des hommes et des animaux, et trois autres, particuliers, à ce qu'il semble, aux pays méridionaux : le *seigle velu* du midi de la France, le *seigle hérissé* du midi de l'Europe, et le *seigle de Crète*, appelé ainsi du nom de cette île de la Méditerranée. Ces trois dernières espèces n'intéressent guère jusqu'à présent que la botanique.

La première est de toutes les céréales celle qui a le moins varié. Elle se sème, comme le froment, en automne et en mars, et, comme le froment aussi, le grain du seigle de mars, que l'on appelle de même petit blé, *marsais*, *trémois* ou *tremas*, *seigle de Pâ-*

ques ou de *printemps*, est plus petit que le grain
du seigle d'hiver, mais il n'est point d'une autre
espèce ; cette différence ne provient que de celle de
la durée de la végétation.

« On a remarqué, dit *Bosc* (Dictionn. d'Agricul.
» de l'Encyclop.), que le seigle de mars semé en
» automne produit beaucoup la première année,
» tandis que le seigle d'automne semé en mars ne
» donne de récoltes passables qu'après quelques an-
» nées, comme si cette variété se prêtait plus faci-
» lement à une végétation lente. » C'est peut-être
aussi parce que la saison froide est, comme le climat
froid, plus favorable à la végétation du seigle. On
devrait l'appeler le *blé du Nord*, puisqu'il croît, et
très-beau, jusques sous le cercle polaire.

Le même auteur ajoute : « Les agronomes anglais
» en citent deux espèces (comme il s'agit du *secale
cereale* ou *seigle commun* dont lui-même a fait une
espèce à part, il a voulu sans doute dire ici deux
variétés) : *la noire* et *la blanche*, comme cultivées
» chez eux, la seconde plus que la première, et les
» agronomes allemands autant ; le *seigle à épi mul-
» tiple (secale compositum)* analogue sans doute au
» froment de Miracle, et le *seigle* dit *de S.-Jean*, de
» l'époque où il se recueille. Cette dernière variété,
» la seule que je connaisse, a été cultivée en France

(3o)

» à diverses reprises, mais jamais d'une manière
» générale. » On doit regretter que cet habile agronome français n'ait pas dit les causes de l'indifférence
de ses compatriotes pour cette variété de seigle,
après le fait suivant qu'il rapporte : « J'en ai vu, en
» 1814, chez M. *Vilmorin*, une touffe provenant de
» grains apportés de la Haute-Saxe, et ayant crû
» dans des sables près des environs d'Étampes, qui
» avait cinquante tiges de six à sept pieds de haut.
Et il s'écrie : « Quelle supériorité de l'espèce ! »

Un autre auteur français, qui écrivait cinquante
ans avant *Bosc*, *Béguillet*, de qui l'art de conserver
les grains et celui de les moudre ont reçu de si utiles
leçons, a parlé d'une espèce de seigle « nommée,
» dit-il, *seigle blanc*, qui est une espèce d'épeautre,
» un peu plus nourri et plus épais que le seigle or-
» dinaire. Il tient du froment et de l'orge ; on l'ap-
» pelle en quelques endroits *blé barbu* ; il est plus
» hâtif que le seigle commun et que le froment (1). »
Seigle ou épeautre, cette espèce blanche paraît
l'emporter en avantages sur l'autre. C'est probablement celle dont il vient d'être mention dans la cita-
tion précédente, comme cultivée avec préférence

____

(1) Traité de la mouture par économie, chap. 1er.

par les Anglais sous la même dénomination de seigle blanc (*white rye*).

Pallas cite un seigle particulier qu'il remarqua sur les bords du Volga, « et qui, dit-il, ne lui paraît » pas assez connu (1). » C'est, selon une note de son commentateur *Lamark*, celui que les botanistes appellent *seigle rampant* de *Pallas*; mais ni l'un ni l'autre de ces deux naturalistes n'explique si c'est dans l'intérêt de l'agriculture ou seulement dans celui de la botanique que le savant voyageur exprimait ce regret.

Le seigle n'est point, comme le froment, sujet à la carie : il est quelquefois aussi attaqué du charbon ; mais il est sujet à une difformité, l'*ergot*, que l'on appelle *ébrun* dans quelques contrées, dont les effets sont très-malfaisans à la santé de ceux qui sont assez imprudens pour s'en nourrir dans cet état; impru- dens, car il est aisé de reconnaître les grains ergo- tés : « Ils sortent considérablement de leur enveloppe » et s'allongent beaucoup plus dans l'épi que les au- » tres grains; ils en sortent droits ou recoquillés en » façon d'une corne noire. Il y en a qui ont jusqu'à » treize et quatorze lignes de long sur deux lignes

______

(1) Premier voyage dans l'empire de Russie; tome 1er, page 299.

» de large, et l'on en trouve jusqu'à sept ou huit
» dans un même épi... Quoique ces grains soient
» noirs en dehors, ils sont assez blancs en dedans;
» mais cette farine blanche est recouverte d'une
» autre farine rousse ou brune, qui, quoiqu'elle ait
» une certaine consistance, peut s'écraser entre les
» doigts. La surface de ces grains est raboteuse, et
» laisse quelquefois apercevoir des cavités et des
» fentes qui se prolongent d'un bout à l'autre; ils
» tiennent moins à la paille que les bons grains. Les
» grains d'un épi ne se trouvent jamais attaqués de
» l'ergot tous à la fois (1). »

C'est le tableau effrayant des ravages causés, au
commencement du siècle dernier, par ce vice du
seigle dans quelques-unes de nos provinces, et notamment en Sologne où l'on le croit permanent,
qui a déterminé à rapporter ici cette description dé-
taillée des signes auxquels on peut reconnaître les
grains qui en sont atteints. Des témoignages irrécu-
sables attestent que le pain qui en provenait gangre-
nait les membres au point de les détacher successivement du corps, et qu'on vit à l'hôpital d'Orléans
un malheureux auquel il ne restait plus que le tronc.
De nos jours, il y a peu d'années, les journaux re-

____

(1) Traité de la mouture par économie, chap. 1er.

tentirent des graves accidens occasionés par le seigle ergoté dans un des départemens des Hautes ou des Basses-Alpes. Malheureusement, il n'a point de mauvais goût, et, dans les années disetteuses, le paysan pauvre, qui n'en connaît point les funestes effets, n'est pas déterminé par ses seuls défauts extérieurs à le rejeter. On dit que le maïs est sujet, en Amérique, à une maladie qui produit des effets semblables.

Les ouvrages d'agriculture assignent diverses causes à cette altération du seigle, de même qu'aux maladies du froment; leur recherche est étrangère au but de notre travail. On assure, au reste, que le grain de seigle ergoté ne se reproduit pas, et qu'il résulte de plusieurs expériences que sa poussière n'est point contagieuse comme celle des grains de froment carié (1).

Le seigle sert à plusieurs usages. Outre son emploi ordinaire comme aliment, en pain, en gruau, en bouillie, en pain d'épice, on en fait de la bière et de l'eau-de-vie. La quantité qui s'en consomme pour ces fabriques, dans les états du Nord, où l'on ne peut cultiver la vigne, est d'une très-grande importance dans le commerce.

______

(1) *Tillet*, mémoire couronné à Bordeaux en 1755.

(34)

Le chaume du seigle, étant plus long que celui du froment et des autres céréales, est employé de préférence pour faire la litière des bestiaux, pour couvrir les maisons rustiques, pour attacher les vignes, lier les gerbes, empailler les siéges, etc.

4° Du Méteil.

Méteil n'est point le nom d'un grain particulier ; c'est celui d'un mélange de froment et de seigle semés et récoltés ensemble. Ce mélange se fait en diverses proportions ; celui où le froment domine s'appelle *gros méteil; le petit méteil* se compose de plus de seigle que de froment. Ces proportions ne sont point déterminées arbitrairement ; elles sont indiquées par la nature des terres à ensemencer. Si celles-ci sont propres au froment, on force la proportion de ce grain, et, dans le cas contraire, celle du seigle. On fait du méteil à volonté après les récoltes soit, comme chez nous, pour faire le pain des troupes qui devait être composé exactement de trois quarts de froment et d'un quart de seigle (1), soit pour tirer

---

(1) Cette composition, ordonnée par une loi de 1792, a été changée sous la restauration ; le pain militaire est actuellement de froment pur.

de la vente de ce blé mêlé un plus grand profit, selon le prix qu'obtiennent au marché les divers degrés du mélange. En général, le méteil se consomme
dans l'intérieur ; cependant il s'en vend hors des
lieux de production , car ce grain figure dans l'état
des exportations et des importations.

On le cultive en France , mais moins, en général,
que le froment et le seigle séparés. Sa culture est fort
réduite depuis quelques années. On a reconnu les inconvéniens de ce mariage de deux grains mal assor-
tis ; le seigle, mûrissant plus tôt que le froment, est
trop mûr quand on fait la moisson ; il s'égrène et se
perd. De plus, la forme de l'un et de l'autre étant
différente, ils ne peuvent être également bien mou-
lus ensemble. A part ces inconvéniens , le méteil un
peu fort en seigle fait un pain salubre et qui , à
cause de la fraîcheur naturelle de ce grain, durcit
moins vite que le pain de pur froment (1).

Le méteil a, selon les provinces , différens noms ;

___

(1) *Parmentier* a enseigné dans son *Parfait Boulanger* les
procédés différens à suivre pour la mouture des divers blés et leur
conversion en pain; les élémens constitutifs du froment et du
seigle n'étant pas les mêmes , le pétrissage de la farine de méteil
ne peut être aussi parfait que celui de la farine de ces grains traités
séparément. Ce qui est un inconvénient de plus du mélange des
deux espèces.

on l'appelle *metou* dans les départemens du centre, *miliard* dans ceux de la Bretagne, *conceau* en Bourgogne. Au temps d'*Olivier de Serres*, on lui donnait en Languedoc et en Provence, où probablement il était plus commun alors qu'aujourd'hui, les noms de *mescle* et de *cossegail* (1).

§ II. DES PETITS BLÉS.

1° De l'Orge.

L'*orge* est, comme les plantes précédentes, une graminée à trois étamines et deux pistils (triandrie-digynie). On en compte une douzaine d'espèces dont la plus utile, *l'orge commune*, est, comme le seigle, originaire de la Haute-Asie. Des autres espèces, quelques-unes, selon *Bosc*, sont cultivées dans les écoles de botanique seulement ; celles-là se sèment au printemps.

Pline regardait l'orge comme la première céréale

---

(1) *Miliard*, *mescle*, de même que *meslin*, nom anglais du méteil, qui semble dérivé du français, signifient *mêlé* ; les mots *méteil*, *métou*, semblent aussi venir, comme le mot *métayer*, de l'ancien français *mitan* (milieu) et désigner un partage ou une division par moitié. On appelle, en effet, *passe méteil* le méteil dans lequel le froment domine.

employée à la nourriture de l'homme; il paraît constant, du moins (sauf notre observation sur l'épeautre, page 23), qu'elle était le grain le plus anciennement en usage chez les Romains, puisqu'ils appelaient *horrea* les greniers à blé, du nom de ce grain,
hordeum, d'où est dérivé le mot français *orge*. Quoi
qu'il en soit, c'est un des blés dont la culture est le
plus répandue en Europe, au midi comme au nord,
à cause de la multiplicité de ses usages. Partout on en
fait du pain; en Espagne, en Italie, l'orge est pour
les chevaux ce que l'avoine est chez nous; elle sert
aussi à l'engraissement des volailles et des autres animaux de basse-cour. Partout c'est avec l'orge que
l'on fabrique la bière. On l'emploie en médecine
et en confections sucrées.

La tige de ce blé ne s'élève, comme celle de l'é-
peautre, que de deux à trois pieds; elle ressemble
assez à celle du froment. Les balles dont ses épis sont
composés sont rudes et barbues; le grain qu'elles
renferment est long, de couleur pâle, tirant sur le
jaune, pointu à ses extrémités et renflé au milieu; il
est, comme celui de l'épeautre, adhérent à son enveloppe. Il faut le monder pour le moudre (1).

---

(1) *Monder* signifie *nétoyer*, c'est ôter à un grain sa première
enveloppe sans attaquer son écorce comme fait la mouture, en sorte

(38)

On distingue les espèces ou variétés d'orge cultivées en France par le nombre des rangs de grains placés sur les épis.

« *L'orge commune* , dit *Bosc* (Diction. d'Agric.),
» est le type de l'espèce, puisque les graines appor
» tées de la Perse par mon collègue *Olivier* me l'ont
» donnée à quatre rangs dans l'enveloppe exté
» rieure, qui est terminée par une longue barbe.

» Trois de ses variétés ont aussi quatre rangs :
» 1° l'orge du *printemps* (1) ; 2° l'orge à *graines*
» *noires*, à peine connue en France mais fort esti
» mée en Allemagne ; elle devient quelquefois bis
» annuelle ; 2° l'orge *céleste* ou l'*orge nue*, appelée
» ainsi parce qu'elle perd son enveloppe par le
» simple battage, comme le froment et le seigle.

» Deux variétés offrent seulement deux rangs de
» grains, ce sont :

» L'orge appelée *pamelle* ou *pamoule* (2), orge

---

que le grain reste entier ; il peut être mangé en cet état comme le riz. On monde l'orge, l'épeautre et l'avoine.

(1) *L'orge carrée*, appelée ainsi parce qu'elle a quatre rangs, est une orge de printemps.

(2) C'est une *marsèche* ou orge de mars ; *Olivier* de *Serres* l'appelle *paumé* ou *paumaulé*, *orge avancée;* on lui donne encore le nom d'*orge de Galatie.* « Ses épis sont plats, plus mous » lorsqu'ils sont murs, et moins fragiles que ceux du froment,

» *bellarge* (1), orge à *longs épis*, orge à *deux rangs*,
» orge *petite* (2), orge d'*Angleterre*, de *Russie*, du
» *Pérou*, d'*Espagne*. Ses épis sont sans barbe, et
» elle n'a que deux rangs, parce que les deux autres
» avortent toujours. On la cultive beaucoup en An-
» gleterre. Elle fournit deux sous-variétés, dont l'une
» prend le nom de *sucrion* de la saveur sucrée de ses
» grains, et l'autre s'appelle *orge péliet* (3), *pamelle*
» *nue*, par la même raison que ci-dessus.

» La seconde de ces deux variétés est l'orge
» *faux riz* ou *riz d'Allemagne*, orge *en éventail*,
» orge *pyramidale*. Son épi n'a que deux rangs de
» grains sans barbe ; il est très-large et très-serré ;
» l'écorce de ses grains est très-dure. C'est la meil-
» leure espèce pour manger en gruau et pour faire
» de la bière ; cependant les cultivateurs la repous-
» sent comme délicate et difficile à battre.

» Une autre présente six rangs de grains, c'est
» l'orge *escourgeon*. On la préfère dans beaucoup de
» lieux, parce que, quoique ses grains soient plus
» petits, elle produit davantage. »

» c'est pourquoi ils sont plus succulens et fournissent aux bestiaux
» une meilleure nourriture (*Béguillet*). »

(1) Ou *balliarge*.

(2) Parce que son grain est moins gros que celui de l'orge
d'hiver.

(3) Pelé.

De ces diverses variétés, la *pamelle* est celle qui réussit le mieux dans tous les terrains, surtout dans les terrains calcaires.

L'*escourgeon*, au contraire, demande une terre forte ; c'est une orge d'hiver. Il mûrit en juin, avant tous les autres grains ; avantage qui le rend d'un grand secours aux pauvres dont les provisions ne peuvent atteindre la récolte des autres blés. C'est ce qui lui a fait donner le nom d'orge *prime* (1).

C'est principalement cette espèce d'orge que les Anglais, les Hollandais, les Belges et les habitans de nos départemens du nord, emploient à faire la bière, et dont ceux des anciennes provinces du Limousin et du Périgord font leur pain.

La farine d'orge est blanche, mais le pain que l'on en fait est rougeâtre ; sa pâte est grossière, peu liée, et se durcit promptement. Le mélange du seigle à l'orge, plus encore que celui du froment, corrige ces défauts et fait un meilleur pain. Le pain d'orge était jadis recommandé comme très-sain par les médecins ; les Hollandais, qui en nourrissent leurs matelots, lui attribuent la propriété de les préserver du scorbut. On prétend que les chevaux espa-

---

(1) L'auteur de la maison rustique nomme ce grain *secourgeon*, et ce mot lui paraît être une altération de *secours des gens*, épithète méritée par sa précocité.

gnols nourris d'orge sont moins sujets aux maladies, et principalement à la cécité, que les chevaux nourris avec l'avoine.

2° Du Maïs.

Le *maïs*, et son nom qui n'a aucun analogue dans les langues de l'ancien monde, est originaire du nouveau, quoique, jusqu'à présent, on ne l'y ait point, dit-on, vu à l'état sauvage ; les premiers conquérans l'y trouvèrent cultivé depuis le Chili jusqu'à la Floride. C'est le blé de l'Amérique. Les Espagnols l'importèrent en Europe au commencement du seizième siècle ; vers ce temps aussi les Portugais l'introduisirent en Afrique et en Asie. C'est, à ce qu'il paraît, par les premiers qu'il passa de la Sicile en Italie, dans le Milanais et l'état de Venise, d'où il se répandit, au-delà de l'Adriatique, dans les possessions ottomanes, et revint en Allemagne, en Suisse, etc., sous le nom de *blé de Turquie*. Cette dénomination est plus usitée dans presque tous les pays du nord de l'Europe, et en France même, que celle de *maïs* ; chaque nation, au reste, paraît lui avoir donné le nom du pays d'où elle l'a reçu. On l'appelle en Italie *grain de Sicile* ; on y donne aussi à une de ses variétés le nom de *sorgo*. On l'appelle chez nous et dans quelques parties de l'Allemagne *blé d'Espagne*, *blé d'Inde.* Ce qui semble bizarre, c'est qu'en Espagne même et en Portugal on lui donne le nom de *millet turc.* C'est un oubli bien remarquable du prix que ces pays auraient dû attacher au mérite d'avoir enrichi l'Europe et l'Afrique d'un aliment aussi précieux.

Des savans ont cru que le maïs avait été connu des anciens, que c'est ce grain que *Pline* a désigné sous le nom de *zea* (1), opinion qui probablement lui a fait appliquer ce nom latin par *Linné* et les botanistes modernes. Cette opinion a été réfutée par *Parmentier.* La plus forte raison par laquelle on puisse la combattre est, ce semble, qu'il est invraisemblable que la culture d'une plante aussi nourricière n'ait pas été plus répandue chez les anciens s'ils l'ont connue, et qu'elle ait été totalement oubliée, pendant quatorze siècles, jusqu'à l'époque de la découverte de l'Amérique, où elle était cultivée, sur une étendue de plus de quatre-vingts degrés, au sud et au nord de l'Équateur.

Comme en Europe, elle avait dans cette partie du monde différens noms, selon les différentes langues indigènes. Celui de *maïs, mahiz* ou *maisy,* semble nous être venu des Antilles.

---

(1) Voir plus haut l'article *Epeautre.*

L'introduction de ce blé en France paraît avoir été plus tardive que dans les autres états de l'Europe voisins de l'Espagne et de la Méditerranée, du moins dans les provinces rapprochées du centre. Ce n'est que depuis un siècle qu'il est cultivé au nord de la Loire, dans le Maine, où il sert à l'engraissement des volailles. Il l'est depuis plus long-temps dans l'Angoumois, mais seulement depuis le dix-septième siècle : les provinces méridionales durent le connaître plus tôt.

La plante qui le produit est de la famille des graminées ; de la monœcie triandrie, c'est-à-dire dont la fleur a trois étamines.

On n'en connaît qu'une seule espèce, mais on en distingue trois variétés.

Sa tige est grosse à peu près d'un pouce à sa partie inférieure, pleine d'une moelle blanche et sucrée, raide, solide, noueuse, haute de cinq à six pieds. Ses feuilles sont semblables à celles d'un roseau d'un beau vert, longues et larges, veinées et rudes aux bords.

Le maïs n'étant point aussi généralement connu que les autres céréales qui croissent dans les régions septentrionales, voici l'extrait littéral de la notice intéressante de *Béguillet* sur ce grain :

« La tige porte à son sommet des pannicules lon-

» gues de neuf pouces, grèles, éparses, souvent en
» grand nombre, quelquefois partagées en quinze,
» vingt ou même trente épis penchés, portant des
» fleurs stériles et séparées de la graine ou du fruit.

» Ses fleurs approchent du seigle, et sont formées
» de quelques petits filets blancs, jaunes ou purpu-
» rins, chancelans, renfermés dans un petit calice ou
» balle, et qui ne laissent point de fruits après eux.

» Ses fruits sont séparés des fleurs et naissent des
» nœuds de la tige en forme d'épis; chaque tige en
» porte trois ou quatre placés alternativement, longs,
» gros, cylindriques, enveloppés étroitement de plu-
» sieurs feuilles ou tuniques membraneuses qui ser-
» vent comme de gaînes; de leur sommet il sort de
» longs fils qui sont attachés chacun à un grain de
» l'épi ou du fruit, dont ils ont la couleur.

» L'épi croît par degrés, quelquefois jusqu'à la
» grosseur du poignet et à la longueur d'un pied. A
» mesure qu'il grossit et qu'il mûrit, il écarte ses tu-
» niques et paraît jaune, rouge, violet, bleu ou blanc
» suivant l'espèce (1) : celle à grains jaunes est la plus
» estimée. » On la regarde comme le type de l'espèce; c'est celle qui a le plus de saveur.

» Les graines sont nombreuses, grosses comme

____

(1) Il faut lire *variété*.

» un pois, nues, sans être enveloppées dans une fol-
» licule, lissées, arrondies à leur superficie, angu-
» leuses du côté qu'elles sont attachées au poinçon
» dans lequel elles sont enchassées. Ce noyau de l'épi
» se nomme le *papeton*. L'épi du maïs donne une
» plus grande quantité de grains qu'aucun épi de
» blé ; il y a communément huit rangées de grains
» sur un épi, et davantage si le terrain est favorable ;
» chaque rangée contient au moins trente grains, et
» chacun d'eux donne plus de farine qu'aucun de nos
» grains de froment. Celui qui croît dans les Indes (1)
» rapporte quelquefois des épis qui ont sept cents
» grains (2). La diversité de couleur des grains
» blancs, jaunes, rouges, noirs, pourprés, bleus ou
» bigarrés, *ne sont* que des variétés de l'écorce ; car
» la farine en est toujours blanche ou jaunâtre, d'une
» saveur plus agréable et plus douce que celle des
» autres grains : ce ne sont point des espèces diffé-
» rentes, car le même grain fournit la plupart de ces
» couleurs.

   » . . . . . La culture de ce grain robuste ne manque
» jamais de récompenser au centuple (voir à la fin

---

(1) Les Indes-Occidentales.

(2) *Bosc* dit huit cents ; il porte à seize le nombre des rangées
du maïs de *Cussac*, en Languedoc ; mais ce maïs coule souvent
et mûrit tard.

de cet article une appréciation plus exacte de son
produit) les soins qu'on lui accorde ; il vient aisément ;
» il tarde peu à mûrir, et il fournit toujours un secours
» assuré contre les disettes, parce qu'il n'est pas sujet
» à autant d'accidens que le froment ; d'ailleurs, il
» se sème sur les jachères qu'on destine à être ense-
» mencées en blés d'hiver, et, loin de nuire à ceux-
» ci, il ne dispose que mieux la terre à les recevoir.
» La culture à bras et les façons qu'il exige influent
» sur la récolte en blé qui doit la suivre (1). »

Aux avantages énoncés dans ce dernier paragraphe, il est à propos d'ajouter ici qu'un auteur plus
moderne et peut-être plus éclairé encore par une
longue pratique de l'agriculture, *Bosc*, après avoir
dit « qu'un sol profond, des engrais abondans et des
» soins de toute espèce sont nécessaires à la bonne
» croissance du maïs, même dans les climats qui lui
» sont propres, » cite cependant des faits qui prouvent que des terrains très-divers conviennent à ce
blé : « J'ai vu, dit-il, planter le maïs en Caroline
» dans des sables presque purs, sur les bords de la
» Saône dans des argiles très-compactes, aux envi-
» rons de la Corogne dans des détritus de granit et
» de schiste, et partout donner de copieuses ré-

---

(1) Traité de la mouture par économie , chap. 1er.

» coltes. » Il dit encore : « Il ne convient pas plus
» d'exagérer les engrais pour le maïs que pour le
» froment. »

Ces faits et cette dernière observation sont bien
propres à détruire les préventions qui retiennent
encore les cultivateurs dans les essais qu'ils pourraient faire de cette plante, surtout dans les parties
des départemens de l'Ouest, dont le sol est graniti-
que ou sablonneux, et au nord de la ligne oblique
tracée, en 1790, de l'embouchure de la Garonne à
Landau, c'est-à-dire des environs du 45e degré de
latitude à l'ouest au 49e à l'est de la France, comme
étant la limite septentrionale de la culture du maïs ;
ligne inexacte dès cette époque même, puisque,
comme on l'a vu plus haut, le maïs était cultivé au
nord de la Loire, dans le Maine, depuis cinquante
ans, et qui n'a plus de réalité depuis qu'elle a été
dépassée sur d'autres points de son extrémité occidentale et de son centre, notamment dans le Morbihan et dans les départemens voisins de la capitale,
quoique le maïs n'y soit pas encore partout en
pleine culture.

On verra dans l'un des chapitres suivans quels
sont ceux de nos départemens où ce grain est cultivé
en grand, ceux où il ne l'est point encore ou ne l'est
que pour la nourriture des animaux.

L'extrême fécondité de cette plante printannière, sa prompte végétation, en font une ressource abondante et assurée contre la disette quand les céréales d'hiver ont mal réussi. Aussi vit-on, dès 1784, après deux années de cherté dans nos provinces du Midi, plusieurs académies proposer des prix pour propager la culture du maïs. On dut à ce concours un excellent Mémoire de *Parmentier* qui devint la base d'une instruction que le gouvernement répandit sur cette culture; cette instruction fut renouvelée plus tard à diverses époques et toujours après des années disetteuses, notamment en 1794. La sécurité dans laquelle on retombe naturellement au retour de l'abondance a ralenti les effets de cette provocation, mais ne l'a pas fait entièrement perdre de vue; les travaux de la ferme-modèle de Roville, les encouragemens décernés par un citoyen éclairé et philantrope, M. *Bossange*, ont montré, d'une part, la possibilité de rapprocher de la ligne horizontale la limite oblique de 1790 et, d'une autre part, les avantages des produits du maïs comparés à ceux des cultures ordinaires. Puissent ces progrès s'étendre dans nos provinces stériles ou pauvrement cultivées au point d'y substituer cette plante féconde, nutritive et salubre, aux grains sans substance, sans saveur, dont la population des campagnes se nourrit !

(49)

« Les produits du maïs, dit encore *Bosc*, sont les
» plus considérables de tous ceux que donne la
» grande culture en Europe; le moindre taux paraît
» être celui indiqué par *Varennes de Feuilles* pour
» la ci-devant Bresse, c'est-à-dire 50 pour 100. »

Le maïs se mange en bouillie, appelée *polenta*
en Italie, d'où ce nom a passé en France; cette bouillie s'appelle *millasse*, *cassole*, dans le midi de la
France, *gaude* dans l'ancienne Bourgogne. On le
mange aussi en gâteaux. A Paris l'art de la pâtisserie
s'exerce avec succès depuis quelques années sur la
farine de ce blé; la boulangerie n'a pu encore parvenir à en faire du pain sans reproche. Sa farine
manque de liant; le pain qu'elle produit est gras,
compact, amer. *Parmentier*, qui a fait les premiers
essais et donné les premières leçons à ce sujet, con-
seille de mélanger par moitié de la farine de maïs et
de froment; le gluten de cette dernière supplée à ce
qui manque à l'autre (1). Quelqu'imparfait que puisse
être le pain de maïs, pur ou mélangé, ce grain ne serait pas moins pour les classes laborieuses et indi-

____

(1) *Mémoire sur les grains en Languedoc* et *Parfait Boulanger.*—Quelques chimistes habiles, qui ont plus récemment analysé
le maïs, ont découvert dans ce blé une substance qui lui est propre,
analogue au gluten du froment.

I.

gentes un aliment préférable à ceux de même nature dont elles font leur nourriture habituelle.

« Il n'y a point de grain que les animaux de toute » espèce aiment autant et qui leur profite davan- » tage, » dit *Parmentier.* A la Caroline, hommes et chevaux s'en nourrissent. On le donne entier à ces derniers et aux bestiaux ; on le concasse pour les volailles. C'est lui qui donne chez nous un si haut prix aux volailles du Mans et de la Bresse.

Les grains de maïs rôtis et concassés ensuite forment les provisions de guerre des peuplades sauvages de l'Amérique, des nègres de l'Afrique et des Arabes. On n'a fait encore aucun essai de l'emploi de ce blé, ainsi préparé, ni de sa farine pour la subsistance des troupes régulières en campagne.

Les *Annales agricoles de Roville* recommandent le choix des grains pour les semences ; il faut trier dans la récolte les plus beaux épis, et dans ces épis les grains les plus sains, mûris sur pied, les plus pesans, luisans et de belle couleur, blanche ou jaune ; ce sont communément ceux qui sont placés au milieu.

On a pour règle dans le Midi de ne semer le maïs que de trois en trois ans et toujours après le froment ; dans des provinces plus centrales on n'observe point cet ordre, et l'on ne trouve aucun inconvénient à semer alternativement l'un et l'autre. Les semailles se font, en général, dans les mois d'avril et de mai, et les récoltes dans ceux de septembre et d'octobre.

L'égrénage du maïs s'opère mécaniquement, par divers procédés; ceux de sa mouture diffèrent un peu de celle des autres grains. *Parmentier* a décrit les uns et les autres dans les ouvrages déjà cités et que nous devons nous borner à indiquer ici.

Le maïs a des maladies qui lui sont communes avec le froment; il est attaqué par le charbon et rongé par le charençon et par l'alucite; il en a aussi une qui lui est propre, mais qu'on n'a encore remarquée qu'en Amérique; les hommes qui mangent des grains qui en sont atteints perdent leurs cheveux, les animaux leurs poils, et quelquefois même quelques-uns de leurs membres. Ces effets ont de l'analogie avec ceux que produit l'ergot du seigle.

Les variétés du maïs cultivé sont :

1° Le maïs *blanc*, que l'on préfère dans le Midi au maïs jaune, regardé par les botanistes comme le type de l'espèce. Le blanc est celui que cultivent les habitans des départemens voisins des Pyrénées et ceux du département des Landes; ils le croyent d'un meilleur produit que l'autre. Ce dernier est cultivé plus généralement dans les départemens de la Gironde, du Rhône, de Saône-et-Loire, de la Côte-d'Or et du Doubs (1). Le blanc a l'épi plus long et plus gros, ses grains sont plus larges et plus aplatis. Ces deux variétés se perpétuent exactement les mêmes;

2° Le maïs *à poulet*, appelé ainsi à cause de la petitesse de son grain ;

Et 3° le maïs *quarantain*, *cinquantain*, maïs *de deux mois*, maïs *précoce*, *petit maïs*, appelé aussi en Bourgogne maïs *d'Espagne*, maïs *de Romanie*, dénominations dont les premières indiquent la promptitude de sa végétation et de sa maturité. C'est un maïs jaune ; sa tige s'élève beaucoup moins haut que celle du maïs commun.

Bosc s'exprime ainsi sur ces deux dernières variétés :

« Quoique connues dans quelques parties de la
» France, elles ne sont pas encore cultivées avec
» l'abondance désirable ; la première se cultive dans
» les jardins de Paris ; il est à espérer qu'elle ne tar-
» dera pas à passer dans les champs à raison des bé-
» néfices qu'elle donne ; la seconde est déjà assez
» répandue en Bresse et dans les environs de Bor-
» deaux. Ce n'est, ajoute-t-il, que par amusement
» que l'on cultive les autres variétés. »

Ce même agronome parle d'expériences faites par

____

(1) Dictionnaire d'histoire naturelle.

lui à *Saint-Cloud*, en 1807, sur des maïs venus de New-York, dont il trouva que les plus productifs étaient les plus tardifs et ne pouvaient être cultivés avec succès au nord du climat de Lyon.

La fécondité du maïs, plus encore que son rang dans les céréales, fait que son prix se maintient toujours au-dessous de ceux du froment et du seigle, et met conséquemment ce blé à portée des classes indigentes.

Ce n'est pas seulement comme ressource alimentaire qu'il est recommandable : on en fabrique de la bière; sa tige produit un sirop de sucre abondant; cette plante est un très-bon fourrage, et sert aussi au chauffage dans les pays où elle est cultivée en grand.

La pomme de terre et le maïs sont deux grands présens du Nouveau-Monde, qui n'ont pu être appréciés qu'après les riches métaux et les autres productions plus flatteuses pour nos sens que nous devons aussi à sa découverte. L'une et l'autre peuvent désormais préserver l'Europe des horreurs de la famine, et améliorer en France la subsistance de plusieurs millions d'hommes, qui, à trois journées du centre de la civilisation du monde, s'alimentent encore uniquement de substances sans sucs nourriciers comme aux premiers temps de la culture (1).

(1) Cet article était rédigé depuis long-temps et livré même

3° Du Millet et du Panis.

Les livres de botanique et d'agriculture s'étendent peu sur ce genre de grains. Ils sont aussi le produit d'une graminée de la triandrie digynie; *Bosc* en a compté 139 espèces, « dont la plupart, dit-il, étant
» extrêmement du goût des bestiaux, peuvent être
» cultivées comme fourrage, et quelques-unes ont
» des graines assez grosses pour être semées dans le
» but de servir à la nourriture de l'homme et des
» oiseaux (1). »

---

l'impression, lorsqu'a paru, sous le titre de *Traité du maïs*, un ouvrage sur ce grain, auquel a été décerné par l'Académie de Médecine un prix fondé par M. *Bossange* pour le meilleur Mémoire » sur le maïs considéré comme aliment chez l'homme, chez les » enfans en bas âge et chez les femmes qui allaitent. » L'auteur, M. *Duchesne*, docteur en médecine, n'a pas borné son travail à l'objet médical du prix proposé, il a étudié le maïs sous tous ses rapports, historique, agricole, hygiénique, économique. Son ouvrage est un traité complet, où le cultivateur, le boulanger, le médecin, l'administrateur, puiseront respectivement d'utiles instructions, et que nous regrettons d'avoir connu trop tard, quoiqu'il ne renferme rien qui nous ait paru infirmer ce que nous avons rapporté. Nous y avons vu avec satisfaction le vœu que forme, comme nous, l'auteur pour que le maïs, dont il détaille savamment tous les avantages, remplace partout des cultures moins salutaires.

(1) Dictionnaire d'agriculture.

Le millet des oiseaux est le *panic* ou *panis* cultivé.

Le maïs est quelquefois appelé *millet*. Il paraît que le nom de *mil* ou *millet* se donne, en général, aux grains de forme arrondie. Les états des récoltes et ceux des douanes confondent souvent les deux espèces.

On donne aussi au millet et au maïs le nom de *Sorgo*.

C'est principalement comme nourriture de l'homme que nous le considérons ici.

Il y est employé en beaucoup de lieux dans le midi de l'Europe : en Portugal, en Espagne, en Italie, en Morée, dans les îles de l'Archipel et dans nos départemens les plus méridionaux. Mais s'il entretient la vie, il ne contribue point à son développement : les hommes qui s'en nourrissent, en France, sont, en général, de faible constitution et meurent avant d'être avancés dans la vieillesse, quand ils l'atteignent. Les mêmes climats, le même sol étant propres à la culture du maïs, les efforts du gouvernement, ceux des hommes dont les lumières éclairent la société, doivent tendre constamment à substituer partout la culture de ce dernier grain à celle de l'autre. On a déjà pu remarquer dans quelques départemens, notamment dans celui des Landes, les bons effets

de cette substitution sur le tempérament des individus et sur l'accroissement de la population. De telles
améliorations ne s'obtiennent qu'avec le temps,
mais on peut les hâter par l'instruction et l'exemple.

4° Du Sarrazin.

C'est encore de la Perse qu'est originaire le *Sarra-*
zin ; de là, il s'est répandu en Égypte et en Afrique ,
d'où les Maures l'apportèrent lorsqu'ils envahirent
l'Espagne. Introduit en France , dans le quinzième
siècle à ce qu'il paraît, il est cultivé presque dans
toutes ses provinces méridionales et centrales , et
jusqu'en Picardie (où on lui donne le nom de *bu-*
caille ou *brucail*) pour la nourriture des hommes et
celle des animaux, et quelquefois seulement pour ce
dernier usage. Sa culture ne peut, dit-on , s'étendre
beaucoup vers le nord, parce que les gelées lui sont
contraires. Semé trop tôt au printemps ou trop tard
en automne, le froid l'empêche de lever ; il périt,
et les longues chaleurs le détruisent. Cependant, on
le cultive en Suède où diverses espèces ont été
apportées de Sibérie. Les Anglais l'appellent *blé*
français (*french wheat*), sans doute parce qu'ils
l'ont reçu de nous.

Le sarrazin porte improprement le nom de blé ;

il n'est point de la famille des graminées, mais de celles des renouées. Néanmoins, on le désigne sous le nom de *blé noir*, plus encore que sous celui de *sarrazin* qu'il tient des Arabes à qui nous le devons (1).

Olivier de Serres lui donne le nom de *millet, millet sarrazin*. Son grain est triangulé ; la farine qu'il contient est très-blanche, mais sans saveur.

La tige sur laquelle il croît est d'un rouge brun ; elle s'élève d'un à deux pieds au plus ; elle est cylindrique, à plusieurs branches auxquelles tiennent, par de longues queues, des feuilles d'un vert clair : des aisselles de ces feuilles sortent les fleurs petites, blanches et roses, qui donnent naissance à l'épi ; le grain est noir ou d'un brun très-foncé. « Son principal service, disait *Olivier de Serres*, est
» d'être mêlé avec d'autre bled de mesnage pour
» le pain du commun ; séparé aussi n'est pas à reje-
» ter ; est propre à engraisser les pourceaux, leur
» en donnant en farine avec leur boire.... Il profite
» en toute terre, même en maigre ; du commence-
» ment aussi on l'y loge, laquelle il améliore. »

---

(1) On lui donne en latin le nom composé de *fagopirum*, qui semble signifier *poire* ou *fruit du hêtre*, probablement à cause de la forme angulée de ce grain qui ressemble en cela au *fruit* farineux de cet arbre, appelé *faine*.

On le sème en mars et en juin, et l'on peut ainsi en faire deux récoltes dans l'année, parce qu'il ne lui faut que cent jours pour parvenir à sa maturité.

Le pain de sarrazin est rebutant par sa couleur noire ou violâtre ; il s'émiette facilement ; il lève mal et est très-indigeste : on en fait plus communément de la bouillie, de la galette, des gâteaux. Cette plante et son grain sont d'une très-grande ressource, l'une comme fourrage pour les bestiaux, l'autre comme nourriture pour les oiseaux de basse-cour : c'est à ce double emploi que son usage devrait être réduit. On en sème dans les bois pour y attirer les faisans, qui en sont très-friands. Les agronomes qui ont exprimé le regret que sa culture ne soit pas plus générale en France, quoiqu'elle soit très-commune dans un grand nombre de départemens, l'ont sans doute considéré sous ces derniers rapports plus que comme aliment de l'homme. On a vu, par ce qui a été dit de l'épeautre et du maïs, que ces deux espèces de blés sont très-préférables pour la nourriture des habitans des campagnes à celle que leur fournissent toutes les espèces de menus grains.

5° De l'Avoine.

Plante unilobée de la famille des graminées et

dont les fleurs sont glumacées, comme celles du froment.

Si nous ne parlons de l'*avoine* qu'après le sarrazin, quoiqu'elle soit une des graminées, c'est qu'en France du moins elle est beaucoup plus employée à la nourriture des chevaux qu'à celle des hommes. Le rapport de l'une à l'autre consommation est à peu près, d'après des calculs récens, comme 15 est à 1.

Les enveloppes qui composent l'épi de l'avoine, et desquelles sortent ses fleurs, ne sont pas réunies comme dans l'orge, le seigle, le froment; « elles sont » portées au haut de la tige par de longs pédicules, » et dispersées par paquets qui forment une pani- » cule éparse dont les bouquets pendent vers la » terre; à chacune de ces fleurs succède une se- » mence oblongue, mince, pointue, farineuse, en- » veloppée d'une capsule qui a servi de calice à la » fleur; du reste, la plante et les feuilles sont assez » semblables au froment, mais les tuyaux sont plus » minces et ont beaucoup plus de nœuds (*Bé-* » *guillet*). »

Il n'est personne qui, ayant lu cent fois le mot *avena* dans les auteurs latins, doute que les anciens connussent l'avoine. Cependant des auteurs modernes prétendent qu'elle nous est venue de l'île de

Juan Fernandez, située en face du Chili dans la mer du Sud, et découverte seulement depuis 1571 ; mais il est très-probable que l'*avena* dont *Pline* dit que les Germains faisaient leur principale nourriture et qu'ils mangeaient en bouillie, comme on mange encore aujourd'hui l'avoine, était bien ce même grain qui croît abondamment dans le nord de l'Europe et dont se nourrissent aussi les paysans de la Suède, du Danemarck, de l'Écosse, du pays de Galles, de la Bretagne et de quelques provinces de France, à la honte de notre agriculture. Le pain que l'on en fait est amer, noir comme du pain de blé carié et malsain ; il engendre, dit-on, des maladies cutanées (1).

C'est dans nos départemens au nord de la Loire et à l'est de la Saône que l'avoine est le plus cultivée ; elle l'est peu dans le midi, où l'orge et le maïs servent à la nourriture des chevaux. En Pologne, en Allemagne, en Hollande, en Angleterre, on en fait de la bière que l'on dit préférable à celle de l'orge.

---

(1) M. *Ch. Dupin* porte à 2,144,278 hectolitres la quantité d'avoine que consomme, terme moyen, la nourriture des hommes en France. En supposant 5 hectolitres par habitant, c'est plus de 400,000 individus nourris de cette substance ; c'est la population de deux départemens.

On préfère aussi en France l'avoine, mondée et réduite en gruau ou en bouillie, pour la régime des personnes dont la poitrine est attaquée, à l'orge et même au riz.

Il y a des avoines d'hiver et des avoines de printemps ; les premières se sèment avant les fromens et se récoltent plus tôt que les seigles. Les avoines printannières sont plus abondantes, parce que les cultivateurs s'occupent plus en automne des semailles du froment et du seigle que de l'avoine. On distingue cette dernière en rouge, blanche et noire. « On croit » que la *rouge* aime les terres légères et chaudes ; » qu'elle résiste moins aux accidens du temps; qu'elle » s'épie plus tôt que la noire, et qu'elle est moins » nourrissante et plus chaude. La *blanche* passe pour » avoir moins de substance que l'une et l'autre. L'a- » voine *noire* a le tuyau plus gros, la feuille plus » noire, la graine plus longue et plus velue (1). »

Thouin (2) dit qu'il y a plusieurs espèces d'avoine en Europe, en Afrique et en Amérique ; la seule intéressante pour nous est l'*avoine cultivée*, dont il compte quelques variétés parmi lesquelles il distingue l'*avoine nue*, que l'on cultive en Espagne et en An-

(1) *Béguillet*, ouvrage déjà cité.
(2) Encyclop. Dictionnaire d'agriculture.

gleterre, « appelée ainsi , dit *Béguillet*, parce qu'elle
» n'a presque point de son , ce qui la rend très-pro-
» pre à faire du gruau. » *Thouin* parle aussi, comme
ce dernier auteur, et d'après l'ancienne encyclopédie, d'une avoine cultivée au Canada , plus grosse
et plus délicate que la nôtre, et que l'on compare au
riz pour sa bonté. Il pense que c'est celle qu'on
nomme avoine *de Pensylvanie*. Ses qualités nutritives auraient dû engager à l'importer en Europe,
surtout dans les pays où l'homme se nourrit d'a-
voine. Celle-ci croît , dit-on, dans l'eau et dans les
petites rivières dont le fond est plein de vase.

Les Anglais font des gâteaux d'avoine qu'ils trouvent très-bons; mais en fait de pâtisserie ils n'ont
pas le meilleur goût.

L'avoine est après le froment celle des céréales
dont le produit est le plus considérable.

6° Du Riz.

Le *riz* (1), plante originaire de l'Inde et de la
Chine, vers la latitude du tropique du Cancer, est

____

(1) Ce nom est dérivé du grec *oryza*. Linné appelle *oryza
sativa*, le riz cultivé.

aussi du genre des plantes unilobées, à fleurs glumacées, de la famille des graminées. Son grain est
le blé d'Asie, comme le maïs est celui de l'Amérique. Sa culture s'étend actuellement dans les quatre
parties du monde, mais sans y dépasser le 45ᵉ degré
de latitude nord. « Si même, dit *Bosc*, il est cultivé
» à cette hauteur en Italie, c'est dans les lieux abrités
» des vents du nord par de hautes montagnes. »
Telle est, en effet, la situation du Piémont et de la
Lombardie, où il y a beaucoup de rizières.

Il n'y en a point en France; le riz qui s'y consomme y vient de l'Italie, de l'Inde ou de la Caroline; c'est pourquoi nous ne dirons rien de sa culture. M. de *Lasteyrie* a fait un Mémoire sur la possibilité d'introduire celle-ci en France, mais il ne
paraît pas que ses leçons aient jusqu'à présent été
mises en pratique. La chaleur nécessaire à la par-
faite végétation de ce grain en limiterait la culture
aux départemens les plus méridionaux.

Le riz ne croissant qu'à l'aide des irrigations,
cet auteur assure que les marais convertis en rizières
seraient moins insalubres; mais toutes les rizières le
sont; le dessèchement de nos marais semblerait préférable : partout elles corrompent l'air et engen-
drent des fièvres.

Le grain de riz est oblong, obtus à ses deux extrémités, blanc ou blanchâtre, corné, un peu comprimé, marqué de deux stries à chacune de ses faces.

Les variétés connues de ce grain ne sont pas nombreuses ; *Bosc* qui les a étudiées en Europe et en Amérique n'en compte que cinq qu'il ait vues vivantes, savoir : 1° le riz à barbe, dont le grain est long et plat, et une autre variété barbue qu'il n'a point vue cultivée en grand ; 2° trois variétés rases : l'une à grain large et plat ; la seconde à grain long et rond, et la troisième à grain rouge. Il fait cette observation sur les riz que l'on appelle *secs* ou *riz de montagne* : qu'ils ne prospèrent que dans les hautes montagnes situées sous les Tropiques, où il tombe journellement, pendant l'été, des torrens de pluie (1) ; condition à laquelle n'avait sans doute point fait attention M. Poivre, intendant des îles de France et de Bourbon, quand il tenta d'introduire la culture de ce riz dans ces îles où il ne réussit pas.

La nourriture que donne le riz est saine, mais, selon les auteurs, trop digestive et pas assez fortifiante pour ceux qui le mangent sans mélange avec la viande ou d'autres alimens. On a vu cependant,

______

(1) Dictionn. d'agricul. de l'Encyclop.

dans la note de la page 15, cette assertion, résultant d'expériences comparées entre le riz et le froment : que le riz est plus nutritif que le blé. Il est présumable que la complexion indolente et molle des Indiens, que les auteurs attribuent au riz, est moins l'effet de l'usage de ce grain que du précepte religieux qui leur interdit celui de la viande. Les Européens, dans ce pays même, en composent avec de la viande et des épices un mets très-fortifiant, le *Carry;* les Turcs composent de même leur *pilau,* aux épices près.

L'analyse n'a pu, dit-on, faire découvrir dans le riz aucune parcelle de gluten, ce qui rend impossible de fabriquer avec sa farine du pain comme le pain de froment. On le mange en bouillie, en gâteaux, etc. Les Indiens distillent le riz et en tirent une liqueur spiritueuse qu'ils nomment *arack.*

En France, le riz fait partie du commerce de l'épicerie; il n'est guère employé que dans les classes aisées, dans les hôpitaux pour les malades, et dans les armées de terre et de mer en campagne, où il se distribue quelquefois au lieu de légumes secs et même de pain.

Les botanistes connaissent, sous le nom de *riz du Canada,* une sorte de riz sauvage dont on mange le grain, et dont les oiseaux et les bestiaux sont très-

friands. Cette plante est la *zizanie* proprement dite,
et diffère de celle que nous entendons par ce mot,
l'ivraie.

7° Des graines légumineuses et autres substances farineuses.

Les graines appelées communément *légumes secs*,
c'est-à-dire les pois, les fèves, les fayols ou haricots,
les lentilles, font aussi partie des céréales ; les châtaignes, les pommes de terre, pourraient de même
être comprises sous cette dénomination, considérées
comme produisant une fécule nutritive et *pani-
fiable.*

Depuis que *Parmentier*, à qui la France doit de
connaître tout le mérite de la pomme de terre, a
donné les premiers enseignemens sur la manière
d'en extraire la fécule et d'en faire du pain, l'art
est parvenu à mélanger la farine de ce tubercule
à celle du froment au point de rendre ce mélange
méconnaissable à l'œil. C'est un grand avantage,
sans doute, comme ressource alimentaire, mais
c'est aussi un moyen de falsification que des fabricans peu scrupuleux mettent en pratique aux dépens
du public. Des récompenses ont été promises pour
indiquer les moyens de découvrir facilement ce mé-

lange frauduleux, doublement préjudiciable au consommateur, en ce que celui-ci paie la farine de
pomme de terre comme celle du froment, et en ce
qu'elle le nourrit moins.

Parmi les graines, la fécule du haricot blanc entre
trop souvent aussi dans la composition du pain, mê-
lée à celle du seigle ou du froment.

C'est à *Paris* et dans les villes où les grands procédés de la fabrication des farines sont en usage que
ces abus se commettent. S'il est d'une bonne administration d'encourager l'accroissement et le perfectionnement des produits économiques, il est d'une
bonne police de veiller à ce que cette industrie
s'exerce loyalement au profit de tous; mais il faut
reconnaître qu'en cette matière nos lois n'attribuent
à l'autorité aucune inspection sur le travail intérieur des usines; ce n'est que quand le mélange
opéré et devenu impossible à reconnaître est exposé
en vente, qu'elle est appelée à exercer une surveil-
lance illusoire, d'autant moins rigoureuse, peut-
être, qu'elle sait que ce mélange n'a rien d'insalubre,
et qu'il augmente la masse de la subsistance commune.

______

A l'exception du riz, toutes les céréales, proprement dites , et leurs succédanées dont on vient de parcourir la description, sont cultivées en France, les unes sur toute son étendue, les autres sur quelqu esparties seulement ; le tableau de cette culture sera l'objet du chapitre suivante.

CHAPITRE II.

Du sol de la France.

Préjugés contraires à de meilleures cultures. — Opinion d'*Arthur Young* sur celles de la France. — Ses zônes agricoles. — Sa classification du sol du royaume selon ses diverses natures. — Discussion sur l'étendue de la France et de son sol *cultivable*. — Sur l'étendue du sol *labourable* et du sol cultivé en céréales. — Tableau détaillé de l'ensemencement annuel. — Résumé de ce tableau.

Tous les sols ne sont pas propres aux mêmes productions, *non omnis fert omnia tellus ;* de là, la diversité et l'inégalité des récoltes. Il est incontestable qu'un sol pierreux ne peut être aussi fécond qu'un sol gras et profond, et qu'il ne peut nourrir .es mêmes plantes ; mais, en agriculture comme en tout, les préjugés, la routine, ont retardé les améliorations ; l'expérience prouve que les plus mauvais terrains peuvent être rendus fertiles, et que ceux auxquels on croyait ne pouvoir confier que des semences inférieures sont susceptibles de meilleures productions. Il serait bon que l'instruction primaire que le gouvernement promet de donner partout à l'habitant des campagnes tendît à le détacher sur ce point des préventions qui croissent avec lui. Le cultivateur simple, pauvre, ignorant, ne connaît que son champ, ceux de ses voisins, et croit qu'ils ne peuvent être cultivés que comme il les a vu cultiver par ses pères. C'est à l'instruction à détruire ce préjugé, et à faciliter ainsi une immense amélioration dans le régime et l'existence du laboureur et dans la fortune publique.

La possibilité de cette amélioration n'est point problématique ; elle ne doit point être rangée dans les utopies ; il est de fait que les campagnes voisines de la capitale et des grandes villes sont mieux cultivées, sont ensemencées de meilleures espèces de grains que les campagnes reculées ; ce n'est donc point seulement à la nature du sol qu'il faut attribuer l'usage des menues semences pour la nourriture commune ; il est certain aussi que, même dans plusieurs parties de la France où cet usage est habituel, il se consomme moins de menus grains qu'il y a un siècle, et que la culture des autres blés s'est accrue. Un préfet de l'Orne se félicitait, il y a peu d'années, de l'abandon progressif de la culture du sarrazin dans

ce département pour celle du blé. On lit dans un ouvrage publié en Angleterre, en 1825, « que, vers
» 1760, le pain d'orge, d'avoine et de seigle, était,
» dans ce pays, la nourriture universelle du peu-
» ple. En 1764, la quantité d'orge que produisait
» l'Angleterre était égale à celle de froment ; elle
» n'en fait pas le tiers aujourd'hui, quoique la por-
» tion convertie en drèche (c'est-à-dire employée à
» faire de la bière), se soit beaucoup augmentée.
» Sir *Fred. Morton Edon* dit qu'il y a cinquante ans
» on mangeait si peu de froment dans le comté de
» Cumberland, qu'il n'y avait que les familles ri-
« ches qui en consommassent un quart de boisseau. Il
» en était de même à cette époque dans les contrées
» de l'Ouest. L'usage du froment est plus ancien
» dans celles qui sont voisines de la capitale, et il
» s'est répandu graduellement à mesure que la ri-
» chesse a circulé du centre aux extrémités (1). »

L'instruction et l'exemple donné par les grands propriétaires opéreront chez nous les mêmes effets qu'en Angleterre, quand les écoles d'enseignement

---

(1) Revue britannique, n° 23, septembre 1825. Notice sur un ouvrage de M. *Joseph Lowe*, intitulé : *The present state of England in regard to agriculture, trade and finance, with a comparaison of the prospects of England and France.*

et l'administration dirigeront avec persévérance les vues du cultivateur vers ce but.

Le célèbre agronome anglais, *Arthur Young*, qui parcourut presque toute la France il y a quarante ans pour comparer notre agriculture à celle de son pays, et qui trouva presque partout notre sol meilleur et notre culture plus mauvaise, prétend « que *toutes* » *les terres de ce royaume sont propres au froment,* » et qu'il s'y trouve à peine aucun sol assez mau- » vais pour exiger du seigle (1). » Il enseigne les procédés à suivre pour opérer cette conversion, et, ce qui est remarquable, il indique pour les premiers essais à faire les plus pauvres terres du Bourbonnais, du Nivernais et de la Sologne. Or, s'il jugeait les terres où l'on ne cultive que du seigle, de l'orge, etc., propres à produire de bon froment, probablement il pensait aussi que des céréales inférieures au seigle pourraient aisément céder la place à ce blé, qui tient le second rang dans nos climats.

C'est cet habile agriculteur qui eut l'ingénieuse idée de diviser la France en zônes agricoles, en tra- çant sur la carte trois lignes obliques du sud-ouest au nord-est, pour marquer les limites septentrio-

---

(1) Voyages en France pendant les années 1787-90, tome 2, page 380.

nales de la culture de l'olivier, du maïs et de la vigne (1); idée qui pourrait trouver aussi son application à la culture des diverses céréales, non point seulement sur la carte de la France, mais sur celle de l'Europe entière et des parties des autres continens où elles sont cultivées. On y marquerait, par exemple, jusqu'à quel degré vers le Sud s'étend la culture de celles qui réussissent le mieux dans les pays septentrionaux, et jusqu'à quel autre degré s'élève vers le Nord celle des grains dont la culture est plus usitée dans le Midi.

On a vu que le riz, né vers le 23ᵉ degré nord, ne croît pas au-delà du 45ᵉ ; mais le sarrazin, originaire de la Perse située entre le 25ᵉ et le 40ᵉ degré, et qui abonde en Afrique, d'où les Maures nous l'apportèrent, croît jusqu'en Suède où plusieurs variétés de ce grain venues de la Sibérie réussissent. Cette connaissance pourrait conduire à juger si la différence de température est la seule cause qui favorise ou arrête la végétation de ces plantes de diverses natures, ou si d'autres causes n'influent pas simultanément sur cette végétation. *Arthur Young* semble attribuer au climat seul la fructification de la vigne, du maïs et de l'olivier,

____

(1) Voir au chapitre précédent l'article du maïs.

à des hauteurs plus septentrionales à l'est de la France qu'à l'ouest, puisqu'il tire de ce fait la conséquence « qu'il y a une différence considérable entre le cli- » mat des parties orientales et occidentales du » royaume ; que le côté oriental est plus chaud de » deux degrés et demi que le côté occidental. » Toutefois, il ajoute que « *s'il n'est pas plus chaud il est* » *plus favorable à la végétation* (1). » Le fait rend incontestable cette dernière assertion, mais la cause réelle reste encore incertaine, et d'autant plus qu'il est de fait aussi qu'aujourd'hui, en France, la cul- ture du maïs, en Belgique celle de la vigne, dépas- sent, à l'ouest et au nord, les limites septentrionales que ce voyageur leur avait assignées. Il est également constant que la longue chaîne des Alpes, du Jura, des Vosges, qui bornent la France à l'orient, prolonge l'hiver dans les provinces qui les avoisinent au-delà de sa durée dans les provinces occidentales. On con- çoit que, s'il était reconnu que la différence de tem- pérature n'est point la cause réelle ou la seule cause qui mette obstacle à la propagation des meilleures espèces, l'industrie s'efforcerait de surmonter des dif- ficultés qui ne sont point au-dessus de sa puissance.

Une autre remarque, moins savante mais plus

______

(1) Voyages en France, tome 2, page 193.

essentielle, du même observateur sur notre agriculture, c'est « qu'en Angleterre *les plus mauvaises*
» *terres sont les mieux cultivées*, ou au moins aussi
» bien cultivées que les plus fertiles, au lieu qu'en
» France, *il n'y a que les meilleures qui soient bien*
» *gérées* (1). » Cette remarque s'applique à toutes
nos cultures en général, mais principalement à celles
qui sont l'objet spécial de cet ouvrage, puisque la
Beauce même, toute fromenteuse, n'a point été exceptée de ce jugement sévère. Dès le début de son
livre *Young* avait dit : « Ce pays de Beauce a la
» réputation d'être la crême de l'agriculture fran-
» çaise ; le sol en est excellent, mais il est mal cul-
» tivé (2). »

CLASSIFICATION du sol de la France selon ses différentes natures.

Toujours instruits par cet étranger de ce qu'eux-
mêmes auraient dû pouvoir lui enseigner, c'est de
lui que les Français ont appris à distinguer les différentes natures de leur propre sol ; il le divisa en
sept classes, selon la composition du terrain *domi-*

---

(1) *Ibid.*, *id.*, p. 380.
(2) *Ibid.*, tom. 1ᵉʳ, p. 24.

nant dans chacune. Voici le tableau de cette classification rangée par départemens, et complétée par l'addition des provinces qu'*Arthur Young* n'avait point explorées.

PREMIÈRE CLASSE. — Bonnes Terres.

Les terres de cette nature *dominent*, savoir :

Au nord de la France.. { dans les départemens du *Nord*, du *Pas-de-Calais*, de la *Somme*, de l'*Aisne*, de l'*Oise*, de *Seine-et-Oise*, de *Seine-et-Marne*, de la *Seine*, de la *Seine-Inférieure*, de l'*Eure*, d'*Eure-et-Loir*.

Au centre.... { dans la partie de ceux du *Loiret* et de *Loir-et-Cher* située au nord de la Loire.

Ces limites, au dire de l'auteur du Dictionnaire de la géographie commerçante, renferment les terres les plus fertiles de l'Europe. Elles embrassent la Flandre, l'Artois, la Picardie, la Brie et la Beauce.

dans la plaine du département du *Puy-de-Dôme*.

Cette plaine, appelée la Limagne, est réputée, d'après le même auteur, l'un des meilleurs sols du monde ; il a jusqu'à 20 pieds de profondeur de terre végétale.

A l'ouest..... { dans les départemens des *Deux-Sèvres* et de la *Vendée* (Poitou).

<table>
<tr><td>Au sud
et sud-ouest..</td><td>dans les parties basses de ceux du *Lot*, du *Tarn*, de la *Haute-Garonne*, de l'*Aude* et de l'*Hérault* (Languedoc).

La vaste plaine qui s'étend dans ces départemens jusqu'au pied des Pyrénées est une des plus fertiles du royaume.</td></tr>
<tr><td>Au nord-est.</td><td>dans la plaine du département du *Bas-Rhin* (Alsace).</td></tr>
</table>

On évalue à un cinquième de la surface de la France les terres comprises dans cette première classe. Elles sont composées, en général, d'un fonds calcaire, d'argile et de marne. Ce sont celles qui produisent le plus de froment et le meilleur froment.

DEUXIÈME CLASSE. — Landes et Bruyères.

Ces terres, presque entièrement perdues jusqu'ici pour l'agriculture, et qui occupent, assure-t-on, plus d'un sixième du royaume, *dominent* principalement :

<table>
<tr><td>Au nord-ouest.</td><td>dans les départemens du *Calvados*, de l'*Orne*, de la *Manche*, d'*Ille-et-Vilaine*, des *Côtes-du-Nord*, du *Finistère*, du *Morbihan*, de la *Loire-Inférieure* et de *Maine-et-Loire* (la Basse-Normandie, la Bretagne et l'Anjou).</td></tr>
</table>

Au sud-ouest.. { dans les départemens de la *Dordogne*, de la *Gironde*, de *Lot-et-Garonne*, du *Gers*, de l'*Ariége*, des *Hautes* et *Basses Pyrénées*, et surtout dans celui qui en a reçu le nom des *Landes* (le Périgord, la Gascogne).

Au sud et au sud-ouest.... { dans ceux du *Gard* et de l'*Aveyron* (Languedoc, Ronergue).

Le sol de ces départemens est, dans les uns, de granit ou d'autres roches, dans les autres, de sable, et partout moins propre à la culture des céréales qu'à celle des bois et d'autres plantations. Ce sont ceux où l'on cultive le plus de menus grains. Néanmoins, il n'en est aucun qui ne produise aussi du froment, notamment le département des Côtes-du-Nord qui en exporte beaucoup, parce que le peuple s'y nourrit de sarrazin et d'avoine.

TROISIÈME CLASSE. — Terres de montagnes.

Ces terres occupent aussi un sixième du sol de la France ; elles sont encore moins propres par leur nature, leur élévation, leur inclinaison, à la culture des céréales que celles de la classe précédente. Elles *dominent* surtout dans la région méridionale, savoir :

Au sud-ouest.. { dans le département de la *Haute-Garonne* (le Languedoc).

Au sud
et au centre... { dans ceux des *Pyrénées-Orientales*, de la *Lozère*, de la *Corrèze*, du *Cantal* et du *Puy-de-Dôme* (le Roussillon, les Cévennes, le Bas-Limousin, l'Auvergne).

Au sud-est... { dans ceux des *Bouches-du-Rhône*, du *Var*, des *Hautes* et *Basses-Alpes*, de *Vaucluse*, de l'*Ardèche*, de la *Haute-Loire*, de la *Drôme* (la Provence, le Dauphiné, le Vélai).

Et à l'est..... | dans le département de l'*Isère* (le Dauphiné).

QUATRIÈME CLASSE. — Sol pierreux.

Ce sol compose, en majeure partie,

A l'est....... { les départemens de l'*Ain*, du *Rhône*, de la *Loire*, de *Saône-et-Loire*, de la *Haute-Saône*, de la *Côte-d'Or*, du *Jura* et du *Doubs* (la Bresse, le Lyonnais, la Bourgogne, la Franche-Comté).

Au nord-est.. { les départemens du *Haut-Rhin*, des *Vosges*, de la *Meurthe*, de la *Moselle* et de la *Meuse* (l'Alsace, la Lorraine).

Et au centre... | celui de l'*Yonne* (Bourgogne).

Le sol de cette classe, très-favorable à diverses sortes de culture, occupe environ la septième partie du territoire.

CINQUIÈME CLASSE. — Sol crayeux.

Cette nature de terrain, l'une des moins favorables aux céréales, est heureusement une des moins étendues ; elle ne forme que la dixième partie du sol. Elle *domine* :

Au nord-est.. { dans les départemens des *Ardennes*, de la *Marne*, de l'*Aube* et de la *Haute-Marne* (la Champagne).

An centre..... | dans celui de *Loir-et-Cher* (Sologne).

A l'ouest..... { dans ceux d'*Indre-et-Loire*, de la *Vienne*, de la *Charente* et de la *Charente-Inférieure* (la Touraine, le Poitou, l'Angoumois, la Saintonge).

SIXIÈME CLASSE. — Sol de gravier.

Au centre. ... { les deux seuls départemens de l'*Allier* et de la *Nièvre* (Bourbonnais et Nivernais), et les portions de ceux du Puy-de-Dôme et de Saône-et-Loire, riveraines de la Loire et de l'Allier, sont composés en grande partie de cette nature de sol, où croissent de faibles moissons qu'une meilleure culture pourrait rendre plus fécondes.

Septième classe. — Sol sablonneux et mélangé.

C'est principalement de cette nature de terre que sont formés, savoir :

Au nord-ouest. { les départemens de la *Mayenne* et de la *Sarthe* (le Maine).

Au centre.... { ceux du *Cher*, de l'*Indre*, de la *Creuse* (le Berri et la Marche).

Et à l'ouest... { le département de la *Haute-Vienne* (le Haut-Limousin).

On évalue à un quinzième de la surface du royaume l'étendue de cette classe.

———

Cette surface divisée ainsi selon ses diverses natures (voir la carte jointe à cet ouvrage) nous avons à la considérer sous le rapport de son étendue et sous celui de sa distribution agricole.

Étendue de la France et de son sol *cultivable*.

Tous les auteurs qui ont écrit sur l'économie politique depuis *Vauban* jusqu'à *Necker* ont diversement supputé l'étendue de la France, celle de son sol cultivé, les différens produits de son territoire, sa population, etc. aucun d'eux n'est sur ces questions parfaitement d'accord avec les autres. *Lavoisier* posa, en 1791, quelques principes pour ces sortes de calculs, et en déduisit des évaluations qui parurent plus vraisemblables que celles de *Vauban*, d'*Expilly*, de *Necker*, et très-rapprochées de celles du docteur *Quesnay*, chef de l'école des économistes. Son ouvrage, imprimé par ordre de l'Assemblée nationale, a été pendant plusieurs années le guide de l'administration, et jouit encore d'une haute autorité quoique le temps ait changé, en partie, les bases des calculs dont il présente les résultats, et que l'expérience ait fait reconnaître quelques erreurs dans ses appréciations.

Ce savant et, après lui, le célèbre géomètre *Lagrange* (1) adoptèrent les calculs de *Paucton* qui, « d'après des recherches très-exactes, » dit *Lavoisier*, donnait à la France 105 millions d'arpens, mesure du roi ; ce qui fait 27,126 lieues carrées : nombre très-rapproché de celui qui résulta des travaux de l'Assemblée nationale pour la division de la France en départemens (2). Le royaume est à très-peu près actuellement de la même étendue qu'à cette époque.

____

(1) Essai d'arithmétique politique.
(2) 26,891.

L'arpent du roi, de 100 perches de 22 pieds, équivalant à 51 ares 07 centiares, les 105 millions d'arpens réduits en mesures métriques représentent
53,625,000 hectares.

Sur ce nombre, *Lavoisier* supposait 20,530,000
hectares (40,200,000 arpens, ou un peu moins des
deux cinquièmes) employés par les bois, les vignes, les
prairies, et par les landes, les terres incultes, les chemins, rivières, étangs, canaux, etc., et 33,095,000
hectares (64,800,000 arpens) affectés au travail de la
charrue. S'il eût distingué la première partie en sol
productif et en sol non productif, il aurait fait connaître l'étendue du *sol cultivable* de la France, sur la
mesure duquel les auteurs postérieurs diffèrent entre
eux d'opinion (1).

---

(1) La *géographie physique, statistique*, etc., *de la France*,
par *Mentelle*, revue et augmentée par M. *Depping*, « d'après
» (dit cet auteur) les renseignemens les plus authentiques que
» nous possédons sur l'état physique, agricole, etc., de la
» France ; » publiée en 1821, porte à 9,000,000 d'hectares ces
terres, évaluées à un huitième de toute la surface du pays, et les
chemins, les rivières, etc. Si cette évaluation était exacte, les
20,530,000 hectares de *Lavoisier* se composeraient de 9,000,000
non cultivables et de 11,530,000 cultivés en bois, prés et vignes.
Cette étendue, ajoutée aux 33,095,000 hectares qu'il supposait
être exploités par la charrue, donnerait pour la totalité du *sol cul-*
tivable 44,625,000 hectares ; mais, en additionnant les différentes

Depuis eux, les travaux du cadastre ont fourni une appréciation exacte de cette mesure : « La France » possède 5o millions d'hectares *cultivables*, divisés, » ainsi que le cadastre l'a constaté, en 125 millions » de parcelles (2). »

Etendue du sol labourable *et des terres ensemencées en céréales.*

De ces 5o millions d'hectares cultivables, 33 millions environ, selon *Lavoisier*, composent le sol *arable* ou *labourable*, le sol cultivé à la charrue, savoir :

annuellement, environ 9,5oo,ooo *en blé* et 5,ooo,ooo *en mars*,

et *en jachères* et *vaines pâtures* environ 18,5oo,ooo.

D'après ce calcul, *le sol labourable en rapport chaque année* serait d'environ 14,5oo,ooo hectares.

---

parties du territoire détaillées dans la *géographie statistique* comme productives et non productives, on ne trouve, pour l'étendue totale du territoire, que 47,637,6oo hectares, au lieu de 53,625,ooo, ce qui ne permet pas de tirer des données de ce livre une induction certaine.

(2) Discours de M. *Rambuteau*, conseiller d'État, à la Chambre des députés, séance du 17 avril 1833,

Il y a lieu de croire que son auteur comprenait dans les *mars* et les *jachères* les cultures autres que les blés, desquelles il ne fait aucune mention séparée, telles que le lin, le chanvre, le tabac, la garance, le houblon, la betterave, le safran, les plantes oléagineuses, en un mot, tout ce qui se cultive dans les terres arables.

Cette conjecture de *Lavoisier*, sur la quantité de terres labourables et sur celle des terres cultivées annuellement *en blé* et *en mars*, semble renversée par une assertion de la commission de la Chambre de députés chargée d'examiner le projet de loi sur les céréales présenté en 1831. Son rapporteur (1) dit expressément que « le nombre d'hectares employés » à la culture des farineux alimentaires est de » 23,224,000. ».

Ce nombre est inférieur de 9,871,000 à celui que *Lavoisier* assigne aux terres labourables, et supérieur d'environ 8,700,000 à celui des terres supposées ensemencées chaque année *en blé* et *en mars*.

C'est évidemment aux céréales seules que la commission de la Chambre attribue 23,224,000 hectares, puisqu'elle les dit employés à la culture des *farineux alimentaires*. On pourrait croire qu'elle a compris

---

(1) M. *Charles Dupin*, séance du 5 mars 1832.

sous cette dénomination les terres plantées en pommes de terre, et même en châtaigniers, si, plus loin, elle ne se servait du mot *emblavées* pour en désigner la totalité. Il est donc constant, d'après cette commission, qu'en France *les terres à blé* consistaient, en 1832, en 23,224,000 hectares (1).

Quoi qu'il en soit, on va se convaincre par les détails suivans que *l'ensemencement annuel* en céréales ne couvre que 13 à 14 millions d'hectares, et qu'en cela le calcul de *Lavoisier,* qui évaluait à environ 14,500,000 l'espace ensemencé chaque année *en blé* et *en mars,* approchait fort de la vérité.

La science de la statistique, encore si imparfaite, n'a commencé à jeter chez nous quelques lumières sur l'état de l'agriculture que dans les premières années de ce siècle, sous le consulat et sous l'empire; le gouvernement s'appliqua alors à recueillir, d'année en année, des documens précis sur cette matière; à cet effet, il divisa le territoire continental de la France en plusieurs régions agricoles; le nombre en fut réduit à dix après 1814, époque où le royaume fut resserré dans ses anciennes limites.

---

(1) La géographie physique et statistique de la France déjà citée fixait, en 1821, à 22,818,000 hectares l'étendue des *terres labourables*, sans aucune distinction.

Nous allons en présenter le tableau avec le relevé du nombre d'hectares *ensemencés en céréales* dans chacune d'elles pendant l'année 1817.

Cette année est celle où se réunirent le plus de circonstances favorables à l'exactitude des recherches. C'est la première où le gouvernement nouveau de la restauration jouissait d'assez de tranquillité pour s'occuper des détails de l'administration ; la récolte de 1816 avait été insuffisante et était entièrement épuisée ; la disette qui l'avait suivie et les exportations excessives qui avaient antérieurement enlevé, en peu de mois, la surabondance des moissons de 1814 étaient des leçons qui fixaient alors toute l'attention sur la subsistance publique ; des fonctionnaires nouveaux, moins exercés peut-être que leurs prédécesseurs, mais par cela même moins façonnés à la routine administrative, répondaient avec zèle aux questions habituelles et à des questions nouvelles sur l'état agricole de leurs départemens respectifs. Tout ne fut pas exact sans doute dans les renseignemens recueillis, mais le concours de ces diverses circonstances persuade qu'ils furent établis avec plus de soin qu'à aucune autre époque : c'est pourquoi elle sera notre point de départ.

1re Région ou Région du Nord-Ouest, comprenant neuf
départemens.

Départemens de la Manche, du Calvados, de
l'Orne, du Finistère, des Côtes-du-Nord, du Morbihan, d'Ille-et-Vilaine, de la Mayenne et de la
Sarthe.

		(1)	hect.	
	En froment.........	450,000		
	seigle..........	347,500		
	méteil..........	88,000		
	orge...........	200,000		
Terres ensemencées	maïs et millet....	28,000		1,846,000.
	sarrazin..........	390,000		hectares.
	menus grains.....	14,500		
	légumes secs (pois,			
	haricots, etc.)..	23,000		
	avoine.........	305,000		

(1) Nous arrondissons les nombres. En général l'exactitude
des nombres ronds est suspecte, mais c'est quand il s'agit
d'évaluations, et non de choses qui ont pu et dû être comptées;
des nombres fractionnaires ne peuvent inspirer plus de confiance.
Quand on lit, par exemple, dans le rapport fait à la Chambre des
députés sur la loi des céréales de 1832, qu'on évalue la consommation de l'avoine pour la subsistance des hommes « à 2,144,278
» hectolitres et pour celle des chevaux à 31,412,034 hectolitres, »
on n'est ni plus ni moins persuadé par cette précision mathéma-
ique que si l'on eût dit simplement 2,144 mille et 31,400 mille.

2ᵉ Région ou Région du Nord, comprenant onze départemens.

Départemens du Nord, du Pas-de-Calais, de la Somme, de la Seine-Inférieure, de l'Oise, de l'Aisne, de l'Eure, d'Eure-et-Loire, de la Seine, de Seine-et-Oise, de Seine-et-Marne.

	En froment......... 813,800	
	seigle........... 185,000	
	méteil......... 310,000	
	orge........... 135,000	
Terres ensemencées	maïs et millet.... »	2,316,800
	sarrazin......... 6,000	hectares.
	menus grains..... 91,000	
	légumes secs..... 36,000	
	avoine.......... 740,000	

3ᵉ Région, ou Région du Nord-Est ou des Sources, comprenant dix départemens.

Départemens des Ardennes, de la Marne, de la Meuse, de la Moselle, de la Meurthe, du Bas-Rhin, du Haut-Rhin, des Vosges, de la Haute-Marne et de l'Aube.

Terres ensemencées
$$\begin{cases}
\text{En froment} & 579,000 \\
\text{seigle} & 279,000 \\
\text{méteil} & 41,000 \\
\text{orge} & 256,000 \\
\text{maïs et millet} & 1,600 \\
\text{sarrazin} & 17,000 \\
\text{menus grains} & 11,800 \\
\text{légumes secs} & 15,000 \\
\text{avoine} & 551,000
\end{cases}$$
1,748,400 hectares.

4ᵉ Région ou Région de l'Ouest, comprenant neuf départemens.

Départemens de la Loire-Inférieure, de Maine-et-Loire, d'Indre-et-Loire, de la Vendée, des Deux-Sèvres, de la Vienne, de la Charente-Inférieure, de la Charente et de la Haute-Vienne.

Terres ensemencées
$$\begin{cases}
\text{En froment} & 493,000 \\
\text{seigle} & 286,000 \\
\text{méteil} & 91,000 \\
\text{orge} & 171,000 \\
\text{maïs et millet} & 57,800 \\
\text{sarrazin} & 66,000 \\
\text{menus grains} & 9,200 \\
\text{légumes secs} & 24,000 \\
\text{avoine} & 131,000
\end{cases}$$
1,329,000 hectares.

5ᵉ Région ou Région du Centre, comprenant neuf départemens.

Départemens de Loir-et-Cher, du Loiret, de

l'Yonne, de l'Indre, du Cher, de la Nièvre, de la Creuse, de l'Allier, du Puy-de-Dôme.

Terres ensemencées
En froment......... 363,400
seigle.......... 512,300
méteil......... 102.800
orge.......... 197,800
maïs et millet.... 250
sarrazin......... 51,700
menus grains..... 9.700
légumes secs..... 17,400
avoine!........ 347,000

1,602,350 hectares.

6ᵉ Région ou Région de l'Est, comprenant neuf départemens.

Départemens de la Côte-d'Or, de la Haute-Saône, du Doubs, de Saône-et-Loire, du Jura, de la Loire, du Rhône, de l'Ain et de l'Isère.

Terres ensemencées
En froment......... 375,000
seigle.......... 278,500
méteil......... 80,000
orge.......... 124,000
maïs et millet.... 72,000
sarrazin......... 75,000
menus grains..... 5,300
légumes secs..... 28,500
avoine......... 212,500

1,250,800 hectares.

7ᵉ Région ou Région du Sud-Ouest, comprenant neuf départemens.

Départemens de la Gironde, de la Dordogne, de Lot-et-Garonne, des Landes, des Basses et Hautes-Pyrénées, du Gers, de la Haute-Garonne et de l'Arriége.

En froment.........	800,000	
seigle...........	185,000	
méteil.........	80,000	
orge............	16,500	
Terres ensemencées maïs et meteil....	283,400	1,533,600 hectares.
sarrazin.........	30,200	
menus grains.....	37,400	
légumes secs.....	52,300	
avoine.........	448,800	

8ᵉ Région ou Région du Midi, comprenant dix départemens.

Départemens de la Corrèze, du Cantal, du Lot, de l'Aveyron, de la Lozère, de Tarn-et-Garonne, du Tarn, de l'Hérault, de l'Aude et des Pyrénées-Orientales.

En froment.........	422,000	
seigle...........	332,500	
méteil.........	48,500	
orge...........	35,800	
Terres ensemencées maïs et millet.....	123,300	1,126,700 hectares.
sarrazin.........	50,000	
menus grains.....	7,600	
légumes secs.....	24,000	
avoine.........	83,000	

9ᵉ Région ou Région du Sud-Est , comprenant neuf départemens.

Départemens de la Haute-Loire , de l'Ardèche, de la Drôme , des Hautes et Basses-Alpes , du Gard, de Vaucluse, des Bouches-du-Rhône, et du Var.

	En froment.........	360,000	
	seigle...........	211,300	
	méteil...........	44,000	
	orge..........	31,200	
Terres cultivées	maïs et millet.....	4,000	753,800
	sarrazin.........	12,000	hectares.
	menus grains.....	8,500	
	légumes secs.....	22,800	
	avoine.........	60,000	

On forme de l'île de Corse une 10ᵉ Région.

	En froment.........	13,200	
	seigle...........	2,300	
	méteil.	1,900	
	orge.	12,700	
Terres ensemencées	maïs et millet.....	2,600	34 900
	sarrazin.	»	hectares.
	menus grains.....	»	
	légumes secs.....	2,200	
	avoine.	»	

RÉSUMÉ.

D'après ce relevé, la totalité des terres emblavées

ou ensemencées annuellement en grains et en graines est d'environ 13,500,000 hectares, savoir :

En froment.	4,666,400
seigle.	2,619,400
méteil.	887,200
orge.	1,180,000
maïs et millet	572,950
sarrazin.	698,000
menus grains.	195,000
légumes secs.	245,200
avoine.	2,478,300

TOTAL... 13,542,450 hectares.

Arrêtons-nous sur ce tableau pour faire quelques remarques générales.

La première, c'est qu'un quart seulement du territoire porte annuellement des céréales.

C'est ensuite, en ce qui concerne les *gros blés*, savoir :

à l'égard du froment, 1° que la culture annuelle de ce blé occupe seule un tiers et plus des 13,500,000 hectares cultivés en grains ;

2° que la région du *nord* et celle du *sud-ouest* sont les plus fromenteuses.

La quantité des terres exploitées en froment dans ces deux régions s'élève à 1,600,000 hectares, plus du tiers de la totalité de 4,666,000 employés à la culture de ce grain dans toute la France. Mais elles sont bien inégales en produit, comme on le verra au chapitre suivant.

Il est remarquable que le nombre d'hectares cultivés en froment et en seigle est, à peu près, le même dans l'une et l'autre de ces deux régions.

A l'égard du seigle, 1° que la quantité totale des terres ensemencées en seigle excède la moitié des terres ensemencées en froment ;

2° que les deux régions qui viennent d'être signalées comme les plus fromenteuses sont les moins cultivées en seigle (185,000 hectares dans chacune) ;

3° que la région du *centre* a beaucoup plus de terres emblavées en seigle qu'en froment (512 contre 363), et que dans chacune des régions *nord-ouest, est, midi et sud-est,* l'étendue du sol cultivé en seigle égale ou dépasse même les deux tiers de celle du sol cultivé en froment.

Au sujet du méteil, 1° que ce mélange de seigle et de froment est plus en usage dans la région du *nord* que dans aucune autre : le nombre d'hectares qui y est employé (310,000) atteint presque les trois huitièmes des 888,000 que le méteil occupe dans la totalité du royaume ;

2° que les 888,000 hectares sont le tiers des terres ensemencées en seigle.

C'est enfin, en ce qui regarde *les petits blés*, les observations suivantes :

à *l'égard de l'orge*, 1° que les terres affectées à ce blé (1,180,000) équivalent au quart environ de celles cultivées en froment, et à moins de moitié de celles qui le sont en seigle;

2° que ce grain est principalement cultivé dans les six premières régions, surtout dans celle du *nord-est* ; sa culture est de peu d'importance dans les régions du *sud-ouest*, du *sud-est* et du *midi*.

Relativement au maïs et au millet, 1° la totalité des terres qu'ils occupent n'est que de la moitié à péu près de celles occupées par l'orge, moins que le quart de terres ensemencées en seigle et le huitième des terres à froment;

2° La région qui en cultive le plus est celle du *sud-ouest*. L'espace qui y est affecté à ces grains (283,700 hectares) égale presque la moitié de l'espace total qu'ils occupent dans toute la France (573,000 hectares). Ils ne sont que peu ou point cultivés dans les régions *nord*, *nord-est*, *centre* et *sud-est;* celle du *midi* est, après celle du *sud-ouest*, la plus cultivée en ces deux espèces.

Quant au sarrazin, 1° l'étendue des terres qu'il

occupe (692,000 hectares) tient à peu près le milieu entre celui qui est cultivé en méteil (888,000) et celui qui l'est en maïs et millet (573,000);

2° La région du *nord-ouest*, composée de l'ancienne Basse-Normandie, de la Bretagne, d'une partie de l'Anjou et du Maine, contient seule plus de terrain cultivé en sarrazin que toutes les autres régions ensemble (390,000 hectares sur 698,000), et cette culture est presque nulle dans la région du *nord*, et dans celle du *sud-est.*

Enfin, *en ce qui concerne l'avoine*, 1° elle occupe un espace presque égal à celui qu'occupe le seigle ;

2° dans les régions du *nord*, du *nord-est* et du *centre*, cet espace est presque égal à celui qui est cultivé en froment, et celles du *sud-ouest* et du *sudest* sont les moins ensemencées en avoine.

On verra dans le chapitre suivant ce relevé général des terres cultivées en céréales, montant à 13 millions 500 mille hectares, assez bien confirmé par celui de leur produit respectif en chaque espèce de grains, quoique les élémens d'après lesquels il fut dressé en 1817 ne fussent pas, probablement, d'une rigoureuse exactitude.

CHAPITRE III.

DES PRODUITS DU SOL EN CÉRÉALES.

Doutes sur l'exactitude de la statistique agricole actuelle. — Nécessité d'une révision générale des bases de ce travail. — Moyen. — Tableau des récoltes d'une année ordinaire en céréales.—Produit moyen de chaque espèce de grain par hectare. — Récoltes d'une bonne année, d'une année d'abondance, d'une mauvaise année. — Résumé.

L'évaluation des produits annuels de la France en céréales ressortira, dans ce chapitre, des informations prises à la même époque. Nous avons exposé, à la page 87, les motifs qui ont déterminé le choix de cette époque. Néanmoins, nous sommes loin de regarder ces informations comme exactes, surtout en ce qui concerne les récoltes.

Les dissentimens signalés au chapitre précédent sur des faits plus faciles à constater, doivent tenir en garde contre l'estimation annuelle des produits,

car qui pourrait répondre de la capacité du grand
nombre de maires ruraux qui seuls ont dû en fournir
les premiers élémens, et de l'attention des fonctionnaires supérieurs à vérifier ces élémens avant de les
accepter? Trop souvent les bureaux se sont conten-
tés de pouvoir réunir des chiffres pour les addi-
tionner, et ont considéré l'exactitude de l'addition
comme celle de la chose même. Ceux qui donnent
ces premiers renseignemens, ceux qui les recueil-
lent, ceux qui s'en servent pour édifier des systèmes
économiques ou pour proposer des lois, doivent
être assez sincères pour ne les présenter que comme
de simples probabilités, résultant de calculs approximatifs établis sur des données plus ou moins conjec-
turales, et dont il faut se garder de tirer des conséquences rigoureuses. Si dans cet ouvrage nous
paraissons accepter certains renseignemens avec
plus de confiance que d'autres, c'est uniquement
parce qu'ils ont plus de vraisemblance, ou parce
que nous savons qu'ils ont été cherchés avec plus de
soin.

Toutefois, on peut se flatter d'être parvenu, sur
toutes les estimations de ce genre, à un degré d'ap-
proximation beaucoup plus voisin de la réalité que
par les anciennes méthodes de raisonnement. Les
économistes du siècle dernier, à défaut de faits,

dressaient leurs calculs sur des analogies. Ainsi , l'abbé *Expilly*, dont les écrits ont eu une certaine autorité , déduisait du produit constaté d'un arpent de blé dans sa province le produit total du nombre d'arpens qu'il supposait cultivés en blé dans toute la France. D'autres écrivains cherchaient à découvrir la somme des produits annuels par la supputation , aussi arbitraire , de la consommation et de ses excédans. Aujourd'hui ces divers calculs sont basés sur des documens positifs recueillis sur tous les points du royaume ; il ne s'agit plus que de dégager ces documens, variables de leur nature , de ce qu'ils ont encore de trop incertain, et d'y substituer des notions plus exactes.

Ce perfectionnement peut s'obtenir de deux manières ; ou par une correction progressive et lente des tableaux actuels, ou par une refonte totale et simultanée de la statistique agricole : travail difficile, mais qui le serait peut-être moins en effet qu'il ne le paraît, si, dans chaque commune, toutes les personnes qui peuvent y apporter des lumières étaient appelées à y concourir, et si, ensuite, leur travail était affiché et soumis ainsi au contrôle du public, pour n'être employé dans les relevés généraux qu'avec l'assentiment, au moins tacite, de tous ceux qui sont à portée de le contredire. L'administration n'a plus de mystères ; tout ce qui touche aux intérêts de tous doit être patent ; le vœu du gouvernement même doit être que les rapports qu'il se fait adresser, principalement sur les produits du sol, ne lui parviennent qu'accompagnés de cette réunion de témoignages garans de leur exactitude, pour en livrer avec confiance l'ensemble à la publicité, afin d'éclairer et de guider l'agriculteur, le commerçant et l'administrateur lui-même dans leurs opérations.

La difficulté d'acquérir sur les faits d'économie générale une certitude suffisante, les erreurs graves qui résultent souvent de leur connaissance imparfaite, ont porté beaucoup d'esprits à regarder comme oiseuse et sans utilité réelle l'étude de ces faits : c'est une erreur, l'imperfection d'une science n'est point une raison pour l'abandonner. Tant d'autres ont fait, de nos jours, de si prodigieux progrès que l'on ne doit point désespérer de ceux de la statistique, et aucune partie de cette science, peut-être, n'est aussi intéressante à étudier que celle qui a pour but de connaître les principales sources de la richesse privée et de la richesse publique. Les questions à poser pour s'en instruire sont simples, peu nombreuses, et semblent faciles à résoudre.

Quelle est la quantité de terres ensemencées habi-

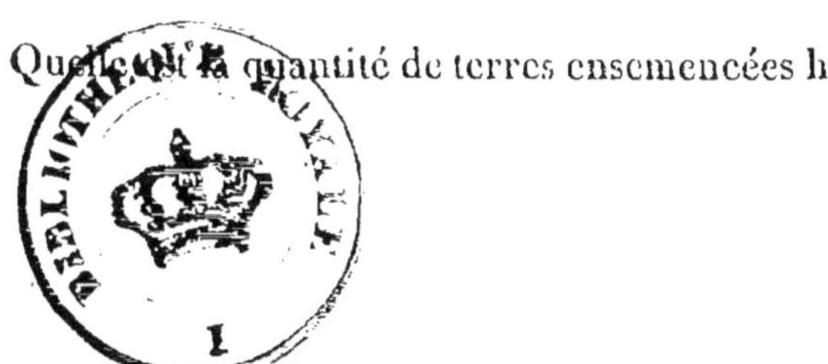

tuellement, dans chaque commune, en diverses espèces de grains ?

Quelle est la quantité de semence employée pour
chaque espèce ?

Quel est dans chaque lieu le produit moyen d'un
hectare en chaque espèce de céréales ?

Ces trois questions fondamentales peuvent n'être
répétées que de cinq en cinq ans, et même de
dix en dix ; les suivantes doivent l'être tous les
ans.

Quelle est (toujours par commune) la quantité de
gerbes moissonnées de chaque espèce et le poids
moyen de chacune d'elles ?

Quel est leur produit moyen en grain après le
battage d'un certain nombre, et quel est le poids
de chaque mesure ?

Il est hors de doute que si les réponses à ces questions émanaient de gens simplement lettrés, mais
judicieux et sincères, tels qu'il est possible d'en trouver
en France sur tous les points du territoire, et s'ils
étaient d'ailleurs confirmés par le contrôle dont nous
avons parlé, la valeur des terres labourables pourrait être mieux fixée, les baux plus justement réglés
et l'impôt foncier moins inégalement réparti. Ce fut,
il y a trente ans, le but des premiers travaux sur la
statistique agricole ; depuis ce temps, le mouvement

des choses a dérangé les bases de ces travaux ; il faut les revoir pour les raffermir ou pour les changer.

Voici le tableau des récoltes de l'année 1817 que nous avons prise pour type, et de leur rapport, quant aux principaux grains, avec la quantité de terre ensemencée, dont le détail est au chapitre précédent.

		Quantités récoltées.	*Produit par hectare.*	
	Froment......	5,280,000 hectol.	11 hect.	73 litr.
	Seigle........	3,300,000	9	29
	Méteil........	883,000	10	03
1re Région	Orge.........	3,300,000	16	39
(nord-ouest).	Maïs et millet.	184,000	6	57
	Sarrazin......	4,006,000	10	27
	Menus grains..	98,000	»	»
	Légumes secs .	234,000	»	»
	Avoine.......	5,324,000	17	45

TOTAL... 22,609,000 hectol.

OBSERVATIONS.

Cette région est la plus abondante en grains inférieurs au froment. Le seigle et l'orge y sont en égale quantité, quoique la quantité des terres ensemencées en orge fût beaucoup moindre que celle ensemencée en seigle (voir au chapitre précédent). Aussi voit-on dans le produit de l'un et de l'autre une différence de 16 39 à 9 29.

C'est aussi la région la plus abondante en sar-razin.

La récolte d'avoine y égale celle du froment.

(Voir plus loin, pour les détails, les articles particuliers à chaque département.)

Nota. Ces *observations* n'ont pour objet que de mettre sur la voie de celles que l'on peut faire sur les tableaux suivans des autres régions.

		Quantités récoltées.	Produit par hectare.	
	Froment......	13,358,000 hectol.	16 hect.	41 litr.
	Seigle........	2,645,000	14	29
	Méteil........	4,730,000	15	24
	Orge.........	2,820,000	20	86
2ᵉ Région	Maïs et millet..	»	»	»
(nord).	Sarrazin......	61,200	10	87
	Menus grains..	1,189,000	»	»
	Légumes secs..	476,000	»	»
	Avoine......	15,076,000	20	33

Total... 40,355,000 hectol.

	Quantités récoltées.	Produit par hectare.	
	Froment......	5,490,600 hectol.	9 hect. 54 litr.
	Seigle........	2,071,500	7 — 43
	Méteil........	388,000	9 — 50
3ᵉ Région	Orge.........	3,690,000	14 — 40
(nord-est).	Maïs et millet..	20,500	13 — 11
	Sarrazin.	171,600	10 — 5
	Menus grains..	186,000	» — »
	Légumes secs..	187,000	» — »
	Avoine.......	8,802,600	15 — 96

TOTAL... 21,007,800 hectol.

	Quantités récoltées.	Produit par hectare.	
	Froment......	4,429,000 hectol.	8 hect. 98 litr.
	Seigle........	2,305,000	8 — 06
	Méteil	875,000	9 — 60
4ᵉ Région	Orge.........	1,873,000	10 — 95
(ouest).	Maïs et millet..	686,600	11 — 87
	Sarrazin......	733,000	11 — 07
	Menus grains..	110,000	» — »
	Légumes secs..	204,000	» — »
	Avoine.......	1,720,000	13 — 14

TOTAL... 12,935,000 hectol.

	Quantités récoltées.	Produit par hectare.	
5ᵉ Région (centre).			
Froment......	3,876,500 hectol.	10 hect.	66 litr.
Seigle.......	4,106,000	8	c3
Méteil.......	924,000	8	99
Orge........	2,141,000	10	82
Maïs et millet..	800	»	»
Sarrazin......	594,000	11	48
Menus grains..	120,000	»	»
Légumes secs..	161,000	»	»
Avoine.......	4,020,000	11	57

TOTAL... 15,943,300 hectol.

	Quantités récoltées.	Produit par hectare.	
6ᵉ Région (est).			
Froment......	3,800,000 hectol.	10 hect.	12 litr.
Seigle........	2,500,000	9	12
Méteil.......	771,000	9	62
Orge........	1,737,000	14	01
Maïs et millet.	1,176,000	16	33
Sarrazin......	648,500	8	69
Menus grains..	58,000	»	»
Légumes secs..	355,000	»	»
Avoine.......	3,384,000	15	91

TOTAL... 14,429,500 hectol.

	Quantités récoltées.		*Produit par hectare.*	
7ᵉ Région (sud-ouest).	Froment......	5,129,000 hectol.	6 hect.	41 litr.
	Seigle........	1,418,000	7	65
	Méteil.......	575,400	7	02
	Orge........	183,300	11	12
	Maïs et méteil.	2,389,500	8	42
	Sarrazin......	228,000	7	53
	Menus grains..	205,000	»	«
	Légumes secs..	300,000	»	«
	Avoine.......	735,000	15	06

TOTAL... 11,183,200 hectol.

	Quantités récoltées:		*Produit par hectare.*	
8ᵉ Région (midi).	Froment......	3,057,500 hectol.	7 hect.	24 litr.
	Seigle........	1,946,000	5	85
	Méteil........	249,000	5	14
	Orge........	331,000	9	41
	Maïs et millet..	1,169,000	9	48
	Sarrazin......	487,000	9	79
	Menus grains..	73,000	»	»
	Légumes secs..	185,000	»	»
	Avoine.......	1,003,000	12	11

TOTAL... 8,500,500 hectol.

		Quantités récoltées.	Produit par hectare.	
	Froment......	3,297,000 hectol.	9 hect.	15 litr.
	Seigle........	1,976,000	9	35
	Méteil.......	432,000	9	85
9ᵉ Région (sud-est).	Orge........	421,000	13	48
	Maïs et millet..	109,000	27	88
	Sarrazin......	213,000	17	46
	Menus grains..	63,500	»	»
	Légumes secs..	156,000	»	»
	Avoine.......	757,000	12	69

TOTAL... 7,424,500 hectol.

		Quantités récoltées.	Produit par hectare.	
	Froment......	131,300 hectol.	10 hectol.	85 litr.
	Seigle........	32,200	14	»
	Méteil.......	23,400	12	50
10ᵉ Région (Corse).	Orge........	152,000	12	»
	Maïs et millet..	47,500	17	88
	Sarrazin......	»	»	»
	Menus grains..	»	»	»
	Légumes secs..	26,400	»	»
	Avoine.......	»	»	»

TOTAL... 412,800 hectol.

L'ensemble de ces récoltes présente pour toute la France les résultats suivans :

		Produit moyen général par hectare.	
En froment, environ	47,850,000 hectol.	10 hectol.	25 litres.
seigle..........	22,300,000	8	50
méteil.........	9,850,000	11	10
orge..........	16,950,000	14	8
maïs et millet...	5,780,000	10	10
sarrazin.........	7,140,000	10	23
menus grains....	2,100,000	11	40
légumes secs....	2,284,000	8	96
avoine.........	40,822,000	16	46
Total général.	155,076,000 hectol.		

A ces 155,000,000 d'hectolitres de grains et graines, il faut ajouter, pour avoir la totalité des substances farineuses récoltées en 1817, environ 48,000,000 de pommes de terre et 1,300,000 de châtaignes (1).

---

(1) Il est évident maintenant que les 53,224,000 hectares (voir ci-dessus, page 85), que le rapport de la Commission de la Chambre de 1831 présentait comme *produisant des farineux alimentaires*, forment l'étendue des terres arables, et non celle des terres *annuellement ensemencées* en céréales ; car,

Ce sont principalement les récoltes de froment, de seigle et de méteil, qui font les bonnes et les mauvaises années.

1817 fut une *année ordinaire*; les trois espèces donnèrent ensemble...................... 80,000,000 d'hectol.

1818 fut une *bonne année*; on récolta :

froment ..... 54,070,000 hectol.	}	
seigle....... 22,885,000	}	86,355,000
méteil...... 9,500,000	}	

A reporter . 166,355,000

---

si 13,542,000 hectares ont produit 155,000,000 d'hectolitres de grains (environ 11 hectolitres et demi par hectare), les 23,224,000 hectares auraient porté à plus de 266,000,000 d'hectolitres ; la totalité des récoltes quantité que la récolte d'aucune année n'a atteinte. La récolte en pommes de terre fut très-abondante cette année , parce que la disette de 1816 en avait fait planter beaucoup ; en 1818, elle ne fut plus que de 32 millions d'hectolitres. Celle des châtaignes, qui ne dépend pas de plantations annuelles, est presque constamment la même. C'est la pomme de terre qui est la plus puissante succédanée aux mauvaises moissons. Mais il ne faut point compter un hectolitre de ce tubercule, ni un hectolitre de châtaigne, pour l'équivalant d'un hectolitre de blé ; on ne compte l'un et l'autre que pour un tiers de ce dernier.

Report... 165,355,000

1819 fut une *année abondante* (1); elle
   donna :

froment ...... 59,900,000 hectol.
seigle....... 28,400,000   } 99,000,000
méteil...... 10,700,000

1820 fut une *mauvaise année* ; elle ne
   donna que :

froment ..... 44,500,000 hectol.
seigle....... 21,900,000   } 75,400,000
méteil...... 9,000,000

Total des quatre années... 340,755,000 hectol.

Ce qui donne pour moyenne de cette quadruple
éventualité environ 85,200,000 hectolitres, et présente les différences suivantes :

1° d'à peu près 24,000,000 d'hectolitres entre une
mauvaise récolte et une récolte abondante ;

2° de 4 à 5,000,000 entre une mauvaise récolte
et une récolte ordinaire ;

(1) Ce fut l'abondance de cette récolte, jointe à la continuité
des arrivages de blés de la mer Noire, qui rendit nécessaire la loi
du 16 juillet 1819, laquelle mit, pour la première fois, des limites
à l'importation des blés exotiques, afin de relever et soutenir la
valeur des blés indigènes.

3° Et d'environ 11,000,000 entre une mauvaise et une bonne récolte.

L'orge, le maïs, le millet, le sarrasin, etc., qui sont employés concurremment à d'autres usages, et qui d'ailleurs (l'orge exceptée) ne sont point aussi généralement cultivés que le froment et le seigle, ne peuvent, quelque abondans qu'ils soient, suppléer ces derniers; nous en avons dit la raison au chapitre précédent.

Les alternatives que présentent ces quatre années consécutives justifient le choix que nous avons fait d'elles, et principalement de la première, pour base de notre travail. Ces alternatives se sont représentées dans les années postérieures, mais sans se succéder de même immédiatement. Quoiqu'il soit présumable que les produits se sont accrus avec la population, qui paraît s'être augmentée de près de trois millions de consommateurs depuis quinze ans, bien que, selon le rapport de la Commission de la Chambre dont nous avons parlé, les vignes aient enlevé dans cet intervalle 400,000 hectares de terre à la charrue, il nous semble que l'on peut regarder comme assez bien fondés les raisonnemens établis sur les produits des quatre années dont il s'agit.

RÉSUMÉ.

Des chiffres rapportés dans ce chapitre et dans le précédent ressortent plusieurs faits constans :

1° Toutes les régions, et même tous les départemens qui les composent, récoltent du froment, du seigle, de l'orge et de l'avoine, à l'exception de la *Corse* pour ce dernier grain;

2° La récolte en froment est, en masse, la plus considérable de toutes ; puis, viennent sous ce rapport dans l'ordre suivant, celles de l'avoine, du seigle, de l'orge, du méteil, du sarrazin, du maïs et du millet, et enfin celle des menus grains. Elles peuvent être mesurées entre elles ainsi qu'il suit, la totalité des récoltes étant comme 155 :

Froment...... 50 ou le tiers environ de toutes les récoltes réunies.

Avoine....... 40 ou les quatre cinquièmes à peu près du froment.

Seigle........ 23 ou un peu moins de moitié du froment.

Orge......... 17 ou le tiers environ   *id.*

Méteil .... 10 ou le cinquième   *id.*

Sarrazin...... 7 ou un peu plus du septième   *id.*

Maïs et millet. 6 ou un peu plus du huitième   *id.*

Menus grains. 2 ou environ le vingt-cinquième   *id.*

Mais il est à remarquer que ces proportions se rapportent à la mesure commune, l'hectolitre, et non au poids. Chaque espèce de grain a son poids spécial. Celui du froment varie communément, selon la qualité du blé et le plus ou le moins d'humidité et de sécheresse de l'année, de 68 à 84 kil. et plus, l'hectolitre. Le poids du seigle de 64 à 75, celui de l'avoine de 40 à 60. Le poids moyen ordinaire de ces trois espèces de céréales, les seules dont on s'attache à connaître la pesanteur, n'est pourtant pas de 76 kil. pour le froment, 69 pour le seigle et 50 pour l'avoine; ces trois taux moyens sont ceux de la première qualité de ces trois céréales ; mais, comme chacune d'elles se divise en trois qualités, dont la seconde est la plus abondante, on ne peut guère évaluer le poids commun de l'hectolitre de froment au-dessus de 74 kil., celui du seigle au-dessus de 67, et celui de l'avoine au-dessus de 45. C'est en évaluant le poids des mesures, et non en se bornant à compter celles-ci, que l'on peut former une appréciation à peu près exacte des subsistances récoltées en céréales, quand on veut les comparer aux consommations, objet du chapitre suivant.

CHAPITRE IV.

DES CONSOMMATIONS EN GRAINS.

Consommation pour les semences. — Pour la nourriture des hommes. — Pour celle des animaux. — Pour d'autres usages. — Incertitude des évaluations à ce sujet. — Questions à poser et à éclaircir. — Remarques sur le rapport du produit à la consommation; — sur la compensation des différentes récoltes entre elles; — sur les moyens de répartition des produits dans l'intérieur; — sur la prévoyance des disettes; — sur les disettes.

———

Le premier objet des consommations est l'ensemencement pour l'année suivante, sans lequel il n'y aurait point de reproduction ; il exige un prélèvement du sixième au septième (soit six et demi) du produit total des récoltes. Ainsi, sur 155 millions d'hectolitres récoltés, les semences en enlèvent environ............................. 24,000,000

Les instructions des agronomes tendent à réduire cette dépense par une meilleure distribution des semences,

dont l'excès ne contribue point à l'a-
bondance des récoltes.

La subsistance est le second objet de
la consommation. On comptait, en 1817,
29,000,000 d'individus; leur nourriture, évaluée très-diversement par les
préfets, de 2 à 4 hectolitres de grains par
bouche, en demandait pour l'année . 97,000,000

La nourriture des chevaux, bestiaux, volailles et autres animaux domestiques, était évaluée, de même, à 29,400,000

Et la consommation pour tous les
autres usages indéterminés, à...... 1,600,000

Ensemble... 152,000,000

quantité presque égale à la totalité des récoltes de
cette année. En 1818, quoique la population se fût
accrue de près de 150 mille âmes, on ne portait plus
la consommation totale qu'à 152 millions d'hectolitres ; nouvelle preuve de l'incertitude des données
sur lesquelles reposent ces sortes d'évaluations.

Il paraît que le temps n'a point encore suffisamment éclairé l'administration sur cette question pri-
mordiale ; le ministre du commerce s'exprimait ainsi
à ce sujet devant les Chambres en 1831 (1) :

____

(1) Exposé des motifs du projet de loi sur les céréales , séance
du 17 octobre.

« Le point sur lequel il existe le plus d'incerti-
» tude, celui qui a donné lieu à plus de contro-
» verses, c'est la proportion entre les récoltes et la
» consommation. Toutefois, ajoute-t-il, voici ce
» qu'on peut considérer comme certain :

» La France, dans l'état actuel des choses, pro-
» duit, année commune, une récolte suffisante pour
» ses besoins, plus un certain excédant » (telle fut
celle de 1817).

« Une bonne récolte rend cet excédant considé-
» rable ; alors, des quantités importantes peuvent
» être livrées à l'exportation. Quand les bonnes
» années se suivent la surabondance est très-sen-
» sible, et devient même nuisible au producteur »
(telles furent les années 1818 et 1819).

« Les mauvaises années donnent quelque déficit »
(telle fut 1820). « Si une récolte pauvre n'a laissé
» aucune provision dans les greniers l'attente de
» la récolte nouvelle sera pénible ; si cette récolte
» nouvelle est mauvaise l'embarras peut devenir
» extrême. »

Des observations faites pendant vingt-cinq ans
sur l'objet de cette question autorisent à présenter
comme très-probables les propositions suivantes :

1° La récolte en grains surpasse toujours en masse
la masse des besoins du royaume ;

(118)

2° La plus abondante n'excède ces besoins que de quatre à cinq mois ;

3° Une bonne récolte donne seulement un excédant de trois à quatre mois ;

Et 4° une récolte médiocre ou mauvaise est celle qui donne un moindre excédant.

C'était autrefois un préjugé presque universel en France, et qui n'est pas entièrement détruit parmi le peuple des grandes villes, que le royaume produit chaque année des blés pour deux et même pour trois années de sa consommation (1). Aussi voyait-on dans les disettes le peuple se courroucer plus encore que se plaindre dans la persuasion qu'elles étaient l'effet de la perfidie ou de la cupidité de ceux qui le gouvernaient On a vu cette erreur grossière reproduite en 1831 dans un écrit public, où l'on portait le produit ordinaire à 90 millions d'hectolitres, semences déduites, et la consommation à 48 millions seulement.

Dans ses calculs de la consommation, M. Necker faisait entrer la nourriture d'un homme pour deux setiers de blés par an (2). Ces deux setiers repré-

___

(1) « On estimait autrefois qu'une bonne récolte suffisait à la » consommation de trois années. » (Analyse de la législation des grains depuis 1692, en forme de rapport à l'Assemblée nationale. 1789.)

(2) Voici son raisonnement : « Il faut en France environ deux

sentent à peu près 3 hectolitres. Cette évaluation est
encore aujourd'hui la plus vraisemblable ; elle équi-

» setiers de grains par personne chaque année, plus pour les uns,
» moins pour les autres... Dans plusieurs livres sur les matières
» économiques on calcule la subsistance générale du royaume sur
» le pied de trois setiers par personnes, mais c'est une erreur
» certainement.

» On convient généralement, d'après plusieurs observations,
» qu'il faut chaque jour une livre et un quart à une livre et demie
» de pain par tête : comptons une livre et demie ; c'est la ration
» du soldat ; les hommes de travail en mangent quelquefois da-
» vantage, mais un grand nombre de personnes en consomment
» beaucoup moins ; les enfans en bas âge et les malades n'en font
» aucun usage.

» Voyons maintenant combien il faut de blé par an pour faire
» une livre et demie de pain par jour.

» Une livre et demie de pain, multipliée par trois cent soixante-
» cinq jours, fait cinq cent quarante-sept livres de pain par an.

» Or, deux setiers de blé, dont on ne retranche point le son,
» comme on le pratique à l'égard du pain de munition *, selon
» l'expérience des munitionnaires des vivres, donnent six cent
» quarante-huit livres de pain.

» Deux setiers de blé, sur lesquels on prélève un quart en son,
» font ordinairement quatre cent soixante livres de pain, et peu-
» vent en produire davantage, vu l'exemple ci-dessus.

» Supposons un milieu entre ces deux manières pour nous
» conformer à la variété du sort des habitans de la France, alors
» deux setiers de blé produiraient cinq cent cinquante-quatre livres
» de pain ; ainsi, plus d'une livre et demie de pain par jour. » (Sur
la législation et le commerce des grains, chap. 13.)

* On retranche actuellement pour faire le pain de munition dix
livres de son par quintal.

vaut à peu près à la consommation actuelle du soldat ; le poids de l'hectolitre de blé étant supposé
(comme nous l'avons fait plus haut) de 74 kilogrammes, les trois hectolitres pèsent 222 kilogrammes, lesquels, convertis en farine blutée, c'est-
à-dire épurée de 10 kilogrammes de son sur 100,
donnent, en pain militaire, trois cent cinquante-
neuf rations soixante-quatre centièmes de 7 hecto-
grammes 50 grammes l'une, ou, à très-peu près,
une livre et demie de pain par bouche et par jour.
Selon cette manière de compter, la population étant
actuellement de 32 millions d'habitans, sa consommation annuelle en toute espèce de grains équivaut
au poids de 96 millions d'hectolitres de froment ; car,
ainsi que nous l'avons dit au chapitre précédent,
c'est d'après le poids de la mesure, et non d'après
sa capacité, qu'il faut se régler. Le ministre, dans
le discours déjà cité, a porté à 105 millions d'hectolitres cette évaluation des besoins en toute espèce
de grains. Il y dit « que les états approximatifs pris
» dans chaque département, pour les années 1825,
» 1826, 1827 et 1828, donnaient.... pour tous les
» usages et pour toutes les natures de grains, une
» consommation de 175 millions d'hectolitres, et
» que, sur ce nombre, *la consommation des hommes en*
» *prenait 105 millions, et répondait pour chaque individu*

» à 3 *hectolitres* 28 *centièmes.* » Or, cette fraction, en sus des 3 hectolitres, représente exactement la différence de poids entre celui du froment sur lequel nous avons compté et le poids moyen des grains inférieurs consommés. Elle équivaut, pour 32 millions de consommateurs, à 8,960,000 hectolitres. Ce qui porte la consommation totale à près de 104,960,000 hectolitres.

Malgré cette justesse numérique, nous devons répéter ici ce que nous avons déjà dit sur ces sortes de calculs et ce qu'ajoutait à ce sujet le même ministre : « On reconnaît que ces évaluations » sont incertaines, que probablement celle des be- » soins est exagérée dans les années d'alarme, et » celle des produits dans les années d'abondance. Il » n'existe aucun moyen de juste contrôle ; chaque » base peut être contestée. Ceux qui accordent à la » consommation une livre et demie de pain par ra- » tion, au lieu d'une livre, tiercent tout d'un coup » la somme des besoins (1). »

---

(1) À cette occasion, le ministre rapporte le calcul arbitraire d'une commission de la Chambre des députés de 1820 : « Afin » d'accroître aux yeux de la Chambre la surabondance des récoltes » antérieures et l'excès des importations pour obtenir la loi de » 1821, favorable aux propriétaires, elle modifia, dit-il, les » états dressés par le ministère ; elle rabattit 10 pour 100 sur les

On sent bien que si l'on n'a pu, depuis quatre-vingts ans que l'on s'occupe en France d'économie politique, parvenir à une estimation exacte de la consommation des hommes en céréales, on est encore moins avancé dans celle de la consommation des animaux de toute espèce et dans l'appréciation des nombreux emplois qui se font des grains pour d'autres usages. Les questions adressées sur tout cela dans les départemens par le ministère de l'empire, et répétées depuis par celui de la restauration, n'étaient peut-être pas assez divisées et assez précises ; les voici : « A » combien d'hectolitres évalue-t-on la quantité de » grains annuellement nécessaire à la consomma- » tion des départemens, 1º pour la nourriture des » habitans, par chaque individu ? 2º pour la nour- » riture des chevaux, bestiaux, volailles et autres » animaux domestiques ? 3º pour les semences ? » 4º pour les autres usages ? » Pour obtenir sur cet objet des renseignemens plus exacts il faudrait, ce semble (en procédant comme nous l'avons proposé, au chapitre 3, pour constater le nombre d'hectares cultivés en chaque espèce de céréales et les récoltes

---

» besoins, elle ajouta 5 pour 100 aux ressources, etc. » Où peut-on se flatter de puiser la vérité en cette matière après un tel exemple ?

annuelles), subdiviser quelques-unes des questions ci-dessus, et y faire répondre par commune. Ces questions seraient :

Combien emploie-t-on communément de semence par hectare pour le froment, pour le seigle, etc. ?

Quelle est la consommation habituelle d'une famille composée de cinq personnes en chacune de ces espèces de grains, par année ?

Combien y a-t-il de familles dans la commune ? combien d'individus ?

Combien y a-t-il de chevaux, d'ânes, de mulets ?

Combien consomment-ils communément d'avoine ou d'autres grains par jour ?

Même question séparée pour les divers autres animaux qui se nourrissent de grains ;

pour les fabriques d'amidon et pour d'autres emplois ;

pour les distilleries de seigle, d'orge, etc.

Ces questions détaillées sur les besoins et celles précédemment proposées sur les ressources, répondues simultanément et par les organes indiqués, pourront seules éclairer aussi parfaitement qu'il est possible le gouvernement et le pays sur l'importance annuelle des récoltes et des consommations. Jusque-là tous les raisonnemens, tous les calculs, feront sans autorité, parce qu'ils ne reposeront que sur des présomptions.

Ce que nous avons dit de l'inégalité du poids des blés, non entre ses différentes espèces mais entre ceux d'une même espèce, selon la nature du sol qui les a produits, la sécheresse ou l'humidité de l'année, est à prendre en considération chaque année dans le calcul des ressources ; car s'il faut, par exemple, 3 hectolitres de froment du poids de 75 kil. chaque, pour nourrir un homme pendant un an, il faudra environ un huitième d'hectolitre de plus pour le nourrir pendant le même temps si le poids de cette mesure n'est que de 72 kil., *et vice versâ*. En 1816, le froment n'atteignit pas même ce dernier poids dans un grand nombre de provinces. Une telle différence est énorme appliquée à la totalité d'une récolte ; 5o millions d'hectolitres ne donnent plus que la substance de 44 millions.

De cet aperçu général de la consommation du royaume passons à quelques considérations particulières :

Premièrement, quelque abondante que soit une récolte, elle n'est jamais suffisante à la fois sur tous les points du territoire ; les moissons n'étant point partout en proportion des besoins locaux, des pro-

vinces entières manqueraient de pain pendant plusieurs mois de l'année si celles qui ont du superflu
ne pouvaient le faire arriver jusqu'à elles, ou si la
faculté de se nourrir de blés étrangers leur était interdite : c'est ce qui se voyait fréquemment avant que
les lois eussent abattu les barrières qui séparaient
les provinces entre elles. L'ancienne Provence, par
exemple, ne récolte point, en toute espèce de grains,
les deux tiers de sa consommation annuelle , tandis
que les anciennes provinces de Flandre, d'Artois,
de Picardie, moissonnent toujours fort au-delà de
leurs besoins ; mais souvent l'éloignement, la difficulté des communications , la cherté du transport,
rendent le superflu des provinces fertiles inutile à
celles auxquelles il serait nécessaire. Ce superflu
cherche alors à s'écouler au-dehors du royaume , et
les provinces *pénurieuses* tendent, de leur côté, à
demander aux pays étrangers les plus voisins d'elles
les secours qu'elles ne peuvent faire venir sans trop
de dépense de leur pays. Ainsi, le Haut-Rhin peut
tirer de la Souabe, les Hautes-Alpes du Piémont, les
blés qui leur manquent en moins de temps et à
moins de frais que des départemens du Nord et de
l'Ouest Il suit de là que l'on ne peut déduire aucune conséquence absolue de la comparaison des
ressources générales annuelles avec les besoins gé-

néraux. C'est probablement une des raisons qui faisaient, sous l'ancien régime, tenir les ports toujours ouverts aux blés étrangers, nonobstant le préjugé dont nous avons parlé au commencement de ce chapitre. C'est aussi une de celles qui ont fait établir et régler, depuis 1814, la faculté constante d'exporter et d'importer, qui est le principe de nos lois actuelles sur les céréales.

En second lieu, une récolte peut être très-abondante en certaines espèces de céréales et très-pauvre dans les autres espèces, et bien que l'excédant de l'une balançât le déficit de l'autre, il n'y aurait point de compensation réelle ; car si le déficit était en froment et l'excédant en seigle, en orge, en sarrazin, les habitans des villes qui ne mangent généralement que du froment, et hors des villes tous ceux qui s'en nourrissent habituellement (1), ne seraient point ou ne seraient que peu secourus par l'abondance des espèces secondaires ; dans le cas inverse, celui où ces espèces seraient rares et le froment très-commun, le prix de ce blé, toujours supérieur, quelque bas qu'il soit, à celui des grains

____

(1) On porte à 18 millions le nombre des personnes qui mangent du froment en France. (Exposé des motifs du projet de loi sur les céréales, déjà cité.)

dont se nourrit le peuple des campagnes et renchéri par les frais d'un transport lointain, ne permettrait pas au peuple de profiter de la surabondance de ce grain. La disette du froment est la plus redoutable pour la tranquillité des villes; la disette des menus grains est celle qui cause le plus de maux réels, parce qu'ils sont les moins aperçus et les plus difficiles à soulager.

C'est donc par la comparaison partielle des besoins d'un département avec ses produits et avec les secours qu'il peut recevoir de ceux avec lesquels il a des moyens de communication faciles et peu dispendieux, et par l'ensemble de ce travail comparatif, que l'on peut acquérir une idée juste de la situation générale du pays sous le rapport des subsistances. Il arrive souvent que, de même qu'une province frontière du royaume est obligée d'emprunter des grains à un État voisin quand, sur la frontière opposée, d'autres provinces ont un superflu à exporter, un département tire, d'un côté, des grains des départemens limitrophes, et verse, d'un autre côté, l'excédant de ses produits sur d'autres départemens, en sorte qu'il importe et exporte à la fois, selon la disposition physique de son territoire. Bien que les départemens ne soient point isolés entre eux et n'aient point d'intérêts privés et opposés, tout ce qui peut corriger, améliorer cette disposition pour rendre faciles les communications intérieures, rapprocher ainsi les distances et ouvrir de nouveaux ou de plus larges débouchés aux fruits du sol, doit être l'objet constant de la sollicitude publique. Les rivières, les canaux, les chemins, sont les seuls moyens de faire refluer vers les besoins de l'intérieur les produits surabondans qui trouvent au-dehors une issue plus facile ; c'est dans cette vue que le gouvernement de la restauration, plus encore que celui de l'empire, entreprit ou favorisa de grands travaux de canalisation, dont plusieurs sont restés imparfaits. Sous ce rapport encore, l'Angleterre devrait être notre modèle ; toutes les parties de son territoire où des montagnes ne mettent point obstacle aux communications sont coupées par des canaux qui fertilisent les contrées qu'ils traversent, accroissent la valeur des terres riveraines et voiturent à peu de frais leurs productions d'une extrémité à l'autre du royaume. Ces canaux, dépourvus de tout ornement de luxe, ont été creusés en peu de temps, sans grande dépense, et rendent en peu d'années aux actionnaires les capitaux qu'ils ont employés à les continuer. Puisse, chez nous, une loi juste et salutaire lever bientôt les obstacles qui, en beaucoup de lieux, arrêtent l'achèvement des travaux commencés.

et faire concevoir de nouveaux projets pour multiplier les voies de circulation (1)!

Il serait absurde de vouloir qu'un État tel que la France n'ouvrît ses ports à l'excédant de ses récoltes qu'après que partout les ressources auraient été portées au niveau des besoins ; mais il est d'une sage administration de faire que les moyens d'opérer ce nivellement existent, afin que le propriétaire, le commerçant, toujours guidés par leur intérêt privé plus que par un sentiment d'humanité ou de patriotisme, trouvent plus d'avantages personnels à diriger les denrées dont ils disposent, vers les points de leur pays qui les appellent que vers l'étranger.

En 1810, l'empereur, pour suppléer aux importations maritime, voulut répartir administrativement les blés du vaste territoire de l'empire qu'empêchait la guerre ; il ordonna à cet effet des levées considérables de grains dans les départemens fromenteux et le versement de ces grains à de très-grandes distances par les voies de l'intérieur. Sa volonté, toute-puissante en d'autres projets, échoua dans celui-ci contre les obstacles ; ses ordres restèrent sans exécution. Les moyens de transport étaient insuffisans

---

(1) Cette loi vient d'être rendue : c'est celle qui simplifie les formalités d'expropriation pour les travaux d'utilité publique.

et les frais de voiturage élevaient exorbitamment le prix des blés rendus à leur destination. Ce qu'il ordonnait aveuglément à ses ministres il faudrait que le commerce libre pût l'opérer un jour, à l'aide de moyens qui manquaient alors et qu'une bonne administration, aidée du temps et du concours d'associations riches et intelligentes, peut créer. La guerre peut venir de nouveau fermer les ports de terre et de mer aux approvisionnemens que la France reçoit du dehors et la réduire encore à ses propres ressources.

La connaissance des produits réels de l'année est toujours trop tardive pour diriger les mouvemens du commerce et les mesures de prévoyance de l'administration publique; les statistiques que celle-ci se fait adresser par les préfets ne peuvent lui parvenir que plusieurs mois après les récoltes; elles restent d'ailleurs inconnues au public; elles ne servent que de contrôle aux appréciations qui ont été faites des récoltes sur pied d'après leurs apparences. Ce sont ces apparences, tout incertaines qu'elles sont, qui doivent servir de règle à tous, principalement lorsqu'elles sont défavorables. Des secours demandés trop tard n'arriveraient pas au moment des besoins, et deviendraient peu après superflus si la récolte suivante présentait des apparences meilleures. L'i-

gnorance où le défaut d'avis de l'administration te-
nait le commerce sur les besoins et les ressources
présumées de l'année, sa propre imprévoyance, et
souvent aussi des causes indépendantes d'elle, ont
fréquemment donné lieu à des mécomptes, à de
fausses mesures d'approvisionnement, qui ont coûté
cher, les unes aux commerçans, les autres aux villes
et au trésor public. Les années 1788, 1794, 1802,
1811, 1816, et d'autres plus récentes, 1828, 1829
et 1830, en fourniraient un grand nombre d'exemples.

Les états des récoltes ne doivent donc être recueillis que comme instructions pour l'avenir, comme
pièces historiques, pour ainsi dire, dont l'étude
comparée peut conduire à une appréciation assez
approximative des richesses annuelles de la France,
et servir à juger du plus ou du moins de justesse des
présomptions qui précèdent ces récoltes, et d'où naît
la sécurité ou l'inquiétude publique.

Jamais, comme on l'a vu, le superflu de nos récoltes n'est excessif, et jamais, non plus, leur insuffisance ne serait alarmante si la répartition des ressources était plus facile, mais l'inquiétude l'exagère
toujours ; le témoignage le plus sûr de cette exagération, c'est la modicité des approvisionnemens reçus de l'étranger dans les années de disette, comparée

à la masse de la consommation. La somme entière des plus considérables ne représente que la subsistance de quelques jours seulement (1). La présence de ces secours dans nos ports suffit pour diminuer les inquiétudes populaires, abaisser les prétentions des détenteurs de grains et faire reparaître ceux-ci sur les marchés. Cet effet moral est le plus grand effet des importations ; car la lenteur du transport des blés étrangers par les rivières qu'il faut remonter ne fait souvent arriver ces secours dans l'intérieur que quand ils y sont devenus moins nécessaires. Voici quelle est la marche naturelle des choses à cet égard :

L'arrivage des blés étrangers occasionne d'abord un abaissement de prix dans le port où ils débarquent ; cette baisse s'étend progressivement dans tous les lieux assez proches pour s'y approvisionner ; consé-

---

(1) En 1811 et 1812, années de cherté excessive, les blés importés ne montèrent qu'à 2,453,666 quintaux métriques ; en 1816 et 1817, autres années de disette, à 2,996,537, et en 1832, année où a été rendue la dernière loi en faveur de l'importation, à 3,462,309. (Calculs de M. Ch. *Dupin*, séance du 11 avril 1833.) Cette dernière quantité, la plus forte des importations connues, en la supposant composée toute de froment, n'équivaut pas à vingt jours de nourriture de la population actuelle du royaume ; mais ce n'est pas ainsi qu'il faut apprécier les effets de l'importation.

quemment les demandes à l'intérieur diminuent ;
de leur côté, les spéculateurs, moins sûrs de vendre
avec bénéfice, craignant même de perdre, ralentis-
sent leurs expéditions ; le mouvement du centre à la
circonférence s'arrête, il y a stagnation; les secours
du dehors se grossissent dans l'opinion; le marchand
qui vend moins n'achète plus du cultivateur pour
remplacer ses ventes ; l'un et l'autre alors exposent
plus de grains dans les halles et les marchés, les
prix baissent et l'inquiétude générale se dissipe.

Il ne faut donc pas trop s'alarmer des disettes ;
outre que celles de 1811 et de 1816 ont fait inven-
ter beaucoup de ressources contre la famine, elles
sont en grande partie plus effrayantes que réelles.
D'une part, dès qu'elles s'annoncent, chaque famille devient plus réservée dans sa consommation,
et se pourvoit de quelques provisions pour les cas
extrêmes. D'une autre part, les possesseurs des
grains, cultivateurs et marchands, les resserrent
pour les rendre plus rares et plus chers ; la denrée
est moins apparente, mais elle n'existe pas moins;
elle reparaît partout où l'élévation des prix provo-
que sa sortie des greniers, ou quand, au contraire,
des secours étrangers font craindre à ses détenteurs
une baisse dans les prix. C'est ce qui a porté de
bons esprits à défendre ceux que le peuple flétrit du

nom d'accapareurs ; s'ils ne spéculent point hors de mesure sur la misère publique, ils la soulagent en effet, puisque dans les temps d'abondance ils ont amassé pour les temps de disette des ressources qui seraient sorties du pays ou seraient restées dispersées. Le mal est donc dans la cherté plus que dans la rareté, et c'est conséquemment à rassurer les esprits et à déjouer les calculs de la cupidité que doit s'attacher une sage administration (1). Sur ce dernier point, nos lois concernant l'importation sont très-salutaires ; elles mettent des bornes à la cherté des blés indigènes ; la question qu'elles laissent à résoudre est de savoir si ces bornes sont justement placées dans l'intérêt respectif du consommateur et du propriétaire : intérêts divers, mais non réellement opposés, car l'un et l'autre doit être de favoriser la reproduction.

---

(1) A l'appui de cette opinion, nous trouvons cette assertion en tête d'un écrit publié en 1768, intitulé : *Faits qui ont influé sur la cherté des grains en France et en Angleterre* : « Si l'on » entend par *disette* l'insuffisance *réelle* des grains existans dans » le royaume pour la subsistance de ses habitans, il ne serait » point difficile de prouver qu'il n'y a point eu de disette en France » depuis plus d'un siècle. » Cette assertion est suivie de preuves nombreuses qui se rapportent aux années de grande cherté depuis 1692.

Tout ce que nous venons de dire nous amène à la seconde partie de cet ouvrage, le commerce des blés. Examinons d'abord comment leur prix s'établit ; ce qu'il doit être et ce qu'il a été réellement jusqu'à présent. Nous passerons ensuite en revue la législation qui a régi ce commerce avant et depuis 1789.

CHAPITRE V.

DU PRIX DES BLÉS.

Prix naturel. — Prix marchand. — Prix commercial. — Du prix *nécessaire* et du prix *tolérable*. — Doutes sur la justesse de ces évaluations dans les lois actuelles. — Des mercuriales. — Effets de la négligence dans leur rédaction. — Relevé du prix du blé en France depuis le 13° siècle.

———

Les grains, comme tous les autres produits de la culture, ont pour le cultivateur qui les a fait naître un *prix naturel*; c'est celui que leur production lui a coûté en labours, en semences, sarclages, moisson, battage, port au marché, etc. Pour le consommateur ils ont un autre prix, un prix ordinairement supérieur à celui-là, parce qu'il a pour cause le besoin indispensable de l'acheteur : ce prix est débattu entre eux et résulte de leur accord; c'est ce qu'on appelle le *prix marchand* ou du marché; dénomination qui semble devoir être restreinte aux transactions immédiates entre le producteur et le consommateur.

Enfin, les blés ont dans le trafic que font entre eux
les commerçans, tant des grains indigènes que des
blés étrangers, un troisième prix, composé, outre les
frais de production, de ceux de voiturage et des mouvemens divers que les grains ont subis dans leur trajet, et des bénéfices qu'ils ont dû laisser dans les
mains de chaque agent intermédiaire ; c'est ce qu'on
peut appeler le *prix commercial*. Quoique ce prix soit,
comme on vient de le voir, plus chargé que les deux
autres d'élémens onéreux, il est souvent inférieur au
prix marchand, c'est-à-dire au prix du marché local,
et contribue à l'abaisser. C'est l'effet de l'abondance
que produit l'arrivage des grains d'un autre sol, récoltés et amenés à peu de frais ; abaissement toujours
profitable au consommateur, du moins momentanément, mais quelquefois préjudiciable au cultivateur, et dans la mesure duquel gît le problême, que
la législation cherche continuellement à résoudre,
d'une balance également favorable à l'un et à
l'autre.

Par cette distinction bannale entre le consommateur et le propriétaire ou le colon, on entend désigner le *producteur* et le *non producteur*, car l'un et
l'autre consomment ; mais le premier possède le grain
qui doit le nourrir et l'autre est forcé de le lui acheter : le devoir du législateur est de faire en sorte

que la denrée soit assez abondante, assez facile à se
procurer, pour que cette nécessité du non producteur puisse être satisfaite sans surcharge pour son
salaire ou son revenu, et, néanmoins, pour que le
producteur retire aussi du prix de sa denrée non-
seulement les avances de la culture et la récompense
de son labeur, mais encore un avantage qui l'en-
courage à continuer et même à étendre ses travaux.
Au fait, il faut que le prix du blé, soit qu'il s'élève,
soit qu'il s'abaisse, n'affecte en mal ni l'industrie ni
la culture, mais moins encore cette dernière que
l'autre, parce qu'elle est la source de la reproduction. On peut démontrer que l'industrie, ou la fabrique et l'ouvrier lui-même, ont plus d'intérêt, pour
entretenir leur travail et multiplier leurs produits,
à ce que le prix du pain se maintienne à une certaine élévation qu'à ce qu'il descende au-dessous.
Dans une telle question, le législateur doit moins
considérer la gêne ou l'aisance passagère que la
hausse ou la baisse peuvent occasionner aux consommateurs et aux propriétaires, que l'effet permanent des lois à établir.

On s'est donc depuis long-temps appliqué à la
recherche de la valeur commerciale que devrait
avoir le blé en France pour tenir en équilibre tous
les intérêts. Le prix de 3o fr., pour le setier de fro-

ment (1) pesant deux cent quarante livres, fut adopté par l'édit fameux de 1764, qui délivra momentanément le commerce des blés de ses plus grandes entraves, comme le prix le plus élevé que le consommateur pût supporter. Arrivé à ce degré de cherté l'exportation du blé était prohibée. Ce prix équivaut à peu près à celui de 20 fr. pour l'hectolitre.

Plus tard, depuis la révolution, on sentit que dans un pays aussi vaste et aussi varié que la France le prix nécessaire du blé ne devait point être unique pour tout le royaume. On fit, en 1790, deux évaluations, l'une pour le nord et le nord-ouest, l'autre pour le midi ; plus tard encore, cette évaluation varia, et enfin, en 1814, une loi du 2 décembre, relative à l'exportation, divisa en trois classes tous les départemens frontières, et fixa pour chacune d'elles un prix *maximum* (19, 21 et 23 fr.), au-dessus duquel l'exportation serait interdite. Chacun de ces trois prix était regardé comme *le terme de la cherté supportable* dans chaque arrondissement. Le terme moyen pour tout le royaume était, comme on voit, de 21 fr.

Quant au *minimum* du prix, c'est-à-dire *le prix*

____

(1) On a vu, page 21, que c'est sur le prix du froment que se règle celui de toutes les autres céréales.

nécessaire au cultivateur, une autre loi, celle du 16 juillet 1819, le fixa pour ces mêmes arrondissemens à 20, 18 et 16 fr., dont le terme moyen est 18 fr. Au-dessous de ces prix l'introduction des blés étrangers ou l'importation était interdite.

Ainsi, partout le prix marchand pouvait parcourir, en montant ou en descendant, une échelle de 3 fr. de différence par hectolitre, sans que, dans la pensée du législateur, l'intérêt de l'agriculteur ni celui du consommateur en fût sensiblement froissé.

On conçoit que ces sortes d'estimations varient dans le cours d'un siècle selon les variations de la culture et celles de la valeur monétaire; mais, deux ans seulement après cette dernière estimation, le 4 juillet 1821, les Chambres législatives la réformèrent, en portant à quatre, au lieu de trois, les divisions des départemens frontières en classes, et en élevant à 24, 22, 20 et 18 fr. les prix au-dessous desquels l'importation des blés étrangers serait interdite, pour ne pas empêcher les blés indigènes d'acquérir respectivement cette valeur, dont la moyenne était pour toute la France 21 fr. La même loi éleva à 26, 24, 22 et 20 fr. les prix limites de l'exportation, ceux au-dessus desquels elle était prohibée; terme moyen, 23 fr. Par ces modifications, la faculté d'importer était res-

treinte, celle d'exporter étendue ; le législateur estimait que le cultivateur avait besoin de vendre son
blé 3 fr. de plus par hectolitre qu'il ne l'avait cru
en 1819, et que le simple consommateur pouvait
payer cette plus-value. La latitude entre les degrés
extrêmes de l'échelle n'était plus que de 2 fr. au lieu
de 3 fr.

Était-ce l'expérience qui avait dicté ces nouvelles
appréciations, ou n'eurent-elles pour cause, comme
on l'a dit, que l'intérêt privé des législateurs, tous
propriétaires ? Quoi qu'il en soit, on avait remarqué que, depuis 1819, le prix moyen des blés indigènes vendus sur les marchés était resté inférieur
au prix moyen des prix limites fixés par cette loi (1),
et estimés nécessaires à la reproduction. On crut le
relever en opposant une digue plus haute à l'entrée
des blés étrangers et en abaissant celle qui gênait la
sortie des blés indigènes ; mais ces amendemens
restèrent long-temps sans produire l'effet qu'on s'en
était promis, si ce n'est peut-être qu'ils empêchè-
rent une plus forte décroissance du prix des blés.
Loin d'élever le prix moyen général des grains

____

(1) Nous venons de voir que le prix moyen des limites était
de 18 fr. Le prix moyen des ventes faites du 1er août 1819
au 1er août 1821, ne fut que de 17 fr. 63 c.

vendus sur les marchés à 21 fr. , ce prix resta constamment au-dessous pendant sept années ; il fut :

Du mois d'août 1821 au mois d'août 1822, de 15 fr. 08 c. 50 mil^{mes}.

—	—	1822	—	—	1823,	17 20 4
—	—	1823	—	—	1824,	15 86 68
—	—	1824	—	—	1825,	14 80 3
—	—	1825	—	—	1826,	15 23 26
—	—	1826	—	—	1827,	15 97 53
—	—	1827	—	—	1828,	20 44 61

Prix moyen de ces sept années..... 16 fr. 37 c. 23 mil^{mes}.

Or, si pendant une si longue période de temps, à
laquelle il faut ajouter les deux années précédentes, la
valeur du blé indigène ne s'éleva qu'à environ 17 fr.
l'hectolitre sans que la culture en fût bien sensiblement diminuée, puisque, comme on l'a vu, selon
le rapporteur de la commission de 1832, la charrue
n'aurait perdu depuis 1819 jusqu'alors que 400 mille
hectares sur plus de 23 millions, n'en devrait-on pas
conclure qu'il n'est pas indispensable au soutien de
la culture des céréales que le prix moyen général de
l'hectolitre de froment soit constamment de 21 fr.,
et que la loi de juillet 1819, en s'arrêtant à 18 fr.,
avait évalué plus justement le prix nécessaire au
cultivateur ?

Mais, dans les trois années suivantes le prix moyen général des ventes excéda 21 fr.; il fut,

Du mois d'août 1828 au même mois 1829, de 22 fr. 34 c. 65 mil^mes.

| — | — | 1829 | — | — | 1830, | 21 | 29 | 56 |
| — | — | 1830 | — | — | 1831, | 22 | 48 | 78 |

Prix moyen de ces trois années. . . . 22 fr. 4 c. 33 mil^mes.

Ce prix dépassait les facultés du consommateur ; la classe ouvrière, les petites fortunes en souffrirent, et le gouvernement, malgré les nombreux achats de grains qu'il fit à l'étranger pour l'armée et la marine, et les importations opérées par le commerce dans la mesure de la loi de 1821, jugea à propos de rendre ces importations encore plus faciles en les débarrassant de quelques entraves résultantes de cette loi, et par de nouvelles dispositions qui prévinssent un tel renchérissement à l'avenir : ce fut l'objet de la loi du 15 avril 1832.

Ainsi, pendant sept années et même pendant neuf, la valeur du blé indigène avait été de 3 à 4 f. par hectolitre au-dessous de la valeur arbitrée comme nécessaire à l'agriculture, sans que celle-ci en ressentît aucun dommage notable, et pendant trois années seulement, le peuple n'avait pu supporter sans privation un surcroît de 1 fr. 5 par hectolitre

au prix que l'on avait jugé tolérable pour lui (1).
Cette disproportion prouvait la nécessité d'une révision des premières appréciations. Cette démonstration fut l'objet d'un Mémoire publié en 1831,
dans lequel on proposait de prendre sur cette question dans chaque département l'avis du conseil général (2) : précaution essentielle qui n'avait pu être
observée lors de la confection des lois de 1814, 1819
1821. Ce mémoire n'obtint point l'attention du ministère, absorbé alors dans le travail du projet de
loi sur les céréales qu'il présenta quelques mois
après aux Chambres, par lequel il proposait de régler désormais d'après le prix du pain, et non d'après le prix du grain, l'ouverture et la fermeture
des ports aux blés étrangers ou à la sortie des nôtres : proposition qui fut rejetée et qui devait l'être,
mais qui contenait l'aveu implicite du vice que nous

---

(1) En admettant comme le ministère, dans l'exposé du projet
de la dernière loi, que le prix d'une livre de pain soit égal à celui
d'une livre de grain, la valeur du son compensant les frais de mouture et de cuisson, l'hectolitre de blé pesant 75 kilogrammes,
valant 18 fr., ferait ressortir le prix du kilogramme de pain à 24 c.
et l'hectolitre, valant 21 fr., à 28 c.

(2) *Des lois actuelles sur le commerce des grains en
France, leurs causes et leurs effets,* par l'auteur du présent
ouvrage.

venons de signaler dans l'estimation faite par la loi de 1821 du *prix nécessaire* et du *prix tolérable*. Les Chambres ayant résolu que le prix du blé continuerait de servir de règle pour l'entrée et la sortie ont maintenu cette estimation : la question de sa justesse subsiste toujours.

Quelque intéressant qu'il soit de la résoudre, les Chambres firent sagement de ne pas s'y arrêter avant une instruction plus ample, et d'adopter des mesures tendantes seulement à soulager le mal présent. Nous reviendrons sur ce sujet dans le chapitre suivant.

Les lois ne font pas le prix des grains, même lorsqu'elles le limitent, comme le fit un décret de l'empereur en 1812 ; elles influent sur ce prix par le dégré plus ou moins grand de latitude qu'elles laissent aux transactions du vendeur et de l'acheteur et aux opérations du commerce : c'est pour arriver à déterminer équitablement ce degré, quant au commerce extérieur, que la connaissance du prix *nécessaire* et du prix *tolérable* du blé dans chaque département, dans chaque région ou dans chaque classe frontière, nous paraît devoir être mieux acquise qu'elle ne l'a été jusqu'à présent.

La valeur relative des grains autres que le froment dépend de plusieurs circonstances. Si l'inégalité de leur prix n'avait pour cause que celle de leur

poids respectif, c'est-à-dire de la quantité de substance contenue dans chaque espèce de grain, leur
valeur proportionnelle serait facile à déterminer;
ainsi, l'hectolitre de seigle, pesant 70 kil. par
exemple, vaudrait les quatorze quinzièmes de
celui du froment pesant 75 kil., ou 16 fr. 80 c.
quand ce dernier vaut 18 fr.; l'orge, du poids
de 65 kil., vaudrait treize quinzièmes ou 15 fr. 60 c.
Mais ce n'est point d'après cette règle ni d'après
aucune autre que les prix des céréales secondaires
se proportionnent entre eux; l'infériorité de qualité, le plus ou le moins d'abondance de chaque
espèce, l'emploi auquel elle est destinée, etc., mo-
difient ces prix si fortuitement qu'il serait illusoire
d'en faire ici l'objet d'une équation (1).

Les prix des ventes de grains opérées dans les
marchés se constatent par des officiers de police, qui
inscrivent ces ventes dans des registres appelés *mercuriales*, du nom du jour le plus ordinaire où se tiennent ces marchés, le *mercredi*. Ces registres font foi
en justice et sont consultés par l'administration pour
régler les opérations de ses agens chargés de l'approvisionnement de ses magasins; mais ils ne sont
point tenus généralement avec assez d'exactitude et

---

(1) Voir la note de la page 150 ci-après.

même de fidélité pour que la justice et l'administration puissent avec équité prononcer aveuglément d'après leur témoignage. Ce témoignage n'est certain que quand le registre indique distinctement :

1º L'espèce du grain ;

2º Sa qualité : 1re, 2e ou 3e ;

3º La quantité et le prix de chaque vente ;

Et 4º la division du prix total des ventes de chaque qualité par le nombre de mesures, pour avoir le prix moyen de chaque qualité.

Dans une multitude de communes les personnes chargées de ce soin n'y attachent aucune importance et le remplissent très-négligemment : les conséquences en sont plus graves quand la vérité de ces inscriptions est altérée pour favoriser des intérêts privés ; de sages instructions ont été données aux maires à ce sujet ; les autorités supérieures ne peuvent trop veiller à ce qu'elles soient suivies.

Quoique le commerce des céréales soit libre dans l'intérieur et puisse se faire hors des marchés, c'est ordinairement sur les prix du dernier marché local que se règlent les conventions des ventes intermédiaires. Dans les ports et dans les villes de commerce on cote leur cours journalier comme celui des autres marchandises.

Les mercuriales sont d'un usage immémorial; leur établissement régulier remonte au moins au treizième siècle, époque commune de l'institution de plusieurs autres registres publics. L'administration a dû, dans tous les temps, les consulter pour établir ses réglemens. En 1754, un écrivain distingué parmi les économistes, *Herbert*, put se procurer celles du grand marché de Rosoy, qui contribuait le plus à l'approvisionnement de Paris, et dressa, d'après elles, une table des prix du setier de blé, mesure de Paris, depuis l'année 1202 jusqu'à l'année 1746; comme la valeur du marc d'argent varia beaucoup dans un si long intervalle, il releva sa valeur sous chaque règne, et évalua ainsi en monnaie de son temps le prix du setier à chaque époque. On voit ce prix descendre pendant sept ans, de 1467 à 1474, à 2 livres 13 sous, et s'élever, en 1586 et 1587, à 78 livres 13 sous. On a peine à comprendre comment la culture du blé se soutint à un prix si bas pendant sept années, et même aux prix de 3 livres 9 sous, 3 livres 14 sous, 4 livres 2 sous, depuis 1446 jusqu'à 1477, dans les dix dernières années du règne de Charles VII, et durant presque tout le règne de Louis XI, lorsque, depuis Henri IV jusqu'à Louis XV, le prix du setier a très-rarement été au-dessous de 20 fr., et a très-fréquemment dépassé ce taux, au point de le doubler et même de le tripler.

Il paraît que l'ouvrage d'*Herbert* servit d'exemple à l'administration (1). Nous avons sous les yeux un relevé manuscrit du prix du froment, année par année, dans chaque généralité et pays d'états du royaume, depuis 1756 inclusivement jusques et compris 1790. Probablement ce travail eut aussi pour cause l'arrêt du conseil du 17 septembre 1754 qui permettait le commerce des grains dans l'intérieur du royaume, c'est-à-dire leur transport de province à province, prohibé ou entravé jusqu'alors, et leur sortie par quelques ports du Languedoc. Il en résulte que, les mesures et les prix réduits au système métrique, le prix de l'hectolitre n'a dépassé que deux fois 18 fr. dans les trente-trois premières années de cette période (en 1770, 18 fr. 85 c.; en 1771, 18 fr. 19 c.), qu'il est descendu plusieurs fois au-dessous de 10 fr., et n'a jamais atteint 19 fr. ; faits qui prouvent que jusqu'alors au moins, c'est-à-dire jusqu'en 1788, la culture des céréales n'avait pas besoin de retirer 30 fr. du setier ou 20 fr. de l'hectolitre pour se soutenir et même pour prospérer. Ce

---

(1) *Essai sur la police générale des grains, sur leurs prix et sur les effets de l'agriculture,* sans nom d'auteur. Berlin, 1754.

n'est qu'en 1789 que le prix moyen de l'hectolitre de froment s'éleva plus haut, à 21 fr. 90 ; l'année suivante il redescendit à 19 fr. 48 c., et depuis lors il est resté presque constamment au-dessus. Le taux moyen des vingt-trois années comprises entre 1796 et 1820 est de 21 fr. 76 c. pour l'hectolitre. C'est ce dernier résultat qui fit changer dans la loi de 1821 les évaluations de celle de 1819 ; nonobstant ce changement le prix moyen de l'hectolitre de 1821 à 1830 n'ayant été que de 18 fr. 26 c., sans dommage sensible pour la culture des grains, laisse, nous le répétons encore, le problême sans solution.

On trouvera, à la fin de ce volume, le tableau des prix généraux annuels dont nous venons de parler (1).

---

(1) Note omise page 146.

Néanmoins, les lois ont établi les proportions de prix suivantes pour limiter l'importation du froment, du *seigle* et du *maïs* :

		froment.	seigle et maïs.
Loi du 16 juillet 1819	1re classe.	20	14
	2e.	18	12
	3e.	16	10
Loi du 4 juillet 1821	1re classe.	24	16
	2e.	22	14
	3e.	20	12
	4e.	18	10

CHAPITRE VI.

DES LOIS SUR LE COMMERCE DES CÉRÉALES.

Anciennes entraves au commerce des blés dans l'intérieur. — Affranchissement de ce commerce par la révolution. — Précis historique de la législation sur les céréales. — Lois de circonstances. — Restrictions à la liberté du commerce sous l'Assemblée constituante, — sous la législature, — la Convention, — le Directoire, — le Consulat et l'Empire. — Lacune dans la loi fondamentale quant aux obligations du propriétaire dans les disettes. — Lois de la restauration sur le commerce extérieur. — Avantages du système de ces lois. — Erreur du projet de loi de 1831 qui en changeait la base. — Loi de 1832. — Perfectionnement que promet sa révision.

Parmi les libertés utiles que les Français doivent à la révolution de 1789, et dont ils jouissent sans reconnaissance, parce que les uns ignorent, les autres ont oublié leurs anciennes entraves, il faut compter la liberté du commerce des grains dans l'intérieur, pour laquelle des hommes éclairés et courageux luttaient depuis un demi-siècle avec des succès divers, tantôt contre le pouvoir, tantôt con-

tre les préjugés. Aujourd'hui que les blés s'écoulent de toutes parts des granges des cultivateurs sur tous les points du royaume aussi librement que l'eau de ses rivières, on a peine à se persuader qu'il n'en a pas été toujours ainsi. L'auteur cité dans le chapitre précédent, *Herbert,* écrivait, en 1754, à propos de l'arrêt du conseil de la même année : « Accoutu-
» més à craindre toutes sortes de transports de grains,
» il n'y a pas long-temps que leur communication,
» même dans le royaume, ne se faisait qu'avec dif-
» ficulté, et paraissait nuisible dans la plupart de nos
» provinces (1). » Il n'y a d'exagéré que l'expression dans ce tableau que faisait Voltaire en 1774, des formalités auxquelles l'achat des grains avait été de nouveau assujetti sous le ministère de l'abbé *Terray:*
« J'ai environ quatre-vingts personnes à nourrir...
» Un jour un greffier me dit : allez-vous-en à trois
» lieues payer chèrement au marché de mauvais
» blé; prenez des commis un acquit à caution, et
» si vous le perdez en chemin, le premier sbire qui
» vous rencontrera sera en droit de saisir votre
» nourriture, vos chevaux, votre personne, votre
» femme, vos enfans. Si vous faites quelque diffi-
» culté sur cette proposition, sachez qu'à vingt

----

(1) *Essai sur la police des grains.* Avertissement.

» lieues il est un coupe-gorge qu'on appelle *juris-*
» *diction* ; où vous y traînera, vous serez condamné
» à marcher à pied jusqu'à Toulon, où vous pour-
» rez labourer à loisir la Méditerranée. — Je pris
» d'abord ce discours instructif pour une froide
» raillerie; c'était pourtant la vérité pure (1). »

Une partie de ces obstacles à la circulation des grains avait une cause légitime dans les capitulations de certaines provinces qui s'étaient autrefois données ou soumises. Une autre avait pour raison les lois d'une police mal entendue. La révolution, en abolissant toutes les distinctions, en plaçant toutes les provinces sous une même législation et en fondant cette législation sur le plus large principe de liberté, délivra le commerce des blés de toutes ses entraves.

Cependant quelques restrictions laissées encore à ce commerce avec l'étranger ont récemment excité, dans les Chambres et hors des Chambres, des clameurs presque égales à celles qu'exciterait l'oppression. Il n'est peut-être pas pour la France, dont l'agriculture fait la richesse, de question plus délicate en économie politique que celle-là. Pour accorder la liberté illimitée d'y importer des blés étran-

---

(1) *Diatribe à l'auteur des Ephémérides.*

gers, réclamée avec tant de vivacité dans les dernières discussions, il faudrait avoir la certitude qu'aucun autre peuple agricole ne pourra jamais nous vendre avec profit son blé à un prix inférieur à celui que nos cultivateurs doivent vendre le leur pour recommencer à labourer. Il faudrait, de même, pour tenir constamment ouverte la sortie de nos grains, connaître la mesure ordinaire des besoins des populations auxquelles nous les vendons, et être sûr que ces besoins n'excèdent point notre superflu habituel, afin de ne point compromettre, par des exportations démesurées, la subsistance publique et la fortune du simple consommateur. Il faudrait, de plus, qu'une liberté égale fût établie simultanément par tous les gouvernemens des pays de production. On verra par l'extrait suivant d'un précis historique de notre législation sur cette matière, les motifs qui, en différens tems, dictèrent ces mesures restrictives du commerce extérieur, les causes fréquentes des fluctuations des lois sur le commerce des grains dans l'intérieur, avant et depuis l'Assemblée constituante jusqu'à la restauration, et enfin les avantages du système de législation permanente adopté depuis cette époque pour balancer perpétuellement le commerce des grains au dedans et au dehors ; système imité des Anglais, et qui pour n'être point en-

core arrivé à sa perfection, est néanmoins le plus effi-
cace de tous ceux qui avaient été essayés jusqu'alors.

PRÉCIS HISTORIQUE.

De la législation sur les céréales (1).

« La France, pays essentiellement agricole, est
peut-être celui où les règlemens sur les grains ont le
plus fréquemment varié ; depuis Louis IX jusqu'à
Henri III cette législation ne reposa sur aucun
principe stable et obéit à tous les événemens ; et
sous le règne des Bourbons, depuis Henri IV jusqu'à Louis XVI, malgré la marche progressive des
lumières, ou peut-être à cause de ce progrès même,
on ne compte pas moins de cent soixante actes de
l'autorité souveraine sur le commerce des blés,
fondés alternativement sur des principes contraires,
selon que les saisons accordaient plus ou moins largement leur tribut annuel, ou que les caisses de

---

(1) Extrait de notre écrit intitulé : *Causes et effets de la législation actuelle sur le commerce des grains en France.* 1831.

l'État étaient plus ou moins facilement alimentées par les impôts (1).

» Cette législation versatile devint, vers le milieu du siècle dernier, le sujet d'un débat public très-animé qui ne dura guère moins de trente années, dont le premier fruit fut d'exercer les esprits à la discussion des intérêts sociaux et d'accoutumer le gouvernement à voir censurer ses principes et ses actes par quiconque voulut écrire. Les ouvrages des économistes ont, peut-être, contribué plus que tous les autres ouvrages philosophiques de cette époque à inspirer ce désir ardent de réformes qui se manifesta généralement au premier aveu que fit le ministère, en 1787, de l'insuffisance du revenu annuel, et qui, deux ans après, fit éclater la révolution.

» Selon ces écrivains, la terre est l'unique source de toutes les richesses, et devrait seule, par cette raison, supporter l'impôt ; ses productions de toute nature, surtout les grains, devraient jouir pour leur

____

(1) La seule nomenclature des déclarations royales, édits, arrêts du conseil, arrêts des parlemens relatifs au commerce intérieur et extérieur des blés en France depuis le quatorzième siècle, compose un manuscrit de plus de 30 pages in-folio. L'analyse de ces actes serait plus curieuse qu'utile ici. Nous nous bornerons à indiquer les dispositions des lois actuellement en vigueur, dont le principe se trouve dans ces anciens actes.

commerce, tant au dedans qu'au dehors, d'une im-
munité absolue et d'une liberté sans limites. La simplicité de cette doctrine et sa nouveauté lui firent de
nombreux partisans, principalement parmi les grands
propriétaires puissans à la cour, et les corporations
opulentes en domaines, de qui elle flattait les intérêts. Des hommes d'état, moins indifférens au bien
général et aux considérations politiques, plus tou-
chés des dangers auxquels un système d'exportation
illimité et sans réciprocité pourrait exposer la paix
publique dans les temps difficiles que des avantages
qu'il promettait à l'agriculture, se déclarèrent les
antagonistes de cette doctrine, et la combattirent
par des raisonnemens, quelquefois plus spécieux que
solides, que fortifièrent et affaiblirent tour à tour les
essais que le gouvernement consentit à faire de ce
système de liberté. De 1763 à 1789, il renversa, rétablit, détruisit de nouveau et rétablit encore les
entraves qui gênaient la circulation et la vente des
grains dans le royaume et leur expédition au dehors (1), jusqu'à ce qu'enfin la révolution vint faire

(1) Voici les principaux de ces actes :

1o Déclaration du roi, du 25 mai 1763, portant permission à
tous de faire circuler les grains, farines et légumes, dans toute
l'étendue de royaume, en exemption de tous droits, même de
ceux de péage.

Un arrêt du conseil, du 10 novembre 1739, avait déjà affran-

triompher le grand principe des économistes *laissez faire, laissez passer* ; précepte qui, s'il était adopté par toutes les nations, ferait du commerce général une seconde providence ; mais à laquelle pourtant il serait encore imprudent d'abandonner tout le soin de la subsistance des peuples. L'*Assemblée constituante*

---

chi de tous droits le commerce des grains dans l'intérieur, mais cette disposition avait été restreinte dès l'année suivante.

2° Edit de juillet 1764 qui permet l'exportation libre des grains à l'étranger, par toutes sortes de personnes ;

3° Arrêt du conseil du 23 décembre 1770, qui interdit la vente des grains hors des marchés, et la faculté de faire ce commerce aux laboureurs, meuniers et boulangers ;

4° Autre arrêt du conseil du 13 décembre 1774, qui rétablit l'entière liberté du commerce des grains dans l'intérieur du royaume, et suspend la liberté de la vente à l'étranger ;

5° Déclaration du roi du 17 juin 1787, portant : « Qu'il est » libre pour toujours à toutes personnes, de quelque état et » condition qu'elles soient, de faire le commerce des grains et » farines, de province à province, et avec l'étranger ; »

6° Arrêt du conseil du 7 septembre 1788, qui suspend l'exportation des grains ;

7° Autre arrêt du conseil, du 23 novembre suivant, qui rétablit pour un an l'ancienne obligation de ne vendre et n'acheter que dans les marchés ;

8° Arrêt semblable, du du 23 avril 1789, d'après lequel les propriétaires, les fermiers, les marchands, et tous détenteurs de blés, peuvent être contraints de garnir les marchés de leur ressort.

le proclama quant aux blés , non cependant sans quelque réserve.

» Dès le 29 août 1789, cette Assemblée décréta la vente libre et la libre circulation des grains et farines dans toute l'étendue du royaume, par toutes personnes et sans aucune condition. Peu après, le 18 septembre, toute opposition à cette liberté fut déclarée « attentat contre la sûreté et la sécurité du » peuple. » Les gardes nationales furent astreintes au serment exprès de la protéger. Tel devait être dès-lors et pour toujours le droit public français sur le commerce des blés dans l'intérieur; tel il est encore en effet ; mais une force supérieure aux lois et aux principes a souvent contraint de s'en écarter.

» Non-seulement l'Assemblée avait provisoirement excepté de cette liberté le commerce extérieur, par le décret du 29 août; par celui du 18 septembre, elle déclara aussi attentat contre la sûreté et la sécurité publique toute exportation de grains et farines à l'étranger.

» La *législature* qui la suivit, après avoir lutté long-temps pour les principes contre les exigences populaires, alla jusqu'à restreindre même le droit de vendre, inhérent à celui de propriété, en déclarant, par une loi du 16 septembre 1792 (1), que « dans les dangers les propriétaires de grains devaient se regarder comme de simples dépositaires; » principe vrai en soi, dont l'application, heureusement très-rare, aurait dû être dès-lors réglée explicitement par une loi qui conciliât le devoir du détenteur comme citoyen avec son droit comme propriétaire. Malgré le retour, plusieurs fois réitéré depuis quarante ans, des circonstances qui nécessitèrent la déclaration de ce principe, cette loi est encore à faire ; car, malgré la facilité avec laquelle l'autorité fait revivre les dispositions des constitutions et des lois de la révolution à défaut d'autres plus équitables, on ne peut regarder comme règle à suivre dans de telles circonstances le décret de la Convention, du 11 septembre 1793, dont nous parlerons ci-après, ni les actes législatifs postérieurs auxquels il a servi de modèle.

» Sous la *Convention,* qui remplaça la première législature, ce principe fut de nouveau reconnu et proclamé ; mais la vente et la circulation des grains n'en furent pas moins gênées par des lois restrictives. Quelques mois seulement après que le conseil exé-

----

(1) A cette époque, le trône venait d'être renversé ; les principes du gouvernement populaire commençaient à dominer.

cutif eut publié « que le cultivateur et le fermier
» doivent être maîtres de vendre leurs denrées
» comme le fabricant et le marchand vendent leurs
» marchandises, et qu'il ne doit pas y avoir plus
« de raison de fixer celui des étoffes (1), » la Convention astreignit tout cultivateur ou propriétaire
de grains à en faire la déclaration à peine de visites
domiciliaires et de confiscation ; défendit toute vente
de grains ailleurs que sur les marchés ou ports
accoutumés, sauf quelques exceptions ; assujétit tous
ceux qui voudraient en faire le commerce à se pourvoir d'une autorisation spéciale , et, enfin, posa des
limites aux prix des grains jusqu'au 1er septembre
suivant (2). Plus tard, elle ordonna un recensement
général des blés récoltés, et prononça, outre la confiscation, dix années de fers contre les auteurs de
fausses déclarations (3). Peu après, à l'exemple de
l'arrêt de 1770 , elle décerna les mêmes peines
contre les meuniers qui feraient le commerce des
grains et même celui des farines (4). Puis, résumant
toutes ces dispositions et les développant, elle en fit

----

(1) Proclamation du 31 octobre 1792.
(2) Décret du 4 mai 1793.
(3) Autre décret du 19 août même année.
(4) Autre décret du 10 septembre *idem*.

1.   II

l'objet d'une loi complète sur le commerce des grains dans l'intérieur (1). Cette loi, raisonnée, divisée en quatre sections et en soixante-dix-huit articles, soumettait la possession, la vente et tous les mouvemens des grains aux plus gênantes formalités, fixait pour la France entière un *maximum* à leur valeur (2), et en interdisait l'emmagasinement à moins de six lieues des frontières.

» Des mesures aussi opposées au principe de la loi fondamentale ne trouvent leur raison que dans une succession de mauvaises récoltes, dans les circonstances extraordinaires où la France fut placée sous le règne de la Convention et dans l'énorme puissance de cette assemblée souveraine. Elles ne pourraient être adoptées sous un régime libéral par un gouvernement constitutionnel ; c'est pourquoi nous disons qu'une loi reste à faire pour concilier, dans les années de malheur, les droits du propriétaire avec ses devoirs envers ceux qui ne le sont point. Ces devoirs l'humanité les enseigne, la religion les commande, mais la loi ne les prescrit pas ;

---

(1) Décret du 11 septembre *idem*.

(2) 14 liv. le quintal marc de froment; 20 liv. le quintal de farine ; 12 liv. le quintal de méteil ; 10 liv. le quintal de seigle ; 9 liv. le quintal d'orge.

ils sont du citoyen encore plus que de l'homme religieux, car leur inobservation peut troubler l'État. Une telle loi est sans doute difficile à faire, mais les disettes de 1801, de 1811, de 1816 en ont fait sentir la nécessité autant que celle de 1794 ; et, quoiqu'elles-mêmes nous aient appris à nous prémunir contre leur retour, les précautions législatives et les autres mesures prises jusqu'à présent contre les disettes à venir ne sont pas d'un effet si assuré et si général qu'il faille bannir toute crainte à cet égard.

» Nous remarquerons en passant que la taxation du prix des blés en 1794 eut moins pour cause leur rareté que la lutte entre la valeur factice du papier-monnaie et la valeur réelle des choses. Le premier exemple d'une pareille taxation eut une semblable cause, l'altération des monnaies sous Philippe-le-Bel en 1303. A l'une et à l'autre époque cette mesure arbitraire manqua son effet ; les blés devinrent plus rares sur les marchés, on les cacha pour les vendre clandestinement au-dessus de la taxe. Le besoin d'un côté, la cupidité de l'autre, se trouvèrent d'accord pour éluder la loi.

» Le retour du numéraire et de meilleures récoltes permirent au *gouvernement directorial* d'abolir une partie des prohibitions de la Convention et

d'adoucir ses mesures coërcitives. Les conseils législatifs déclarèrent la circulation des grains entièrement libre dans l'intérieur, prononcèrent des peines
contre toute personne convaincue d'y avoir porté
atteinte, et substituèrent pour les marchands de blé
l'obligation simple de se munir d'une patente à
d'autres obligations plus assujétissantes pour eux (1).

» Le *gouvernement consulaire* continua à protéger la
liberté du commerce des grains, même au milieu
des embarras causés par la cherté progressive des
années 1801, 1802 et 1803. L'abondance des années
suivantes, qui furent les premières de *l'Empire,* rendit à ce commerce la plénitude de sa liberté ; mais la
funeste récolte de 1811 ramena le gouvernement
vers les mesures de contrainte et de prohibition.
L'empereur, par un premier décret du 4 mai 1812,
« voulant, disait-il, empêcher que l'intérêt person-
» nel des spéculateurs ne donnât aux blés une va-
» leur factice, » ordonna que leur libre circulation
serait protégée dans toute la France, mais que personne ne pourrait faire au marché des achats de
grains ou farines pour un autre département que
publiquement, et après en avoir fait la déclaration
au préfet ou au sous-préfet. Il défendit, à qui que

______

(1) Loi du 21 prairial an V (9 juin 1797).

ce fût, de former aucun approvisionnement de cette nature pour le garder et en faire un objet de spéculation, et assujettit conséquemment tous les possesseurs de grains, fermiers, propriétaires et autres, à les déclarer et à les conduire successivement dans les marchés qui leur seraient indiqués. Enfin, par une dernière disposition, il prohiba toute vente et tout achat de blés hors des marchés. Plusieurs de ces dispositions, renouvelées de celles de la Convention, n'en différaient que par une pénalité plus douce contre les infractions. Peut-être n'est-il pas possible d'imaginer de meilleures mesures que cette suspension des libertés établies quand on s'est laissé prévenir par les difficultés. C'est dans les temps calmes qu'il faut prévoir les orages et se prémunir contre eux ; mais la France a toujours vu ses gouvernemens oublier aussi vite que les particuliers les maux de la disette dès que l'abondance a reparu. On ne prévoit point le retour du mal dont on est délivré, et l'on se repose dans le bien-être comme s'il ne devait point avoir de terme.

» L'empereur ne se borna point aux mesures de police que nous venons de rapporter ; quatre jours après, le 8 mai, il imita la Convention et Philippe-le-Bel, en fixant un prix au blé, sans y être amené

comme eux par la dépréciation du signe monétaire.
« Ces mesures salutaires, disait-il (celles prescrites
» par le décret du 4), ne suffisant pas pour remplir
» l'objet principal que nous avons eu en vue, qui
» est d'empêcher un surhaussement tel que le prix
» des subsistances ne serait plus à la portée de
» toutes les classes de citoyens, » et, s'autorisant
ensuite de l'engagement, réel ou supposé (car on
sait qu'il était peu scrupuleux sur ce point), qu'auraient pris les propriétaires, fermiers et marchands
de six départemens centraux de l'Empire, d'approvisionner les marchés au prix de 33 fr. l'hectolitre
de froment, il adopta ce prix pour régulateur de
celui des grains dans tout l'Empire, et chargea les
autorités de tenir la main à ce que nulle part le blé
ne se vendît au-dessus de ce prix, si ce n'est dans les
départemens qui, tirant de loin leur approvisionnement, auraient à y ajouter les frais du transport et
le bénéfice du commerçant. Il paraît que l'auteur de
cette loi passagère en prévit lui-même l'inobservation, car il ne prononça aucune peine contre son
infraction. Elle devait être éludée comme toutes les
lois d'exception aux principes naturels, et elle le
fut ; des amendes, des punitions auraient aggravé
sans fruit cet acte arbitraire ; elles n'auraient point
été infligées, ou auraient été remises aux infrac-

teurs ; de tels délits sont toujours graciables après
le danger. L'empereur partait alors pour sa fatale
entreprise sur la Russie ; il n'avait voulu que laisser derrière lui un témoignage de sa sollicitude
pour les besoins du peuple , et tout à la fois de
son impuissance à corriger, disait-il, les décrets de
la Providence.

» Jusqu'à l'époque du Consulat le commerce des
grains fut renfermé dans l'intérieur ; l'introduction
des blés étrangers, habituellement peu considérable,
était demeurée tacitement autorisée, en vertu d'une
longue coutume qui avait fait trouver dans cette to-
lérance plus d'avantages que d'inconvéniens ; mais
l'*exportation* de nos grains avait été suspendue de
fait et de droit depuis 1790. Vers ce temps le gouvernement l'autorisa de nouveau quand le prix de l'hectolitre de blé, relevé sur dix marchés , ne s'élevait
pas à un taux commun ; ce taux fut fixé à 16 fr. pour
l'ouest et le nord de la France, et à 20 fr. pour le
midi, en 1804, année doublement signalée par une
abondante moisson et par l'érection du trône impérial. Les récoltes suivantes, également heureuses,
furent présentées au peuple comme une approba-
tion du ciel à la nouvelle puissance, et fournirent à
celle-ci un moyen de plus de s'attacher les propriétaires du sol, en ouvrant plus largement les ports à

l'*exportation* des blés. En 1806, cette *exportation* fut autorisée tant que leur valeur ne s'élèverait pas au taux commun de 24 fr. l'hectolitre. A la vérité, on imposa des droits à la sortie pour la modérer. Ces droits montaient progressivement de 2 fr, quand le prix du froment était au-dessous de 18 fr. à 8 fr. quand il était à 23 fr. L'intérêt privé vint, à l'une et à l'autre époque, corrompre ce que ces *exportations* pouvaient avoir de salutaire ; quoique assises sur une base générale, elles devinrent l'objet d'autorisations partielles dont il se fit un trafic scandaleux. Nos blés s'écoulèrent au dehors jusqu'en 1810. Leur *exportation* fut alors interrompue ; elle fut r'ouverte par Louis XVIII, en 1814.

« A cette époque, la *restauration* ne sembla pas moins favorisée par le ciel que ne l'avait été l'établissement de l'Empire en 1804; la moisson excéda les besoins de l'année. Sans attendre la délibération des Chambres à peine constituées, le roi « ayant re-
» connu (est-il dit dans une ordonnance du 26 juil-
» let), que les grains restant des récoltes précé-
» dentes, et ceux de la récolte actuelle, sont tellement
» abondans, qu'il est urgent de permettre l'*exporta-
» tion* du superflu des approvisionnemens de la
» France, ce moyen étant le seul qui puisse favo-
» riser la réproduction, encourager l'agriculture et

» faire cesser l'état de gêne où sont réduits les pro-
» priétaires et les fermiers par défaut de vente de
» leurs grains », autorisa provisoirement l'*exportation*
des grains , farines et légumes par les ports et frontières du royaume, sans la limiter par aucune disposition accessoire. Quelques mois après , une loi
expresse confirma cette autorisation provisoire , la
rendit définitive et permanente , laissant l'exportation constamment ouverte tant que le prix du froment ne s'élèverait pas au-delà de 19 fr., 21 fr. et
23 fr. l'hectolitre dans les départemens frontières ,
divisés pour cela en trois classes. Les grains exportés ne furent assujettis par cette loi qu'au simple
droit de balance.

» Cette loi est celle du 2 décembre 1814; elle est le
fondement de la législation actuellement en vigueur
sur le *commerce extérieur.*

» On s'était trop pressé d'ouvrir les ports de sortie à l'excédant présumé des récoltes ; cet excédant
n'était point aussi considérable qu'on l'avait persuadé au gouvernement; les années 1812 et 1813
en avaient laissé un très-faible, que l'envahissement
de la France par quatre grandes armées avait encore
diminué. On ne tarda point à s'apercevoir que ce
n'était pas seulement le superflu des grains qui s'était
écoulé au-dehors. Mais le gouvernement avait moins

eu pour objet l'intérêt public que l'intérêt du trône nouvellement rétabli ; il avait voulu rallier les propriétaires du sol à l'ancienne dynastie, qui avait tout à conquérir ou à regagner sur les cœurs et les esprits dont elle était ou ignorée ou oubliée. C'était le même motif qu'à l'avénement de Napoléon au trône impérial. La seconde invasion des armées alliées en 1815, en accroissant les consommations, accrut le vide causé par les *exportations*. Le roi, par une simple ordonnance du 3 août, suspendit l'exécution de la loi du 2 décembre 1814, que déjà l'empereur avait arrêtée pendant les Cent jours (1).

» *L'exportation* avait été excessive (2); il fallut bien-

---

(1) Voici le préambule de cette ordonnance :

« L'intérêt de l'agriculture et du commerce nous a fait d'abord
» désirer de faire cesser cette prohibition et de remettre immédia-
» tement en vigueur le régime libéral établi par la loi précitée.
» Mais, considérant que la consommation extraordinaire de
» grains, farines, légumes, fourrages et bestiaux, à laquelle donne
» lieu la présence des armées alliées sur le territoire français, exige
» l'emploi de toutes les ressources de notre royaume ; considé-
» rant pareillement que les résultats de la récolte des grains, lé-
» gumes et fourrages, ne pourront être connus que dans quelques
» mois, ces puissans motifs nous déterminent à ajourner momen-
» tanément l'exécution de la loi du 2 décembre dernier. »

(2) Elle s'éleva, dans les six derniers mois de 1814, à
1,421,809 quintaux métriques, et à 757,314 dans les sept
premiers mois de 1815 ; quantités peu considérables si on les

tôt aller redemander aux étrangers ce que nous leur avions vendu, et le leur payer plus cher. Le ministre (1), en proposant aux Chambres la loi du 2 décembre, avait fait remarquer « que les mauvaises » récoltes étaient assez rares pour rassurer contre les » dangers de l'*exportation*, puisque dans un espace » de trente-trois ans, de 1776 à 1788, on n'en comp- » tait que deux. » Mais ce n'était pas une raison de se persuader que le retour en serait tres-éloigné, et deux ans seulement après, les pluies désastreuses de 1816, en détruisant les moissons, replacèrent la France dans les embarras qui avaient suivi celle de 1811. Pour prévenir les soulèvemens populaires prêts à éclater de toutes parts, non-seulement l'*exportation* demeura suspendue et l'*importation* permise comme dans tous les temps, mais encore le gouvernement encouragea celle-ci par des primes (2). Elles

---

compare à l'importance de la consommation générale du royaume, mais supérieures de beaucoup à toute autre *exportation* de grains, faite dans le même espace de temps, pendant les treize années précédentes, même celle du commencement de l'Empire, et supérieure aussi aux *exportations* annuelles antérieures à 1789, déduction faite des expéditions de farines pour nos colonies.

(1) M. l'abbé de Montesquiou.

(2) Ordonnance du 20 novembre 1816, qui promet 5 fr. par quintal métrique de froment, grains ou farines, d'origine étran-

attirèrent successivement dans nos ports les blés des parties les plus éloignées de l'Europe, ainsi que de l'Amérique septentrionale ; le nombre et la continuité de ces expéditions, même après la suppression des primes, excédèrent de beaucoup les besoins (1) et donnèrent naissance à un mal contraire à celui auquel on avait voulu remedier. Après l'heureuse récolte de 1818 les blés indigènes ne trouvèrent plus leur écoulement accoutumé ; leur valeur s'avilit, l'agriculteur perdit le prix de ses travaux, et ne recouvra pas même ses avances ; la culture et le commerce en souffrirent. Il devint urgent d'opposer une digue à cette affluence ; ce fut l'objet de la loi du 16 juillet 1819, la première qui ait mis des conditions restrictives à l'*importation* des blés en France.

» Ces conditions furent modelées sur celles établies par la loi du 2 décembre 1814, pour leur *exportation*, et assises sur les mêmes bases (2). Les

---

gère, et des primes moindres pour les autres espèces de blés importés depuis le 15 décembre suivant jusqu'au 1er septembre 1817. Ce terme fut prorogé. Ces primes étaient allouées aux négocians étrangers comme aux nationaux.

(1) Les registres des douanes constatèrent l'entrée de 2,996,557 quintaux métriques de grains et farines pendant ces deux années.

(2) Le ministre de l'intérieur de cette époque était M. Decazes.

moyens répressifs de l'*importation* étaient, indépendamment d'un droit permanent sur les grains étrangers, l'imposition de droits supplémentaires gradués
en raison inverse du prix des blés indigènes, c'est-
à-dire d'autant plus forts que ce prix serait faible, et
la prohibition absolue de toute introduction de blés
exotiques quand les fromens français seraient tom-
bés au-dessous de 20, 18 et 16 fr., dans les trois
classes des départemens frontières où leur exportation
était interdite lorsqu'ils s'élevaient à 23, 21 et 19 fr.

» L'agriculture ne tarda pas à ressentir les effets
salutaires de la loi nouvelle; l'affluence des blés
exotiques dans nos ports diminua; les grains indigènes recouvrèrent une partie de leur valeur nécessaire; mais la digue opposée à l'irruption des
premiers ne tarda pas à être surmontée. Marseille,
but principal des expéditions de la mer Noire, vers
lequel le duc de Richelieu, premier ministre, avait
d'abord appelé, dans l'intérêt des deux pays, les
blés de la Russie méridionale, dont il avait été autrefois gouverneur, continua de voir arriver sans
interruption des convois de blé de ces provinces
éloignées, contre l'introduction desquels la loi était
sans force, parce que, même en acquittant tous les
droits qu'elle avait imposés, ces blés se vendaient
encore, avec profit pour les chargeurs, au-dessous

du prix dés blés que les départemens du haut de la Saône, ceux de la Bretagne, du Poitou et du Languedoc étaient dans l'habitude de diriger sur Marseille, d'où ils se répandaient dans toute la Provence et les pays voisins. Cet écoulement naturel de nos blés s'arrêta de nouveau ; la meunerie de Paris aussi ne trouva plus d'avantages à envoyer ses farines à Lyon, à Avignon et à Marseille ; les plaintes des propriétaires et des commerçans se renouvelèrent : le gouvernement les écouta ; la loi sur les douanes, du 7 juin 1820, augmenta les droits sur les blés étrangers ; mais cet accroissement n'éleva pas encore la barrière assez haut. Le peu de valeur des blés russes dans les lieux de leur production était tel, malgré lèur qualité très-supérieure à celle des nôtres, qu'arrivés dans nos ports, leur prix se composait presque entièrement dés frais de leur transport, et restait encore assez inférieur à celui de nos grains pour supporter non-seulement, comme nous l'avons dit, les droits d'entrée, mais encore les frais d'un second transport de nos ports de la Méditerranée dans ceux de l'Océan, quand ils ne pouvaient être vendus dans les premiers. Un mémoire, signé par des députés de cinquante-trois départemens, représenta au gouvernement les dommages immenses que ressentait partout notre agri-

culture de cette concurrence. On y demandait la
prohibition absolue de toute importation de grains
en France (1). La ville de Marseille, plus intéressée
qu'aucune autre dans la question, à raison de son
commerce d'échange avec les ports russes de la mer
Noire, opposa des calculs à quelques-unes des asser-
tions de ce mémoire; elle en combattit les conclu-
sions, et demanda formellement le maintien des lois
établies (2). Ces réclamations, ce débat nécessitaient
une révision de ces lois : ils amenèrent celle du 4
juillet 1821, qui régit aujourd'hui le *commerce extérieur* des grains.

» Cette dernière loi fut presque entièrement l'œu-
vre des Chambres, composée en majeure partie de
propriétaires fonciers, dont la loi de 1819 n'avait
pas rempli les espérances. Le gouvernement, par
l'organe du ministre de l'intérieur (3), avait cru
suffisant, pour remédier au mal, de proposer seulement quelques modifications au classement des
départemens, et la substitution de quelques marchés
régulateurs à d'autres; mais la Chambre des Dépu-

(1) Mémoire sur la nécessité de modifier la législation sur les
grains.

(2) Délibération du conseil municipal de Marseille, du 11 avril
1821.

(3) M. Siméon.

tés ne se contenta pas de ces amendemens de détail, elle toucha aux limites même posées par la loi de 1814 à l'exportation, et par celle de 1819 à l'importation ; elle éleva de 2 francs par hectolitre les prix limitatifs de l'une et de l'autre, et divisa en quatre classes, au lieu de trois, les départemens frontières. Ces importantes modifications arrêtèrent enfin la surabondance des produits étrangers, r'ouvrirent à ceux de notre sol leur cours habituel, et relevèrent momentanément leur valeur avilie. C'est sous l'empire de ces dernières dispositions que le commerce des blés est placé depuis dix années : les six premières ont été assez abondantes pour tenir à peu près en équilibre les besoins et les ressources habituelles du dedans et du dehors ; les quatre dernières ont dérangé fortement cette balance, forcé l'administration de recourir à des moyens extraordinaires pour rétablir son égalité, et d'avouer, en septembre dernier, comme nous l'avons dit, l'insuffisance et le défaut de la législation actuelle. »

Tel était l'état des choses en 1831, lorsque le gouvernement proposa pour remède à cette insuffisance et à ce défaut des lois de changer la base sur laquelle elles reposaient, le cours du blé indigène, et d'adopter celui du pain blanc pour règle de la faculté d'exporter ou d'importer des grains. Il présenta à cet effet un tableau, savamment élaboré, du rapport du prix du pain au prix du blé dans toutes les parties de la France, d'après lequel il divisait le royaume en deux sections par une ligne tirée obliquement de Huningue à Bayonne, de chaque côté de laquelle un prix différent, 35 c. au nord et 40 c. au midi, par kilogramme de pain, devait être fixé comme point de départ d'un tarif de droits à l'entrée et à la sortie du blé. « Ces prix, disait le

» ministre, correspondent aux prix de 19 fr. 75 c.

» et de 23 fr. 45 c. par hectolitre de froment. A ce

» taux l'importation et l'exportation seraient frap-

» pées d'un droit égal de 1 fr. 50 c. par 100 kilo-

» grammes ; chaque centime de hausse dans le prix

» du pain déterminerait une augmentation de droit

» de 1 fr. par quintal métrique à l'exportation ; ce

» droit s'accroîtrait de 2 fr. par centime d'augmen-

» tation lorsque le prix du pain passerait de 39 à 40 c.

» dans la première division, et de 44 à 45 c. dans la

» seconde ; et, enfin, chaque centime de baisse dans

» le prix du pain déterminerait une augmentation

» de droit de 1 fr. par quintal métrique à l'impor-

» tation des grains. »

Remarquons, en passant, que le prix moyen des deux prix ci-dessus, celui que le ministre indique comme le *prix nécessaire* au producteur, diffère du prix adopté par les lois antérieures ; il est de 21 fr. 60 c. l'hectolitre pour toute la France. Ce prix moyen est celui que le ministre a cru répondre le mieux à cette question : « Quel est le taux auquel on » ne désire point que l'hectolitre de froment s'élève, » parce qu'on juge qu'au-delà la cherté procurerait » au pays plus de malaise que le profit extraordi- » naire des propriétaires ne serait avantageux (1) ? »

Un des mérites de ce projet était d'établir les droits sur le poids et non sur la mesure : un autre d'abolir les prohibitions éventuelles qui résultaient des lois précédentes.

---

(1) Toutefois, le ministre convient encore d'une grande diver- sité d'avis sur cette question, tant il est malaisé d'obtenir des notions certaines sur tout ce qui touche à l'intérêt individuel. « La solution de ces deux questions, dit-il (celle du prix néces- » saire au producteur et du prix dommageable au consommateur), » donnerait les bases d'une bonne loi si les renseignemens re- » cueillis étaient uniformes ou assez peu divergens pour que le » taux moyen, auquel ils seraient ramenés, ne laissât pas trop » de distance entre les termes extrêmes... Les prix demandés » pour les producteurs varient depuis 15 f. l'hectolitre (Marne) et » 16 f. (le Gers) jusqu'à 28 f. (le Gard). Quant aux prix passé » lesquels on reconnaît qu'il y a souffrance pour le consommateur, » ils s'élèvent de 2 à 4 f. au-dessus des prix demandés pour les » producteurs. » (Exposé des motifs du projet de loi sur les céréales.)

Mais, si le zèle pour le bien public ne sanctifiait pas, pour ainsi dire, les projets qu'il fait concevoir, on ne saurait comment qualifier honorablement l'idée de prendre pour mesure de la rareté ou de l'abondance d'une matière première la valeur de cette matière fabriquée; comme si, *dans l'espèce*, les manipulations intermédiaires de la meunerie et de la boulangerie étaient exemptes de tout accident qui n'agit que sur elles seules, sans affecter le prix du grain, et comme si ces manœuvres étaient partout uniformes et les frais qu'elles entraînent invariables. Autant vaudrait, ce semble, s'ils étaient taxés, prendre le prix courant des chaussures et des vêtemens pour règle de l'entrée et de la sortie des laines, des soies, du coton, des cuirs, et non la valeur commerciale de ces matières premières. La sécheresse, l'inondation, les glaces, le défaut de vent, interrompent fréquemment, et quelquefois pendant plusieurs mois, le travail des moulins, tantôt au nord, tantôt au midi, à l'est, à l'ouest, dans plusieurs provinces ou dans une seule; la farine alors y devient rare et chère, tandis que le blé reste abondant et diminue même de valeur par ces mêmes causes; car elles en interrompent la vente, puisqu'on ne l'achète que pour le moudre. Il est évident que, dans ce cas, le haut prix du pain n'est point l'effet de la disette de grain, et que prendre ce prix comme indice de la nécessité d'admettre des blés exotiques serait une mesure fausse et désastreuse ; fausse en ce que l'accroissement des ressources en grains n'affaiblirait aucunement les causes du renchérissement de la farine et du pain ; désastreuse en ce que cette surabondance contribuerait à avilir la valeur des blés indigènes. On a dû regretter de voir les ingénieux calculs sur lesquels le projet du gouvernement était fondé échouer contre une objection aussi facile à prévoir, ou plutôt contre cette autre objection aussi simple : ne faut-il pas pour taxer le pain constater d'abord le prix du grain ? car il est remarquable que la première ne fut point élevée par les orateurs qui combattirent le projet. Ce projet fut rejeté et le principe des lois antérieures maintenu. Voici celle que les Chambres y substituèrent :

Loi relative à l'importation et à l'exportation des céréales.
(Promulguée le 15 avril 1832.)

ARTICLE PREMIER.

La prohibition éventuelle *à l'entrée des grains et farines*, prononcée par les lois des 19 et 4 juillet 1821, est abolie (1).

----

(1) Suivant ces lois, l'*importation* des blés et farines étran-

ART. 2.

Jusqu'au 1er juillet 1833, les droits d'*entrée* seront sans distinction de provenances (1) :

1.º Pour les *grains et farines importés* dans les cas où l'entrée en était autorisée par la loi du 4 juillet 1821, les droits fixés par ladite loi (2) ;

2º Pour les *grains importés* dans les cas où l'entrée n'était pas autorisée par ladite loi (3), une surtaxe de 1 fr. 5o c. par hectolitre pour chaque franc de baisse dans le prix des grains indigènes constaté par les mercuriales des marchés régulateurs ;

---

gers était *prohibée* quand le prix du froment indigène était descendu au-dessous de certains prix dans les différentes classes de départemens frontières : ces prix étaient, selon la dernière de ces lois, 24, 22, 20 et 18 fr.

(1) Dans la session de 1833, ces droits ont été prorogés indéfiniment par une loi spéciale composée de ce seul article :

« Les droits d'entrée et de sortie sur les grains et farines établis par la loi du 15 avril 1832, et dont la perception n'est autorisée que jusqu'au 1er juillet 1833, continueront à être perçus jusqu'à la vérification des tarifs. »

Les lois antérieures avaient réglé les droits selon que les grains *provenaient* des pays de production directement ou de ceux d'entrepôt.

(2) C'est-à-dire hors du cas de prohibition indiqué ci-dessus, note 1re.

(3) C'est-à-dire dans le cas de l'ancienne prohibition abolie par la présente loi.

3° Pour les *farines importées* dans les cas où l'entrée n'en était pas autorisée par ladite loi (1), une
surtaxe, par quintal métrique, triple de celle qui
sera perçue par hectolitre de grain.

ART. 3.

Les droits d'*entrée* des grains d'espèce inférieure
et de leurs farines seront fixés d'après les droits à
prélever sur le blé froment et sa farine, dans la
proportion suivante :

Espèces de céréales.	Sur les grains par hectolitre.		Sur les farines par quintal métrique.	
Froment.	Pour 1 fr.	00 c.	Pour 1 fr.	00 c.
Seigle...	— 0	60	— 0	65
Maïs....	— 0	55	— 0	60
Orge....	— 0	50	— 0	60
Sarrazin .	— 0	40	— 0	50
Avoine..	— 0	35	— 0	55

ART. 4.

La surtaxe sur les *importations* par navires étrangers (2) est réduite, pour tous les cas, à 1 fr. 25 c.
par hectolitre.

---

(1) C'est-à-dire dans le cas de l'ancienne prohibition abolie
par la présente loi.

(2) La loi de 1819 avait établi un droit permanent de 1 fr. 25 c.

La surtaxe sur les grains et farines arrivant par navires étrangers cessera d'être perçue quand le prix moyen du froment s'élèvera à plus de 28 fr. dans la première classe, 26 fr. dans la seconde, 24 fr. dans la troisième, 22 fr. dans la quatrième.

ART. 5.

La surtaxe imposée sur les *importations* par terre, par la loi des douanes, est abolie pour l'importation des grains et farines.

ART. 6.

L'art. 2 et l'art. 4 de la loi du 20 octobre 1830 sont remis en vigueur (1).

Les tarifs établis ou maintenus par la présente loi

---

par hectolitre de grains et de 2 fr. 50 c. par quintal métrique de farines importées par des navires étrangers, et réduit ce droit à 25 c. pour les grains et 50 c. pour les farines importées par des navires français.

(1) En voici les dispositions :

« Art. 2 Le prix légal régulateur des grains pour la pre-
» mière classe (frontière du midi, depuis le département du Var
» jusqu'à celui des Pyrénées-Orientales inclusivement) sera
» formé du prix moyen des mercuriales des marchés de Mar-
» seille, Toulouse, Gray et Lyon. »

« Art. 4. La loi du 15 juin 1825, qui a substitué l'entrepôt
» réel à l'entrepôt fictif pour les grains étrangers, est abrogée. »

seront revisés dans la session qui suivra la récolte de 1832 (1).

ART. 7.

La prohibition éventuelle *à la sortie* des grains et farines, établie par les lois des 16 juillet 1819 et 4 juillet 1821, est abolie (2).

Les droits de *sortie* seront fixés, conformément au tableau A ci-annexé, pour le blé froment, l'épeautre, le méteil, et pour les farines de ces grains.

Les droits de *sortie* des grains inférieurs et de leurs farines seront fixés d'après les droits à prélever sur le blé froment et sa farine, dans les proportions suivantes :

Espèces de céréales.	Sur les grains par hectolitre.			Sur les farines par quintal métrique.		
Froment.	Pour	1 fr.	00 c.	Pour	1 fr.	00 c.
Seigle...	—	0	60	—	0	65
Maïs. ...	—	0	55	—	0	60
Orge....	—	0	50	—	0	60
Sarrazin .	—	0	50	—	0	50
Avoine..	—	0	35	—	0	55

(1) Voir la note I, page 81.

(2) L'*exportation* était suspendue dans chaque classe, lorsque le prix du froment indigène y avait dépassé de 2 fr. les prix fixés pour limite de l'importation, c'est-à-dire, d'après la loi de 1821, 26, 24, 22 et 20 fr.

ART. 8.

Le riz paiera à l'*entrée* :

Par navire français.
- Des ports du premier embarquement.
  - Des pays hors d'Europe . . . . 2 fr. 50 c.
  - d'Europe 4   00
- Des entrepôts ou du Piémont en droiture par terre 6   00
} 100 kil.

Par navires étrangers et par terre 9   00

La *sortie* aura toujours lieu au droit fixe de 25 c. par 100 kilogrammes.

TABLEAU A.

Droits de sortie du blé froment, épeautre ou méteil.

	Le prix de l'hectolitre étant dans les classes 1ʳᵉ, 2ᵉ, 3ᵉ, 4ᵉ.	Unités sur lesquelles portent les droits.	Sorties. Droits.
Grains.	Par chaque franc de hausse, en sus du droit...		2 fr. 00 c.
	Au-dessus de 26, 24, 22, 20 f.	l'hect...	4 00
	Au-dessus de 25, 23, 21, 19	—	2 00
	A partir et au-dessous de 25, 23, 21, 19	—	0 25
Farines.	Par chaque franc de hausse, en sus du droit....		4 00
	Au-dessus de 26, 24, 22, 20 f.	les 100 kil.	8 00
	Au-dessus de 25, 23, 21, 19	—	4 00
	A partir et au-dessous de 25, 23, 21, 19	—	0 50

TABLEAU

De la division des départemens en quatre classes, et des marchés régulateurs fixés par loi du 4 juillet 1821, et maintenus par celle du 15 avril 1832.

SECTIONS.		MARCHÉS régulateurs.
DÉPARTEMENS DE LA 1ʳᵉ CLASSE.		
Unique. .	Pyrénées-Orientales, Aude, Hérault, Gard, Bouches-du-Rhône, Var et la Corse.	Toulouse Marseille. Lyon. Gray.
DÉPARTEMENS DE LA 2ᵉ CLASSE.		
1ʳᵉ	Gironde, Landes, Basses-Pyrénées, Hautes-Pyrénées, Arriége et Haute-Garonne.	Marans. Bordeaux. Toulouse.
2ᵉ	Basses-Alpes, Hautes-Alpes, Isère, Ain, Jura et Doubs.	Gray. St.-Laurent, près Mâcon. Le Grand-Lemps.
DÉPARTEMENS DE LA 3ᵉ CLASSE.		
1ʳᵉ	Haut-Rhin et Bas-Rhin.	Mulhausen. Strasbourg.
2ᵉ	Nord, Pas-de-Calais, Somme, Seine-Inférieure, Eure et Calvados.	Bergues. Arras. Roye. Soissons. Paris. Rouen.
3ᵉ	Loire-Inférieure, Vendée et Charente-Inférieure.	Saumur. Nantes. Marans.
DÉPARTEMENS DE LA 4ᵉ CLASSE.		
1ʳᵉ	Moselle, Meuse, Ardennes et Aisne.	Metz. Verdun. Charleville. Soissons.
2ᵉ	Manche, Ille-et-Vilaine, Côtes-du-Nord, Finistère et Morbihan.	Saint-Lô. Paimpol. Quimper. Hennebon. Nantes.

CÉRÈS FRANÇAISE.

DEUXIÈME PARTIE.

COMMERCE.

COMMERCE INTÉRIEUR. — COMMERCE EXTÉRIEUR.

CHAPITRE PREMIER.

DU COMMERCE DES CÉRÉALES.

Causes des préventions qui subsistent encore contre ce commerce.
— Elles n'ont plus de fondement. — Tort du gouvernement à ce
sujet.—Utilité de l'extension du commerce des blés.

Il n'est que trop vrai que les malheurs publics
ont été et sont encore souvent les élémens de la fortune de gens insensibles à tout ce qui ne sert point
leur cupidité : en l'absence d'une législation fixe et
équitable sur le commerce des blés, les hommes qui
tenaient le pouvoir, ceux qu'ils faisaient agir, ont
fréquemment abusé de leur autorité ou de leurs richesses pour rendre plus rare et plus chère la subsistance commune, soit en l'enlevant avec privilège
pour la porter au-dehors , soit en l'accaparant pour
la revendre à haut prix au peuple affamé ; de
là naquit cette haine populaire dont nous avons
déjà parlé contre tous ceux qui se livraient au
commerce des blés ; haine qui survit encore dans

beaucoup de provinces à la mort du monopole que nos lois ont rendu impossible en cette matière, et aux dangers de l'accaparement dont elles préviennent les effets nuisibles. Ce n'est guère que dans les départemens fertiles que le commerce des grains est vu sans prévention défavorable ; il en est encore plusieurs où, nonobstant l'appel fait par les lois même de l'ancienne monarchie (1) à tous, de quelque condition qu'ils soient, nobles et autres, de se livrer au commerce des grains, il n'est presque personne qui ait embrassé cette profession. Il faut le dire, malgré la libéralité des lois actuelles, il semble qu'un préjugé subsiste encore contre elle dans l'esprit de ceux qui gouvernent; parmi les signes d'honneurs distribués solennellement à diverses époques aux citoyens distingués par leur industrie ou leur génie commercial, on n'en remarque point qui aient été accordés spécialement au commerce des grains ni à l'art du moulage, porté progressivement depuis vingt ans au plus haut point de perfection : on dirait que l'une et l'autre de ces professions sont de celles que doit récompenser seul le lucre qu'elles procurent ; si quelques-uns de ceux qui les exercent sont décorés, c'est à d'autres titres,

____

(1) L'édit de 1763.

comme maires, juges de commerce ou officiers ;
titres dus cependant à la considération personnelle
qu'ils se sont acquise par leurs travaux.

Quand des intérêts différens et quelquefois opposés isolaient entre elles les provinces, lorsque les
produits de leur sol respectif étaient la propriété
exclusive de chacune d'elles, que les barrières qui
les séparaient ne s'ouvraient à la sortie de leur superflu ou à l'entrée de celui des autres qu'en vertu
de permissions spéciales de l'autorité suprême, le
commerce était nul, les denrées se vendaient sur les
marchés, et ne se vendaient que là pour qu'aucun
intermédiaire ne se plaçât entre le producteur et le
consommateur, cause primitive des préventions
contre les commerçans ; mais depuis que toutes les
barrières, toutes les prohibitions, sont tombées,
qu'une loi générale protège la libre circulation des
céréales dans tout le royaume, que tout le monde est
autorisé à en exercer le commerce, que la Provence
et les autres provinces infertiles peuvent se nourrir
des blés de l'Artois, de la Picardie, de la Beauce,
le trafic local des grains a fait place au commerce
proprement dit, à ces hautes spéculations qui ont
pour but de s'enrichir loyalement en rapprochant
au profit de tous les ressources des besoins. Nombre
de maisons, mais pas assez encore, ont embrassé ce

négoce utile ; on a remarqué que, loin de nuire au consommateur, leur multiplicité et leur concurrence lui sont avantageuses, et que là, au contraire, où le commerce des céréales est encore en défaveur, la subsistance commune est moins assurée et comparativement plus dispendieuse. En cela, comme en plusieurs autres questions, l'expérience a donné raison aux économistes contre M. *Necker* ; il disait (1) : « L'intervention des marchands dans le commerce » des grains diminue le nombre des vendeurs avec » lesquels les consommateurs ont à traiter. » Il en concluait que cette intervention était une cause de renchérissement. Les partisans de la liberté illimitée disaient au contraire : « Plus il y a de marchands, » plus il y a de concurrence ; plus il y a de concur- » rence, plus les excès dans les prix sont préve- » nus. » Toutefois, l'opinion de M. *Necker* restreinte au trafic local n'était pas erronée ; elle l'était relativement au commerce lointain qui va prendre le blé partout où il est surabondant pour le porter où il manque.

Nous allons essayer de donner une idée générale du mouvement des grains en France en passant en revue les départemens qui y ont part, c'est-à-dire

____

(1) Sur la législation et le commerce des grains.

presque tous ; car il n'en est de si pauvre qu'il n'envoye ou ne laisse emporter hors de ses limites quelques excédans partiels, ni de si riche qu'il n'en reçoive de ses voisins, ne serait-ce que pour le croisement des semences.

La répartition des grains entre les communes d'un même département, nous l'avons déjà dit, s'opère, en général, par des blatiers. Ces colporteurs achètent sur les marchés abondans l'excédant des ventes faites aux particuliers et aux boulangers pour aller les revendre sur d'autres marchés du même département ou des départemens limitrophes. En beaucoup de lieux ils sont aussi les intermédiaires nécessaires entre les cultivateurs et les commerçans qui forment des emmagasinemens pour expédier au loin, ou les agens du gouvernement chargés de pourvoir aux approvisionnemens de la guerre et de la marine. Il est inutile de répéter que les grains sur lesquels s'exerce le commerce en grand sont principalement le froment, le seigle, l'orge, employée à tant d'usages, le maïs dans les provinces du Midi, et l'avoine. Le méteil, le sarrazin se consomment ordinairement près du sol qui les a produits ; aussi, quoique ces grains figurent parfois dans les états des douanes, les lois sur l'exportation et l'importation n'ont-elles fixé de prix limitatifs de la sortie et de l'entrée que pour les premières de ces céréales.

Les grains cherchent les eaux, ils suivent leur cours, et, comme elles, ils tendent à se niveler. Redisons-le donc encore : rendre navigables les rivières qui peuvent le devenir, achever les canaux commencés, en creuser de nouveaux, multiplier enfin les communications des ruisseaux avec les rivières, des rivières avec les fleuves, est le vrai moyen, l'unique moyen de faire refluer vers l'intérieur le superflu de nos récoltes qui va chercher vers la mer un emploi moins certain, et d'y répandre les blés étrangers quand nos ports sont ouverts à leur importation.

CHAPITRE II.

TABLEAU SOMMAIRE par départemens du commerce des céréales, dressé en partie d'après des rapports spéciaux (1).

RÉGIONS SEPTENTRIONALES.

Nous suivrons dans ce tableau l'ordre des régions établi dans la première partie de cet ouvrage. Que l'on veuille bien se reporter aux chapitres II et III.

Nous arrêterons principalement l'attention sur les départemens *exportateurs*, c'est-à-dire sur ceux dont la surabondance habituelle alimente le commerce.

1re *Région* ou *Région du nord-ouest.*

Des trois départemens compris dans cette région, qui faisaient partie de l'ancienne Normandie, la Manche, le Calvados et l'Orne, les deux premiers

---

(1) Ces rapports, dont les originaux sont aux archives de l'administration des vivres de la guerre, sont très-détaillés et dressés presque uniformément sur un plan méthodique. Leur réunion formerait pour les commerçans en grains un corps d'instruction très-propre à diriger leurs opérations jusque dans les moindres détails. Nous n'avons dû en extraire ici que ce qui est d'un intérêt plus général.

sont assez abondans en grains pour en exporter, quoique sur quelques points de leur circonférence ils en empruntent aux départemens voisins.

Toute cette région est livrée à la petite culture ; une très-grande partie des terres est même exploitée à la bêche.

———

MANCHE. Dans l'année que nous avons prise pour point de départ, en 1817, ce département comptait 250,000 hectares ensemencés en céréales, dont 71,000 en froment, 12,000 seulement en méteil, 16,000 en seigle, 54,000 en orge, 65,000 en sarrazin et 25,000 en avoine (1). Ces récoltes donnèrent pour produit moyen par hectare, savoir : en froment 15 hectolitres, en méteil 14, en seigle 12,32, en orge 9,38, en sarrazin 9 et en avoine 18,20.

On voit que la culture des blés secondaires y est plus étendue que celle du froment ; ce sont ceux dont la population laborieuse se nourrit ; le froment y est un objet de commerce.

Les arrondissemens de ce département les plus productifs sont ceux de Saint-Lô et de Coutances, et les marchés où il se vend le plus de blé sont ceux de Valognes, Cherbourg, Perriers, Coutances, Carentan et Saint-Lô. Ce dernier, placé au centre du département, est habituellement le plus abondant.

Les exportations par mer se font, au nord par Carentan, et à

———

(1) Nous ne mentionnons point les graines légumineuses ni les menus grains.

(197)

l'ouest par Portbail et les autres petits ports de la côte, et surtout par Granville, où elles se font en farines, lors des expéditions pour la pêche à Terre-Neuve. Ces farines se fabriquent
en grande partie dans le voisinage de Perriers. L'exportation par
terre a lieu, à l'est, pour le département du Calvados, par Isigny,
Bayeux, etc., et, au midi, pour les départemens de l'Orne, de la
Mayenne et d'Ille-et-Vilaine, par Mortain, Avranches et Pontorson.

Il se vend peu de seigle sur les marchés et presque point de
méteil; les cultivateurs n'y amènent ordinairement qu'un sac à
la fois; les blatiers eux-mêmes en apportent rarement davantage.
C'est l'effet de plusieurs causes : la grande division des propriétés, la
nature des chemins qui ne permet que le transport à dos de cheval, et l'aisance de la majeure partie des cultivateurs qui leur
permet de ne vendre que par petites portions, dans l'attente continuelle où ils sont de plus hauts prix occasionés par les expéditions qu'ils voient faire au-dehors. Il se fait des achats de grains
à domicile, par des blatiers, pour les magasins militaires et maritimes, mais par faibles quantités, et au cours des marchés voisins.

Dans les vingt années qui précédèrent 1817, le prix de l'hectolitre de froment a varié, dans ce département, en temps ordinaires de 12 fr. 90 c. à 22 fr. 42. En 1812, année qui fait exception,
il s'éleva à 36 fr. 13 c. et en 1816, année de grande cherté, à
24 fr. 29 c. (1).

(1) Le relevé des prix annuels par département depuis cette époque
jusqu'à présent est un des documens que nous avions espéré obtenir du
ministère.

Voir sur le produit moyen de l'hectare dans ce département et les
suivans l'*Observation générale*, page 214.

Calvados. Ce département avait, en 1817, 45,000 hectares de moins ensemencés en grains que celui de la Manche, c'est-à-dire 205,000, mais il n'en avait que 25,400 affectés au sarrazin, au lieu de 65,000, 28,000 à l'orge, 11,300 au seigle et 3,000 seulement au méteil, au lieu de 54,000, 16,000 et 12,000 ; le nombre d'hectares cultivés en froment était de 98,000, au lieu de 71,000. Après la récolte de 1818, on évaluait à 114,000 hectolitres de froment l'excédant de ses besoins.

Le produit moyen des terres arables ressortait ainsi de la récolte de 1817 : en froment, en seigle et en méteil, 14 hectolitres par hectare, en orge 16, en sarrazin 7 1/2, en avoine 18.

L'arrondissement de Caen et une partie de ceux de Lisieux, de Falaise et de Bayeux, qui occupent une grande plaine, sont les plus fertiles : ce n'est que dans le premier qu'il y a de grandes cultures ; ceux de Pont-l'Evêque et de Vire ne récoltent de grains que pour une partie de leur consommation.

La culture en général, et celle des céréales en particulier, se sont étendues et perfectionnées dans le Calvados depuis qu'*Arthur Young*, ce censeur sévère mais quelquefois mal éclairé, vint contrôler ses pratiques agricoles, réputées jusqu'alors des meilleures de France. L'art de la mouture y a fait aussi de grands progrès ; Caen envoie des farines à la halle de Rouen, et même à celle de Paris.

On a vu que le Calvados reçoit des blés de la Manche ; ces derniers, en général, sont de meilleure qualité. Ce mouvement se communique par les blatiers, de marché en marché, de l'ouest à l'est, depuis Saint-Lô jusqu'à Honfleur, par Bayeux,

Caen, Argence, Lisieux et Pont-l'Évêque : l'arrondissement de Lisieux reçoit aussi des grains du département de l'Eure par Évreux et Neubourg.

Les marchés les plus fréquentés sont ceux d'Argence, de Bayeux, de Caen, de Vire et de Lisieux.

Les exportations par mer s'opèrent par les ports de Caen, d'Isigny et de Honfleur ; elles emportent l'excédant des produits du Calvados et d'une partie de ceux de la Manche.

Quoique le département soit arrosé par beaucoup de rivières, le transport des grains dans l'intérieur se fait par terre et à dos de cheval. A Caen , les cultivateurs vendent quelquefois sur échantillons des blés qu'ils livrent à la porte du magasin des acheteurs huit ou dix jours après : c'est le premier degré du négoce.

On distingue dans ce département trois espèces ou plutôt trois qualités de blé : le *franc blé*, le *blé chicot* et le *gros blé* ; ces qualités sont souvent mêlées ensemble. Le blé dit *huilé* est un grain noirci sur pied ; il vient principalement du voisinage de la mer.

· Le prix de l'hectolitre de froment varia , dans le département du Calvados , de 15 fr. 30 c. à 24 fr. 51 c., de 1797 à 1816 compris ; il s'y éleva à 55 fr. 58 c. en 1812 et à 26 fr. 25 c. en 1816, deux années extraordinaires.

———————

ORNE. Les produits du département de l'Orne en céréales n'égalent pas sa consommation. Il complète sa subsistance par des extractions des départemens voisins, principalement de ceux de l'Eure et de la Manche. Le froment et le seigle qu'il produit sont beaux, mais souvent attaqués par la rouille que causent les brouillards. L'arrondissement de Domfront est le plus stérile ; des trois autres celui d'Alençon donne à peine la consommation de ses habitans, en toute espèce de céréales, pendant cinq mois ; celui de Mortagne, celle des siens pendant six mois, et le plus fertile, celui d'Argentan, ne récolte pas suffisamment de grains pour sa consommation de l'année, à cause des grands herbages de la vallée d'Auge qui s'étendent dans cet arrondissement. Le département de l'Orne est un de ceux où nous avons eu occasion de déplorer que l'homme eut souvent recours à l'avoine, mélangée avec des pois et d'autres graines légumineuses, pour se nourrir ; cependant, depuis la révolution, l'agriculture, en général, s'est accrue et améliorée dans ce département. On a vu, page 70, que la culture du froment y a fait des progrès aux dépens de celle du sarrazin ; celle de la pomme de terre y est des plus anciennes et s'y est accrue aussi depuis les grandes disettes. Jamais il ne récoltera assez de blés pour ses besoins ; la nature métallique d'une grande partie de son sol et d'autres cultures s'y opposent.

En 1817, le département de l'Orne avait 191,000 hectares ensemencés en céréales, dont 112,000 partagés également entre le froment et l'avoine, et le surplus entre le seigle, le méteil, l'orge, le sarrazin et les graines. On y comptait ainsi le produit d'un hectare, savoir : en froment et méteil 8,40/100, en seigle 9, en orge 10,40/100, en sarrazin 15, en avoine et légumes 12.

Dans la période de 1797 à 1817, l'hectolitre de froment varia, dans le département de l'Orne, de 13 fr. 43 c. à 24 fr. 60 c. Dans l'année exceptionnelle 1812, il s'éleva à 35 fr. 54 c., et en 1816 à 25 fr. 64 c.

Les usages ruraux, les pratiques des cultivateurs et des blatiers pour la vente des grains sur les marchés sont à peu près les mêmes dans ces trois départemens.

Toute l'ancienne Bretagne, le département de la Loire-Inférieure excepté, est comprise dans la première région. Il y a aussi là communauté d'usages et de procédés entre les quatre départemens que nous allons passer en revue, sauf quelques exceptions peu importantes à signaler.

Cette province est une de celles qui réclamaient le plus hautement la liberté de l'exportation illimitée des grains avant l'édit de 1764 qui l'autorisa. Cependant une grande partie de son vaste territoire est en friche, et plusieurs contrées manquent totalement de blés. Le défaut de communication entre elles entassait les grains dans les cantons fertiles, et la situation de cette province sur l'Océan et sur la Manche montrait la mer comme leur unique débouché. Depuis qu'elle leur est ouverte, les départemens des Côtes-du-Nord, du Morbihan, du Finistère, versent leurs excédans sur l'ancienne Normandie, et principalement sur Bordeaux, Bayonne, Marseille, et sur l'Espagne. Ces exportations vers le midi ont été long-temps interrompues, comme celles de nos autres provinces septentrionales, par l'invasion des blés de la mer Noire et du Levant ; elles ont repris leurs cours. Les îles anglaises voisines et l'Irlande sont aussi des points d'expédition.

L'ILLE-ET-VILAINE communique avec la mer, au nord, par Saint-Servan et Saint-Malo, à l'ouest par la Vilaine.

On n'y cultivait presque point de froment au temps de Louis XIV ; en 1817, la culture de ce grain y occupait 56,700 hectares sur 265,000 affectés aux céréales ; c'est principalement dans les environs de Saint-Malo, de Montfort et dans le canton de Becherel, près de Rennes, que s'étend sa culture.

Le seigle, l'orge, et surtout le sarrazin, que l'on mange en bouillie et en galettes, l'avoine même dans plusieurs cantons et la pomme de terre, en trop petite quantité, composent la nourriture habituelle des paysans. Dans l'année indiquée ci-dessus, 20,000 hectares étaient ensemencés en méteil, 40,000 en seigle, 9,000 environ en orge, 95,000 en sarrazin et 43,000 en avoine. On récolta, par hectare, en froment 9 hectolitres, 60/100, en méteil 7,20, en seigle 6,90, en orge 22, en sarrazin 9,60 et en avoine 18,90.

L'avoine de Bretagne est d'une qualité supérieure, surtout celle des environs de Château-Giron et de Fougères : les gruaux que l'on fait de cette dernière sont renommés.

C'est principalement l'arrondissement de Redon qui se nourrit de sarrazin ; le produit presque toujours assuré de ce grain, sa

fécondité et le peu de soin qu'exige sa culture, sont les principales causes de la préférence que lui donnent les paysans.

Le maïs s'est introduit dans l'Ille-et-Vilaine, mais vers le
midi seulement ; c'est la nature du sol que l'on accuse de son
peu de progrès. Le millet y est plus commun.

Les travaux de navigation dans ce département, l'établissement prochain, que l'on y annonce, d'une grande ferme-modèle,
ne peuvent tarder à opérer dans les moyens et les pratiques
agricoles de ce pays des changemens favorables au bien-être et
à la fortune de ses habitans.

En général, les marchés sont peu approvisionnés de grains :
chaque cultivateur n'y en apporte ordinairement qu'une pochée
qu'il porte sur sa tête pendant deux ou trois lieues ; ce sont les
blatiers qui y amènent du froment, en sacs de 2 hectolitres. Les
blés sont battus à l'aire et sales. Dans les environs de Rennes,
les meuniers se sont faits intermédiaires entre les cultivateurs et
les acheteurs ; ils ont des agens, appelés *serreurs* ou *serroux*
dans le langage populaire, qui, pour le salaire d'un franc par
jour, parcourent les campagnes pour connaître les quantités de
blé à vendre, en prendre des échantillons que le meunier fait
exposer sur le marché ; l'acheteur s'engage à les faire moudre
par lui : cette condition de rigueur explique l'intérêt de ce trafic.

A Saint-Servan, il ne se vend que des farines sur le marché :
comme à Granville les armateurs s'y en approvisionnent pour
la pêche de la morue. Dol est un des plus forts marchés en grains
du département. Tout le froment que ne consomment pas les villes et
les châteaux s'exporte dans les départemens limitrophes ou par mer,

Côtes-du-Nord. Ce département, beaucoup moins fromenteux que le précédent, exporte cependant une plus grande quantité de blé. C'est par mer principalement que se font ces exportations : celles mêmes qui ont lieu par les ports de Saint-Servan et de Saint-Malo, qui font partie du département d'Ille-et-Vilaine, se composent des blés des deux départemens.

Celui des Côtes-du-Nord avait, en 1817 159,200 hectares consacrés aux céréales; sur ce nombre, 31,000 étaient occupés par le froment, 6,000 par le méteil, 28,000 par le seigle, 8,000 par l'orge, 47,000 par le sarrazin et 39,000 par l'avoine. L'hectare rendit en froment 10 hectolitres, en méteil 9,9/10, en seigle 12,8/10, en orge 20,8/10, en sarrazin 8,5/10 et en avoine 22,1/10.

La partie du département la plus fertile en grains, ou même la seule productive, est la côte depuis Lannion jusqu'à Dinan. Presque tout le froment récolté de Lannion à Saint-Brieuc s'exporte par les ports des rivières de Lannion, Tréguier et Pontrieu. La marine fait faire beaucoup d'achats de froment dans les Côtes-du-Nord pour Brest, Lorient et Rochefort; la guerre y approvisionne aussi plusieurs de ses magasins.

Dans l'autre partie fromenteuse, c'est-à-dire en-deçà de Saint-Brieuc, les blés se concentrent sur le marché de cette ville et sur ceux de Lamballe et de Dinan, d'où ils s'écoulent vers les contrées voisines par l'entremise des blatiers : il ne s'y fait presque point d'expéditions par mer.

On n'évalue pas à moins de 60,000 hectolitres de froment les exportations annuelles des Côtes-du-Nord.

Nous lisons, dans un de nos Mémoires manuscrits sur ce dé-

partement, ce passage, qui nous paraît mériter d'être rapporté
ici :

« On vante beaucoup l'état florissant de son agriculture ; on
» le croit parvenu à un très-haut degré de perfection ; c'est une
» opinion qu'un étranger ne saurait partager, au moins au pre-
» mier coup-d'œil. Il est possible que la culture, où il y en a,
» soit bien entendue, bien soignée, mais les endroits cultivés
» sont encore assez rares, et, excepté sur les côtes, on ne ren-
» contre presque partout que des landes couvertes de genêts et de
» bruyères. Sur les côtes mêmes dont la fertilité ne peut être
» révoquée en doute, la culture peut s'être étendue, mais il est
» douteux que les procédés en aient été améliorés. On convient
» que ceux que l'on suit sont suivis de temps immémorial. Les
» bâtimens d'exploitation sont toujours aussi resserrés ; faute de
» granges, le cultivateur est obligé de battre tout son grain à
» l'instant même de la récolte, et il n'a, pour conserver le grain
» battu, que des greniers peu spacieux dont le plancher est en
» terre. Il est reconnu que le grain est de qualité médiocre. On
» peut avoir fait quelques efforts pour en augmenter la quantité ;
» il est évident qu'on n'a rien fait et qu'on ne fait rien pour en
» améliorer la qualité. »

FINISTÈRE. Ce département est celui des neuf compris dans
cette région qui a le moins de terres cultivées en céréales ; leur
étendue n'était, en 1817, que de 147,000 hectares, dont 29,500
en froment, environ 4,000 en méteil, 30,000 en seigle, 18,000
en orge, 33,000 en sarrazin et 31,000 en avoine, mais le rap-

port des terres y est fort supérieur à celui des autres départemens ; elles rendirent dans cette même année, savoir : en froment 15 hectolitres par hectare, en méteil 18, en seigle 13, en orge 24, en sarrazin 12, en avoine 27. Dans le période des vingt années précédentes, le prix de l'hectolitre de froment y avait varié, en montant ou descendant alternativement, depuis 12 fr. fr. 70 c. jusqu'à 33 fr. 68 c., prix excessif en 1805, de même que celui de 31 fr. 75 c., en 1801, qui ne peuvent s'expliquer que par l'état de guerre maritime. En 1812, année d'extrême disette, le prix du froment ne s'y éleva qu'à 29 fr. 38 c. Le plus haut prix des années ordinaires fut 25 fr. 84 c.

On lit dans une description topographique de ce département cette remarque, qui s'applique en général à tous ceux de la région que nous passons en revue : « On cultive très-bien les terres, » mais sans innovation, sans industrie, sans que jamais on ose » s'écarter de la routine de ses pères. Cette multitude de pré- » ceptes, d'ingénieuses observations, de procédés indiqués cha- » que jour, est encore peu connue des habitans du Finistère. »

Les territoires les plus productifs en froment sont situés le long des côtes ; le goemon et un gros sable calcaire, appelé *merle*, qui, servant d'engrais, sont les principales causes de cette fertilité. Ces territoires sont ceux de Pontaven dans l'arrondissement de Quimperlé ; Concarneau, Pont-l'Abbé, Pontcroix, dans celui de Quimper ; dans celui de Chateaulin, Crozon ; Brest, Lannilis, Plouguerneau, Gouloen et Lesneven, dans l'arrondissement de Brest ; Plouescat, Saint-Pol-de-Léon, Morlaix et Laumeur, dans celui de Morlaix.

Le seigle est cultivé dans les parties plus internes, principa-

lement dans les environs de Quimper; ceux de Brest et de Morlaix en produisent très-peu; les brouillards au temps de la
floraison en font avorter une grande partie. L'étendue des terres
cultivées en seigle est, comme on vient de le voir, égale et
même supérieure à celle des terres à froment; celles affectées
au sarrazin les surpassent d'un dixième.

Les excédans ordinaires de la consommation en froment, en
seigle et en avoine, sont considérables; le mouvement commercial dans l'intérieur a peu d'activité et d'étendue; les marchés
les plus importans sont ceux de Quimper, de Pont-l'Abbé, de
Landerneau et de Morlaix : « Il ne s'y fait (dit un de nos Mé-
» moires) aucune opération, au moins par la voie de terre, qui
» ait pour objet de faire refluer la surabondance d'un canton sur
» un autre canton dépourvu. Il y a bien le commerce ordinaire
» des blatiers, mais ce n'est qu'une filtration insensible, et non
» un courant que l'on puisse remarquer et suivre... Il n'est
» nullement probable qu'il sorte du froment par terre, mais il
» est possible qu'il s'écoule ainsi un peu de seigle sur quelques
» points du Morbihan, par exemple des arrondissemens de Cha-
» teaulin et de Quimperlé sur les marchés de Hennebon. »

C'est donc sur Brest, pour l'approvisionnement des magasins
militaires, et sur les petits ports nombreux qui bordent ses côtes,
que le Finistère verse la surabondance de ses produits en froment, en seigle et en avoine; ils en sortent pour être transportés
par le cabotage sur d'autres côtes du royaume et des pays voisins; néanmoins, il est difficile de se rendre bien compte de
l'emploi d'excédans aussi considérables que ceux qu'évaluait la
préfecture en 1819 : c'était 100,000 hectolitres de froment, une

plus forte quantité de seigle et 500,000 d'avoine. Nous avons vu, à l'article du département des Côtes-du-Nord, que la marine de Brest tirait habituellement des blés de ce département; ce qu'elle ne ferait pas si ceux du Finistère étaient très-abondans, et conséquemment moins chers.

Plusieurs maisons établies à Quimper, à Landerneau, à Lesnoven, à Morlaix, se livrent au commerce des blés à l'extérieur. On évalue modérément l'exportation moyenne du froment et du seigle à 120,000 hectolitres.

MORBIHAN. En 1817, le Morbihan avait moins encore de terres cultivées en froment que le Finistère; la quantité n'en était que de 28,000 hectares; mais la totalité de celles consacrées aux céréales était de beaucoup supérieure; elle s'élevait à 215,000 environ, dont 99,000 au seigle (rien au métcil), 44,000 au sarrazin, 24,500 à l'avoine : il n'y en avait que 500 affectés à l'orge, mais 18,000 à peu près l'étaient au maïs; culture nouvelle en Bretagne, quoiqu'elle soit ancienne déjà dans le Maine, situé à la même hauteur septentrionale (1).

Le produit moyen de l'hectare était de 11 hectolitres 50/100 en froment, en orge et en sarrazin, de 7 en seigle, de 4 seulement en maïs et de 19,50/100 en avoine. Le plus bas prix de l'hectolitre de froment, depuis 1797 jusqu'à 1817, a été de 12 fr. 19 c., et le plus haut de 26 fr. 05 c., l'année 1812 exceptée, où le prix de l'hectolitre atteignit 55 fr. 46 c.

____

(1) Voir dans la première partie l'article *maïs*.

« La partie de terrain cultivé dans le département du Mor-
» bihan peut être évaluée aux 2/7es de toute la superficie. Cette
» proportion est celle qui, d'après des observations faites anté-
» rieurement à la révolution, existait dans l'ancienne province
» de Bretagne ; elle est restée à peu près la même dans les dé-
» partemens formés par cette province ; il en résulte que l'agri-
» culture n'a fait, pour ainsi dire, aucuns progrès ; tant de
» causes évidentes s'opposent à ce qu'elle s'étende et s'améliore
» qu'on ne doit pas être étonné de son état stationnaire ; tout
» porte à croire que bien des années se passeront encore sans
» qu'elle fasse un pas en avant. On ne cite dans ce département
» que deux personnes dont les travaux et les efforts tendent à
» lui donner une impulsion vers le mieux, ce sont M. *de la*
» *Boissière* à Ploërmel, et M. *Trochu* à Bellisle. Ce départe-
» ment produit, en toute espèce de grains, de quoi suffire à sa
» consommation (1). »

Les arrondissemens de Vannes et de Lorient, et surtout le
premier, le long des côtes depuis le Morbihan jusqu'à la Vilaine, sont ceux qui produisent le plus de froment. On exporte
de Vannes pour Bordeaux, Bayonne et l'Espagne. L'arrondissement de Pontivy récolte plus de seigle que de froment : une partie s'en écoule par les points limitrophes du Finistère et des
Côtes-du-Nord. Nous avons dit que ces départemens versent à
leur tour par les blatiers quelques fromens sur celui du Morbihan. Les principaux marchés de grains sont ceux de Hennebon, de Vannes et de Pontivy. Comme l'usage des anciennes

---

(1) Extrait d'un de nos Mémoires manuscrits.

1.   14

mesures locales n'est point entièrement aboli de fait, la principale industrie des blatiers consiste à aller acheter dans les lieux
où la mesure est plus grande pour revendre dans ceux où elle
est plus petite. Cette industrie n'est point particulière au Morbihan, elle est commune à tous les autres départemens où la
même cause de spéculation existe.

Les arrondissemens de Lorient et de Vannes font une assez
grande consommation de millet, ce qui y diminue celle du sarrazin : « Belleisle, séparée du continent, ne ressemble au reste
» du département que par l'esprit de routine et les préjugés
» de la plupart de ses habitans. On n'y connaît ni le sarrazin ni
» le seigle ; on n'y cultive que du froment et de l'avoine, et la
» population ne consomme que du froment ; elle peut, année
» commune, en exporter de 3,000 à 4,000 hectolitres... Un
» préjugé religieux, qui remonte sans doute à bien des siècles,
» fait repousser au paysan toute idée de défrichement ; il croit que
» c'est aller contre la volonté divine que d'essayer de faire venir
» par la culture du grain sur une terre que cette volonté a cou-
» verte de bruyères et de landes. Il était persuadé que de pareils
» essais ne pouvaient réussir, et il attribue à un pouvoir surna-
» turel et presque diabolique les succès dont il est témoin (1). »

La culture de la pomme de terre a fait plus de progrès dans ce
département que dans les autres de l'ancienne Bretagne ; c'est
pour lui une ressource précieuse, parce que le sarrazin y manque
souvent.

---

(1) Ceux des travaux de M. *Trochu*. — Manuscrit déjà cité.

Les marchés de Saint-Lô dans les département de la Manche, de Paimpol dans celui des Côtes-du-Nord, de Quimper dans le Finistère, et d'Hennebon dans le Morbihan, ont été choisis, avec celui de Nantes, pour marchés régulateurs de l'exportation et de l'importation par la loi de 1819, et maintenus par les lois subséquentes. Ce qui vient d'être dit sur ces départemens donne la raison de ce choix.

L'ancienne province du Maine, distingué en haut et bas, compose les départemens de la Sarthe et de la Mayenne qui complètent la 1re région.

MAYENNE. Ce département, en 1817, comptait à peu près 176,000 hectares ensemencés en céréales, savoir : 36,000 en froment, 8,000 en méteil, 46,000 en seigle, 2,200 en orge, 46,000 en sarrazin et 37,000 en avoine. Selon les états de la préfecture, l'hectare rendait 8 hectolitres en froment, méteil, seigle et orge, et 10 en sarrazin et en avoine. Cette parité de produits et leur énonciation en quantités rondes sont des indices certains du peu de soin apporté dans ces estimations.

Les récoltes en seigle et en sarrazin surpassent de beaucoup, comme on vient de le voir, celles en froment ; elles suffisent communément à la consommation du département. Le seigle y est beau. Les quantités de froment et seigle que ce département verse sur la

Loire et sur quelques points des départemens de la Sarthe, d'Ille-et-Vilaine et de l'Orne qui l'entourent, sont à peu près compensées par celles qu'il reçoit sur d'autres points des départemens du Maine-et-Loire et de la Manche. La Mayenne, qui se grossit de quatre rivières et va se jeter dans la Loire, n'est navigable que depuis Laval. Il existe un projet de jonction de cette rivière à la Vilaine et à l'Orne, qui lierait la Loire à l'Océan et à la Manche. Ces travaux, ceux projetés ou entrepris dans l'Ille-et-Vilaine et le Finistère, auront après leur exécution une immense influence sur l'agriculture de ces contrées depuis si long-temps privées de débouchés.

Le commerce des grains s'opère dans l'intérieur de la Mayenne par les petits moyens des blatiers : ce n'est que dans le voisinage de la Loire que quelques négocians s'y adonnent spécialement.

Excepté en 1812, où le prix de l'hectolitre de froment monta dans ce département à 33 fr. 94 c., de 1797 à 1817, le prix le plus haut fut de 24 fr. 36 c., et le plus bas de 12 fr. 42 c.

SARTHE. Le Haut-Maine qu'embrasse ce département cultive en céréales une plus grande étendue de terres que le Bas-Maine; elles occupaient, en 1817, 238,000 hect., dont la moitié était cultivée en seigle et en orge, savoir: 60,000 en orge, 59,000 en seigle; 44,000 étaient ensemencés en froment, 21,000 en méteil, 11,000 en sarrazin; quantité qui est à peine le quart de celle ensemencée dans la Mayenne, ce qui indique un meilleur sol ou un sol mieux cultivé; de même qu'à l'égard de l'avoine qui ne couvrait dans la Sarthe que 22,000 hectares quand la Mayenne en

comptait 37,000 : 10,000 hectares étaient consacrés au maïs ;
c'est 8,000 de moins que dans le Morbihan, et cependant on
évaluait la récolte de la Sarthe à 100,000 hectolitres de ce grain
et celle du Morbihan à 79,500 seulement. Il y a erreur ou négligence dans l'une ou l'autre de ces appréciations, et plus probablement dans celle de la Sarthe, où nous voyons aussi le produit d'un hectare évalué, comme dans la Mayenne, sans précision exacte. Celui de l'hectare de froment et de méteil y est porté
pour 10 hectolitres ; ceux de seigle pour 8, d'orge pour 12,
de sarrazin et d'avoine pour 14, et celui de maïs pour 10. Cette
remarque confirme tout ce que nous avons dit dans la première partie de cet ouvrage touchant la rédaction des statistiques.

La même observation s'applique aux relevés ministériels des
prix que nous rapportons. En comparant ceux de la Mayenne et
de la Sarthe dans les mêmes années, on remarque quelquefois
des différences considérables, que les frais du transport entre deux
départemens aussi voisins ne peuvent seuls expliquer. De 1797
à 1817, le prix de l'hectolitre de froment a parcouru l'échelle
de 12 fr. 89 c. à 23 fr. 22 c. en montant et descendant alternativement. En 1812, le blé s'y vendit 32 fr. 21 c.

Depuis 1789, l'agriculture s'est aggrandie et perfectionnée
dans le département de la Sarthe, mais il est encore couvert en
grande partie de terres incultes ou landes comme celles de la
Bretagne ; ces terres, à cause de leur nature, dans les unes sablon-
neuse, dans les autre argileuse, et reposant sur un fonds de
marne, semblent promettre après leurs défrichemens de bons
produits à la charrue. Là, comme presque partout ailleurs, c'est
l'exemple des riches et l'instruction qui manquent aux pauvres.

Comme dans tous les pays de petite culture, le commerce des grains y a peu d'activité. En général, les récoltes suffisent aux consommations. Les exportations et les importations de froment, par différens points opposés, se balancent à peu près.

Ce département a de belles routes, mais peu de navigation, quoiqu'il ait beaucoup de rivières. Celle qui lui donne son nom n'est navigable que depuis le Mans, ou plutôt depuis Malicorne, situé fort au-dessous de cette ville. C'est à l'ouest de cette rivière que sont les terres les plus fromenteuses et les plus forts marchés de blé; Fresnay, Sillé, Conlie, Loué, Brulon et Vallon, le plus rapproché du Mans, dont le territoire et ceux du Château-du-Loir et de la Ferté-Bernard sont les moins fertiles en grains : les blatiers y en apportent des autres cantons.

OBSERVATION GÉNÉRALE.

Nous avons indiqué, page 103, le produit moyen général d'un hectare dans cette 1re région en chaque espèce de céréales. Le chiffre qui l'énonce est la neuvième partie du total des produits moyens des neuf départemens additionnés ensemble. Sous ce rapport, il est exact ; ces produits partiels le sont eux-mêmes, relativement à la quantité d'hectolitres présentée comme récoltée sur le nombre d'hectares ensemencés ; c'est le résultat d'une simple règle d'arithmétique ; mais le sont-ils réellement ? C'est l'exactitude de l'évaluation de cette récolte qui est incertaine. Pour quelques départemens, celle-ci semble avoir été constatée, et le calcul du produit de l'hectare déduit de la somme du produit général divisée entre le nombre d'hectares donné, ce qui est bien ; mais, pour le plus grand nombre, il est presque évident que le calcul a été fait en sens inverse, c'est-à-dire que l'on est parti du produit partiel *présumé* d'un hectare, en chaque espèce de grain, pour évaluer la récolte totale. Cette remarque n'est pas particulière à cette région ; on verra qu'elle est, plus ou moins, applicable à toutes.

Est-ce à cette méthode arbitraire de calcul ou à la différence réelle des sols et des cultures qu'il faut attribuer les disproportions considérables que l'on remarque entre le produit d'un hectare en même espèce de grain dans les divers départemens ? Voici comment il faudrait classer, sous cet aspect, les départemens de cette région, relativement au produit en froment seulement. Nous n'étendrons point ce travail aux autres grains, ni aux autres régions, chacun pouvant aisément le faire :

Manche et Finistère.... 15 » hectol. par hectare.
Calvados............. 14 »

Morbihan............. 11 50 hectol. par hectare.
Côtes-du-Nord et Sarthe. 10 »
Ile-et-Vilaine......... 9 60
Orne............... 8 40
Mayenne .... 8 »

2e *Région* ou *Région du Nord*.

Cette région , nous l'avons fait remarquer, p. 77, est la plus riche en céréales, principalement en froment. Si l'on y cultive du sarrazin et du millet c'est en petite quantité et pour le service de basses-cours. C'est aussi la région où la terre donne les plus forts produits : elle est presque toute exploitée en grande culture.

Des onze départemens qu'elle embrasse, trois seulement ne récoltent pas l'équivalent de leur consommation ; ce sont : celui du Nord , le plus peuplé de la France, celui de la Seine, qui n'a de territoire cultivable que la banlieue de Paris , et celui de la Seine-Inférieure, dont le chef-lieu, Rouen, a une nombreuse population manufacturière. Tous les autres ont des produits surabondans qui s'exportent en grains et farines pour l'approvisionnement de Paris et de Rouen , pour quelques départemens de l'intérieur et pour les pays étrangers. C'est dans cette région que le commerce, proprement dit, a le plus de développement ; il est exercé, principalement pour l'extérieur, par des négocians de Dunkerque, et du Hâvre et, pour l'intérieur, par les grands fabricans de farines pour la capitale.

En se reportant au tableau que nous avons présenté, page 75 et suivantes, de la classification du sol de la France selon ses différentes natures, on verra que celui de cette région entière fait partie de la première classe ou des meilleures terres.

———

Nord (l'ancienne Flandre). Sur 198,000 hectares cultivés en céréales en 1817, dans ce département, 90,000 environ l'étaient en froment, 18,500 en méteil, 12,000 seulement en seigle, 17,700 en orge et 42,000 en avoine. Des calculs, dont on peut suspecter l'exactitude, à cause de l'élévation des chiffres, de leur parité et de leur rondeur, défaut que nous avons déjà eu l'occasion de remarquer aux articles de la Mayenne et de la Sarthe, donnèrent pour produit de l'hectare dans cette même année, savoir : en froment, en méteil et en seigle, 18 hectolitres, en orge 29 et en avoine 31. Nous verrons dans quelques autres départemens de cette région des évaluations de produits aussi forts, mais dont la plupart sont énoncés de même sans précision (1).

———

(1) L'inexactitude, s'il y en a, n'est pas dans le calcul du rapport du produit au nombre donné d'hectares ; ce calcul est juste dans les états mi-

A part l'année 1812, où le prix moyen de l'hectolitre de froment dépassa 30 fr. dans presque toute la France, et s'éleva dans ce département à 33 fr. 09 c., et l'année 1816, où il monta à 28 fr. 68 c., il y varia, dans le cours des vingt années antérieures à 1817, de 12 fr. 8 c. à 25 fr. 20 c.

Le département du Nord a la réputation d'être le plus soigneusement cultivé du royaume : tous les blés y sont d'une bonne qualité; il en est, assure-t-on, qui rendent en farine poids pour poids. Ses récoltes en céréales excéderaient de beaucoup sa consommation si d'autres cultures très-avantageuses, notamment celles des plantes oléagineuses, n'occupaient une grande portion de son territoire, quoique une partie de son étendue, principalement dans l'arrondissement de Dunkerque, ne soit composée que de dunes, monticules de sable aride, et de terres marécageuses.

Nonobstant l'insuffisance de ses produits en blé, ce département en exporte à l'extérieur, par mer et par les frontières de

---

nistériels; elle serait dans l'indication des quantités récoltées. Il semble que ces quantités (pour quelques départemens, du moins) ont été déterminées d'après la supposition que l'hectare doit rendre, tant en froment, tant en avoine, etc., et qu'on n'ait fait que multiplier le nombre d'hectares cultivés par chaque quotité de produit supposé pour avoir le compte du produit total des récoltes.

On trouve, dans la description topographique du département du Nord, une autre appréciation plus précise du produit moyen d'un hectare en diverses céréales; elle diffère beaucoup de celle ci-dessus, la voici : en froment 19 hectolitres 13/100, en épeautre 14 92/100, en méteil 21 65/100, en seigle 21 5/100, en sucrion (espèce d'orge), 35 3/100, en orge de mars 34 66/100 et en avoine 39 74/100. Où est la vérité?

terre limitrophes de la Belgique, et à l'intérieur par celles voisines des départemens du Pas-de-Calais, de la Somme et de l'Aisne; mais, communément, il reçoit de ces départemens et du dehors plus qu'il ne donne.

Le froment blanc semble être particulier au département du Nord; il réussit moins bien dans les cantons limitrophes du Pas-de-Calais. Ceux du Nord qui en produisent le plus sont classés dans cet ordre : l'arrondissement de Bergues, celui de Lille, où ce blé est d'une beauté et d'une netteté remarquables, l'arrondissement d'Hazebrouck, celui de Douai et celui de Cambrai. On ne le cultive presque pas dans l'arrondissement d'Avesnes.

Le blé commun porte le nom de blé roux par opposition au blé blanc. Il est communément d'une nature plus molle que le franc blé des départemens de l'Ouest. On appelle blé *macau,* un mélange de l'un et de l'autre. Les macaux sont plus abondans que les méteils ou blés seigleux, surtout dans l'arrondissement de Lille. Les blés *mouchetés, blanzés, marbrés,* sont probablement des variétés dégénérées du blé blanc.

Les principaux marchés de grains sont : celui de Bergues, l'un des plus forts du royaume, et où l'on ne voit presque que du blé blanc, ceux d'Armentières, de Lille, de Douai et de Cambrai. Il vient sur ces deux derniers beaucoup de blés des départemens du Pas-de-Calais, de l'Aisne et de la Somme, que les blatiers y achètent pour Lille, et en plus petites quantités pour Valenciennes, Le Quesnoy, Avesnes, Maubeuge et toute la partie orientale du département, qui est la moins fertile. Le commerce de Lille n'a pour objet que la consommation de la ville, et se fait conséquemment plus en farines qu'en grains.

Les brasseries, les distilleries de genièvre, les amidonneries, consomment du seigle, de l'orge et du froment. Plusieurs rivières navigables, de nombreux canaux et des routes faciles favorisent les transports sur tous les points de ce département.

Les rapports manuscrits que nous analysons sont unanimes sur la négligence avec laquelle sont rédigées les mercuriales des ventes, et, en général, les renseignemens de statistique adressés à l'administration supérieure.

C'est par Dunkerque qu'abordent dans ce département les blés étrangers et ceux de nos départemens maritimes de la Bretagne et du Poitou. Les premiers viennent, soit directement, soit par les entrepôts de la Hollande et de l'Angleterre, des ports de la Baltique, et par escales de ceux de la mer Noire et de l'Amérique. On sait que les envois de ce dernier pays consistent presque tous en farines.

———

Pas-de-Calais (l'ancienne province d'Artois). Ce département récolte en grains fort au-delà de ses besoins. En 1808, un de ses préfets évaluait à 525,000 hectolitres l'excédant annuel ordinaire.

En 1817, on y comptait plus de 242,000 hectares cultivés en céréales, distribués ainsi qu'il suit : Froment environ 81,700, méteil 46,000, seigle 21,700, orge 20,000, avoine 63,500. Le produit moyen de l'hectare y était évalué, aussi peu soigneusement en apparence que dans le département du Nord, à 17 hectolitres de froment, 19 de méteil, 20 de seigle, et 30 d'orge et d'avoine. Le prix du froment s'y éleva, en 1812, à 32 fr. 53 c. ; en 1816, à 26 fr. 50 c. Dans les dix-huit autres années antérieures à 1817 , le prix moyen le plus bas de l'hectolitre y fut de 21 fr. 25 c., et le plus haut de 24 fr. 60 c.

La nature du terrain est très-variée. Le pays haut est plus fertile que le bas qui avoisine les côtes : les arrondissemens de Montreuil, de Boulogne et de Saint-Omer, sont les moins bien cultivés ; les parties voisines de la mer sont composées d'un sable stérile. Néanmoins, ce département a fort agrandi sa culture depuis la révolution. Beaucoup de propriétaires cultivent à la bêche, même concurremment avec la charrue ; on les nomme grands ou petits ménagers, selon l'étendue de leur exploitation. Tout le Boulonnais est en petite culture. En général, comme partout ailleurs, eux et les fermiers tiennent à la routine ; mais ils imitent les exemples qu'on leur donne quand ils en voient de bons effets. Ils perdent encore beaucoup de grains en semant trop dru, en récoltant ensuite trop lentement, et en ne serrant leurs gerbes que quand elles ont été gonflées par l'humidité.

Ce département, si fertile en grains, cultive aussi le turneps et la racine de disette.

Comme dans le département du Nord, des canaux et des rivières rendent les transports faciles et peu dispendieux, et unissent le département du Pas-de-Calais à ceux qui l'avoisinent. Il a plusieurs ports sur la Manche, dont les principaux sont ceux de Calais, de Boulogne et d'Etaples, par lesquels il envoie au-dehors une partie de sa surabondance et reçoit des blés étrangers, qui, en général, ne font que le traverser en transit pour se rendre dans des départemens plus éloignés. En 1832, il s'est vendu beaucoup de ces blés sur les marchés de Saint-Omer, d'Arras et sur ceux du département du Nord. On a vu, à l'article précédent, que les blatiers tirent du département du Pas-de-Calais beaucoup de grains pour celui du Nord, principalement pour Lille et Valenciennes : de son côté, il tire de ce département des blés blancs pour ses boulangeries.

Il y a peu d'années, presque aucune maison de commerce de Calais, ni de Boulogne, n'avait embrassé spécialement le commerce des blés : « Les négocians de ce port (Boulogne) mon-
» trent de la répugnance à s'en mêler : il s'y fait en petit par les
» blatiers, et plus en grand, mais seulement sous le rapport
» de leurs usines, par les marchands fariniers. »

Des moulins économiques ont été établis depuis quelques années sur les rivières voisines de Boulogne. Saint-Omer a aussi un grand nombre de semblables usines. Il n'y en a point dans les environs de Calais. Les moulins à vent sont très-nombreux dans toutes les parties du département.

En général, les cultivateurs vendent eux-mêmes leurs grains sur les marchés; ils y traitent quelquefois avec les blatiers et les particuliers pour des quantités plus fortes, qu'ils s'engagent à livrer.

Les mercuriales des ventes sont aussi inexactement rédigées dans ce département que dans celui du Nord.

Les fabriques qui emploient des grains, c'est-à-dire les brasseries, les geniévreries et les amidonneries y sont de même très-nombreuses. Les espèces d'orge les plus communes sur les marchés de ces deux départemens, et dont une partie s'exporte, sont le scourgeon et la pamelle.

Somme (un des deux départemens de l'ancienne Picardie). Sur 237,000 hectares environ présentés, en 1817, comme ensemencés en céréales, 38,000 l'étaient en froment, 75,500 en méteil, un peu plus de 12,000 en seigle, de 20,000 en orge et de 63,000 en avoine. Le produit de l'hectare, évalué approximativement comme celui des deux départemens précédens, était de 16 hectolitres en froment, 17 en méteil, 18 en seigle, 24 en orge, 12 en sarrazin, dont on récoltait quelque petite quantité, et 30 en avoine. Le plus bas prix moyen de l'hectolitre de froment, dans l'intervalle de 1797 à 1817, avait été de 11 fr. 3 c., et le plus haut de 26 fr. 55 c., sauf 1812, où il monta à 33 fr., et 1816, à 27 fr. 14 c.

L'extrait ci-après d'un de nos manuscrits, daté de 1819, en donnant l'état du commerce des céréales dans le département de la Somme à cette époque, confirmera encore ce que nous avons dit, dans la première partie de cet ouvrage, de l'incertitude des documens fournis au ministère par les administrations locales :

« Ce département est un de ceux dont les ressources n'ont point été appréciées à fond par l'administration du pays, dont les efforts pour obtenir des renseignemens certains de statistique ont eu peu de succès.

» Personne ne s'est occupé en grand de ce travail. On sait, en général, que la partie du pays appelée autrefois le Santerre, et dont les limites, sous le rapport des céréales, sont comprises entre Montdidier, Roye, Péronne et Albert, est le grenier de la Picardie, jusqu'à Amiens seulement, et que le Vimeux, situé entre la limite du département de la Seine-Inférieure et Abbeville, approvisionne cette dernière ville.

» Je n'ai pu obtenir aucun détail précis et raisonné sur les produits ni par sous-préfecture, ni par canton. M. le préfet m'a fait ouvrir ses bureaux et leurs cartons, et je n'en ai tiré que quelques renseignemens généraux, dont je consignerai ici les principaux, en les donnant comme ils m'ont été donnés, avec une extrême défiance.

» Le sol nourrit ses habitans; ce département n'a pas besoin d'importations de grains. On ne peut considérer comme telles le léger mouvement qui a lieu de marchés à marchés dans les communes limitrophes du département et des départemens voisins, notamment vers la partie haute de celui de la Seine-Inférieure, et plus particulièrement vers le marché de Blaugis, dont les blatiers viennent chercher le grain aux halles de Gamaches, Oisemont et Poix.

» Les grains du Santerre, au contraire, s'écoulent constamment au dehors par Péronne et Roye, soit vers le nord, soit vers Paris, selon les variations du commerce. Amiens exporte aussi, mais seulement pour les départemens du Pas-de-Calais et du Nord, et uniquement des farines faites des grains du Santerre.

» Le commerce d'Amiens en farines est important. Cette ville renferme onze moulins à blanc et treize moulins à bis; sa banlieue a quatre moulins, un à bis et trois à blanc, et, en remontant la rivière de Salle, à deux lieues de son embouchure dans la Somme, on y trouve quatorze moulins à blanc et dix à bis. Il existe à proximité de la ville beaucoup d'autres moulins, tant à eau qu'à vent...

» ... Le seul renseignement exact qui m'ait été fourni est la comparaison du prix du froment sur la halle d'Amiens de 1779 à 1789 et de 1809 à 1818; il en résulte que, réduction faite des mesures, le prix moyen de l'hectolitre de ce grain a été dans le premier période de 12 à 12 fr, 50 c. et dans le second de 20 à 24 fr.; différence qui tient sans doute beaucoup plus à l'élévation générale de la valeur de toutes choses qu'à la variation des récoltes.

» On a ajouté, et ceci est moins indifférent, que l'on peu considérer comme il suit les contrées ci-après sous le rapport de leurs productions :

» Abbeville et son arrondissement, comme plus productifs en froment qu'en orge et avoine; mais la qualité du froment y est généralement inférieure à celle du froment du Santerre ;

Montdidier et Roye, comme plus riches en froment qu'en avoine,

Péronne, comme très-fertile en froment et en blés de mars ;

Et Doulens, comme peu productif en froment mais très-abondant en avoine.

» Le froment qui croît entre Doulens et Albert pèse quelquefois 3 et 4 kilogrammes de moins par hectolitre que celui du Santerre. Celui des environs d'Amiens est seigleux.

» On ne cultive que peu de seigle, et dans quelques cantons pour la paille seulement; on en fait des liens.

» Le météil est fort commun à tous degrés de mélange ; les classes moyennes des consommateurs s'en accommodent fort bien. On appelle *muison* celui qui contient un tiers de froment. Il paraît qu'il y a, en général, plus d'avantages à récolter des météils que des fromens de deuxième qualité, et plus encore que dés seigles; un cultivateur m'en a fait la preuve en en établissant devant moi le calcul, comme produit en nature et comme produit en argent. On a vu, en effet, au commencement de cet article, que la quantité de terres cultivées en méteil est beaucoup plus étendue que celles cultivées en froment et en seigle réunies.

» Les ventes se font sur quantités et non sur échantillons. Quoique les gros propriétaires et fermiers conduisent ou fassent conduire leurs grains au marché, généralement les cultivateurs y paraissent peu. Sur cinquante vendeurs on peut compter trente blatiers, les uns agens des vendeurs, les autres des acheteurs. Il y a dans le département peu d'autres commerçans en blé. Ce sont les meuniers qui en achètent le plus pour les revendre en farines. »

La Somme traverse tout le département de l'est à l'ouest ; le port de Saint-Valery, situé à son embouchure, donne issue par mer à quelques faibles exportations, et reçoit d'autres ports des farines et des grains, mais également en modique quantité.

AISNE. Ce département, le second formé de l'ancienne Picardie et qui fait partie de l'Isle-de-France, est beaucoup plus fromenteux que celui de la Somme; il produit aussi plus de seigle, mais beaucoup moins de méteil et presque autant d'avoine. C'est de tous les départemens de cette région celui qui a le plus de terres arables, malgré l'étendue de ses nombreux étangs et de ses forêts (1). Voici quelle était en 1817 la distribution d'en-

---

(1) En l'an 9, une statistique du département de l'Aisne, dressée par le

viron 284,000 hectares de son sol entre les diverses céréales :

Froment 90,000, seigle 35,600, méteil 34,800, orge 9,000, sarrazin 3,300, avoine 79,000, légumes secs et menus grains environ 52,000.

Le produit moyen de l'hectare était compté : en froment pour 15 hectolitres, en seigle pour 12, en méteil pour 12 58/100, en orge pour 17 75/100, en sarrazin pour 10 et en avoine pour 18.

De 1797 à 1817, le plus bas prix de l'hectolitre de froment a été dans ce département 10 fr. 05 c., les plus hauts 27 fr., en 1802, 27 fr. 29 c. en 1816, 30 fr. 21 c. en 1812 : trois années extraordinaires; dans les années communes, le prix le plus élevé a été 21 fr. 19 c.

Le département de l'Aisne confronte au nord et à l'ouest avec quatre départemens fertiles en grains, ceux du Nord, du Pas-de-Calais, de l'Oise et de Seine-et-Marne, et, à l'est, avec ceux de la Marne et des Ardennes, dont les récoltes n'égalent point la consommation. Il fournit beaucoup à ces derniers : il fournit aussi principalement à celui du Nord ; mais le plus grand écoulement de ses excédans se fait vers Paris et la Seine-Inférieure, où ils arrivent en majeure partie convertis en farines.

L'arrondissement de Saint-Quentin, dont le canal réunit l'Escaut, la Somme et l'Oise, et ouvre ainsi une communication, d'un côté, avec Paris et la Normandie, et, d'un autre, avec la

---

préfet, comptait 132,955 hectares pour le froment et le méteil, qui ne figurent en 1817 que pour 124,800 ; 31,240 pour le seigle, 12,504 pour l'orge et 78,150 pour l'avoine. On trouve des différences semblables dans toutes les statistiques départementales.

Flandre, la Belgique et la Hollande, envoie ses grains vers ces diverses destinations. La Capelle, dans l'arrondissement de Vervins, est l'entrepôt des grains qui se transportent vers la partie orientale du département du Nord. L'arrondissement de Soissons, le plus fertile du département, embarque les siens pour les mêmes destinations, sur l'Aisne, à Soissons, à Vic, à la Ferté-Milon, d'où ils se rendent dans l'Oise. La partie orientale du département verse aussi quelques blés sur le département de la Marne, notamment sur Rheims, qui les lui rend en farines, et sur le département des Ardennes : ces derniers envois se font par terre.

On évalue de 200 à 300,000 hectolitres les exportations annuelles du département de l'Aisne en toutes espèces de céréales autres que l'avoine : les deux tiers sortent de l'arrondissement de Soissons.

Outre les marchés des villes ci-dessus nommées, on met au nombre des principaux de ce département ceux de Villers-Goterets, Chauny, La Fère, Laon. Les pratiques commerciales sont les mêmes que dans les autres départemens de la même région que nous venons de passer en revue. Les mercuriales n'y sont pas établies avec plus de régularité, si ce n'est, peut-être, dans les uns et les autres, celles des marchés qui ont été choisis pour régulateurs de l'importation et de l'exportation, parce que celles-là sont soumises à un contrôle plus attentif.

Oise. Le département de l'Oise fait partie de l'Ile-de-France, et se compose principalement du Beauvoisis. Environ 208,500 hectares sont désignés comme ayant été ensemencés en grains en

1817, savoir : 55,000 en froment, 22,000 en seigle, 32,500 en méteil, 15,700 en orge, 68,000 en avoine. Le produit moyen de l'hectare y était porté à 17 hectolitres 1/2 en froment, 16 1/2 en méteil, 15 en seigle, 22 1/2 en orge, et 22 en avoine. En 1802, le prix moyen de l'hectolitre de froment s'y éleva à 26 fr. 25 c. ; en 1812, à 32 fr. 47 c. ; en 1816, à 27 fr. 69 c. ; dans les dix-sept autres années, entre 1797 et 1817, le plus bas prix fut de 11 fr. 55 c. et le plus haut de 22 fr. 97 c.

Les excédans exportables de ce département, en froment, seigle et orge, car aujourd'hui il entre beaucoup de cette dernière espèce dans les farines inférieures, équivalent, assure-t-on, année commune, à 300,000 hectol. de grains. Paris est le principal consommateur de ces excédans ; une autre partie descend, en grain ou en farine, à Rouen et au Hâvre par la Seine ; une autre encore s'écoule, par terre ou par les rivières, dans les départemens limitrophes, l'Eure, la Seine-Inférieure, la Somme, et traverse de marchés en marchés, transportée par les blatiers, plusieurs départemens.

L'Oise, l'Aisne, l'Epte, sont les principaux moyens de transport. Il n'y a point de canaux de navigation.

Senlis, Pont-Sainte-Maxence, Clermont, Beauvais, Beaumont, Noyon, sont les principaux marchés du département de l'Oise. De nombreux moulins sont établis sur une trentaine de rivières dont il est arrosé. La majeure partie des blés qui se vendent sur les marchés est destinée à alimenter ces usines.

Un savant préfet de ce département, M. de Cambry, a dressé, sous le consulat, une statistique de son agriculture, dont les bases sont très-hypothétiques ; elle est trop antérieure à l'année d'où nous partons pour nous servir de guide, et ne s'accorde point dans ses résultats avec les renseignemens recueillis postérieurement.

———

Seine-et-Marne. Ce département fait partie de l'ancienne province de Brie et du Vexin-Français. C'est aussi un des plus riches de la France en blés, et l'une des sources les plus abondantes de l'approvisionnement de la capitale en farines et en grains. On y comptait, en 1817, 230,000 hectares ensemencés en céréales ; près de 96,000 en froment, 14,600 en seigle, un peu plus de 8,000 seulement en méteil, de 11,000 en orge et environ 93,000 en avoine. C'est des onze départemens compris dans cette fertile région celui qui cultive la plus grande étendue de terres en froment, quoique ce ne soit pas celui qui en récolte le plus : il est aussi, avec les départemens d'Eure-et-Loir et de Seine-et-Oise, un de ceux qui cultivent le plus d'hectares en avoine, mais il en produit proportionnellement moins que le plus grand nombre des autres.

Le produit moyen de l'hectare d'avoine ne ressort qu'à 16 hectolitres 49/100, quantité fort inférieure à celles des départemens dont la notice précède celle-ci. En froment, l'hectare rend (en 1817) 14 hectolitres 50/100, en seigle 11, en méteil 13 et en orge 13 25/100.

Dans les années de grande cherté, le prix moyen de l'hectolitre de froment monta, savoir : en 1802, à 26 fr. 86 c. ; en 1812, à 31 fr. 52 c. ; en 1816, à 26 fr. 67 c. Dans les dix-sept autres années antérieures à 1817, le prix le plus bas fut 11 fr. 10 c., et le plus haut 22 fr. 65 c.

On évalue à 400,000 hectolitres les exportations de ce départe-
tement en blés ou farines ; ses marchés principaux sont ceux de
Bray-sur-Seine, Coulommiers, Meaux, Melun, Provins, Brie-
Comte-Robert, Rosoy, Montreau. Comme dans les autres départemens de cette région, c'est pour l'entretien des nombreuses
usines qui fabriquent des farines pour Paris, Rouen, etc., que
la majeure partie des blés est achetée ; il s'en écoule aussi par
les départemens du Loiret, de l'Yonne, de l'Aube et de la
Marne.

SEINE-ET-OISE. Département compris dans l'Isle-de-France,
qui entoure celui de la Seine, dont le territoire abonde aussi
en céréales, et qui est entouré des départemens plus fertiles
encore de la Brie, de la Picardie et de la Beauce.

En 1817, environ 224,000 hectares y étaient ensemencés en
grains, dont 83,500 en froment, 19,500 en seigle, 14,700 en
méteil, 12,600 en orge et 83,600 en avoine. Les récoltes de
cette année portaient le produit moyen d'un hectare à 19 hectolitres
50/100 en froment, 16 34/100 en méteil, 17 8/100 en seigle,
21 36/100 en orge et 26 80/100 en avoine. Dans les dix-sept
années ordinaires, de 1797 à 1817, le plus bas prix de l'hectolitre de froment y avait été de 12 fr. 45 c., le plus haut
de 24 fr. 26 c. Ce prix s'y éleva dans les trois années disetteuses, savoir : en 1802, à 27 fr. 25 c. ; en 1812, à 33 fr. 80 c.,
et, en 1816, à 18 fr. 63 c.

Ses principaux marchés de grains sont ceux d'Angerville,
d'Étampes, de Dourdan, de Rambouillet, de Montlhéry, de Saint-
Germain, de Pontoise, de Corbeil. C'est à Corbeil, à Étampes,

à Pontoise, que sont les plus grands établissemens de mouture. Ceux d'Étampes, alimentés en majeure partie par les blés de la Beauce, donnent les farines supérieures, mais l'art de la fabrication n'est pas porté dans toutes ces usines au même degré de perfection.

La presque totalité des excédans en céréales du département de Seine-et-Oise se consomme à Paris et à Rouen. On évalue à 500,000 hectolitres l'importance de ses exportations annuelles.

———

Eure-et-Loir. Ancienne Beauce. Ce département si renommé pour sa fertilité et l'excellence de ses blés est cependant celui de toute cette région où le produit des terres est porté le moins haut dans les documens que nous analysons. Lorsque, comme on vient de le voir, dans le département de Seine-et-Oise dont il est limitrophe l'hectare de terre est indiqué comme produisant 19 hectolitres en froment, plus de 17 en seigle, 16 un tiers en méteil, 21 36/100 en orge et 26 80/100 en avoine, dans l'Eure-et-Loir l'hectare ne donne (en 1817) que 12 55/100 en froment, 9 21/100 en seigle, 11 23/100 en méteil, 11 à peu peu près en orge et en avoine 14 14/100. Ces disproportions sont énormes, surtout les dernières, et semblent ne pouvoir s'expliquer que par une extrême négligence dans l'appréciation des produits de l'un ou de l'autre de ces départemens.

Celui d'Eure-et-Loir avait, en 1817, environ 247,500 hectares ensemencés en céréales, savoir : environ 72,800 en froment, quantité fort inférieure à celle du plus grand nombre des onze départemens, moins de 17,000 en seigle, à peu près 42,000 en méteil, 16,000 en orge et 97,000 en avoine. Cette dernière étendue est la plus grande de celles affectées à l'avoine dans tous les autres départemens de cette région, et cependant c'est celui de tous, le département de la Somme excepté, qui aurait récolté le moins de ce grain.

Dans le période des vingt années qui précédèrent 1817, le prix moyen de l'hectolitre de froment atteignit dans ce département 26 fr. 63 c. en 1802, 32 fr. 35 c. en 1812 et 21 fr. 86 c. en 1816; le plus bas prix des dix-sept années ordinaires fut 12 fr. 15 c., le plus haut 22 fr. 27 c.

Chartres, Chateaudun, Dreux, Nogent-le-Rotron, sont les principaux marchés. Maintenon et Épernon ont plusieurs établissemens de mouture.

———

EURE. L'un des cinq départemens de l'ancienne Normandie (Haute-). Ce département, dont la réputation de fertilité est moins répandue que celle des départemens que nous venons de parcourir, est cependant, selon les états que nous avons sous les yeux, un des plus productifs de cette région.

Il figure sur l'état de 1817 comme ayant un peu plus de 230,000 hectares ensemencés en grains; ils étaient distribués ainsi qu'il suit :

Froment 99,800, seigle 16,600, méteil 32,900 environ, orge un peu plus de 4,000, avoine à peu près 64,000.

Le rapport d'un hectare y est porté (probablement par un calcul arbitraire) à 20 hectolitres en froment, 10 en seigle, 12 en méteil, 9 en orge et 12 en avoine.

(234)

Le plus bas prix de l'hectolitre de froment y fut, dans les années ordinaires de 1797 à 1817, de 13 fr. 92 c.; le plus haut, de 25 fr. 50 c. Il s'y éleva, dans les trois années extraordinaires de 1802, 1812 et 1816, à 28 fr. 05 c., 35 fr. 78 c. et 28 fr. 59 c.

Les marchés sur lesquels il se vend le plus de grains peuvent être classés dans l'ordre suivant, d'après un relevé des ventes : sur la rive gauche de la Seine, Neufbourg, Évreux, Saint-André, Louviers, Bernay, Verneuil, Pont-Audemer, Vernon; sur la rive droite, Gisors et les Andelys. C'est dans l'arrondissement de ce dernier marché que sont les plus grandes exploitations rurales; les cultivateurs y sont assez à l'aise pour conserver leurs grains; ils portent peu au marché, et vendent plus ordinairement, sur échantillons, à prendre dans leurs greniers.

Sous l'empire, l'administration de la marine avait établi à Vernonet, faubourg de Vernon, une minoterie qui était alimentée par des blés de l'arrondissement des Andelys et par ceux qui y descendaient de la Seine, de l'Oise et de l'Aisne.

Les arrondissemens de Verneuil et de Bernay ne récoltent pas assez pour leur consommation; ils tirent ce qui leur manque, le premier, du département d'Eure-et-Loir qui lui est contigu; l'autre, des arrondissemens d'Évreux et de Neufbourg : les grains ne refluent jamais de ces deux cantons sur Verneuil; ils suivent une direction opposée. La majeure partie des excédans du département se dirige sur Elbeuf, et par cette ville sur Rouen et d'autres villes de la basse Seine; une autre partie prend par terre, à l'ouest, la route des départemens de l'Orne et du Calvados.

On a porté à un million d'hectolitres l'évaluation des exportations du département de l'Eure ; c'est certainement une très-forte exagération, même en y comprenant les excédans des départemens d'Eure-et-Loir, de Seine-et-Oise et de l'Oise qui le traversent.

La Seine est la seule rivière sur laquelle les grains soient transportés, partout ailleurs on se sert du roulage ; la plupart des fariniers ont des voitures et des attelages à eux.

On compte dans ce département environ sept cents moulins à farines, dont plus de cinq cents sont établis sur l'eau, à Vernon, à Évreux, aux Andelys, à Louviers, à Pont-Audemer, à Bernay : ceux qui sont placés sur l'Iton n'ont qu'un seul tournant, ceux qui le sont sur la Seine, sur l'Eure et les autres rivières, en ont plusieurs ; mais il n'y en a encore qu'un petit nombre où les bluteries soient montées comme à Pontoise, à Saint-Denis et dans les autres grandes meuneries voisines de la capitale.

L'occupation de la France par les armées alliées en 1814 et 1815, en entravant ou en diminuant les exportations des départemens de l'Aisne et de l'Oise sur celui de la Seine-Inférieure et de l'Ouest, a ouvert de nouvelles voies à celles du département de l'Eure.

SEINE-INFÉRIEURE. Ce département fait partie de la Haute-Normandie. Avec celui du Nord, il est le second de ceux de cette région qui ont le moins de territoire cultivé en céréales (le département de la Seine excepté). Le nombre d'hectares ensemencés en grains en 1817 était de 199,700.

Sur ce nombre, 102,600 à peu près l'étaient en froment ; aucun autre département n'en avait autant : 5,600 en méteil,

10,600 en seigle , 7,700 en orge et environ 64,500 en avoine (1).

On comptait pour le produit moyen d'un hectare, 13 hectolitres de froment, 14 de méteil, 15 de seigle, 22 d'orge, 23 d'avoine ; chiffres arrondis, comme plusieurs de ceux que nous avons vus, et qui ne paraissent pas mériter plus de crédit.

En 1812, le prix moyen de l'hectolitre de froment s'accrut jusqu'à 37 fr. 04 c. ; il avait été, en 1802, de 28 fr. 20 c., et il fut de 29 fr. 23 c. en 1816 ; dans les dix-sept autres années de récoltes ordinaires qui s'écoulèrent de 1797 à 1817 le prix le plus haut fut de 24 fr. 65 c., et le plus bas de 13 fr. 37 c.

Indépendamment de ses ressources propres, on a vu dans les notices sur les départemens de la Somme, de l'Oise, de l'Eure, qui lui sont contigus, que le département de la Seine-Inférieure, et notamment la ville de Rouen, reçoit une forte partie de la surabondance de ces départemens, et de celle des départemens de l'Aisne, de Seine-et-Marne, de Seine-et-Oise et d'Eure-et-Loir, principalement en farines.

Les récoltes de la Seine-Inférieure ne suffisent point aux be-

---

(1) Ces quantités diffèrent beaucoup de celles indiquées dans la description topographique et statistique de ce département. Après avoir dit que « le froment et l'avoine sont les deux espèces les plus cultivées ; » ce qui est exact et commun au plus grand nombre des départemens, on ajoute : « On estime que la culture du premier de ces grains (le froment) emploie environ 136,708 hectares. On évalue à 94,555 hectares les terres » employées à la culture de l'avoine. » Cette statistique est antérieure à l'année 1817, dont les états nous servent de base. Nous avons déjà eu plusieurs fois occasion de faire remarquer de semblables discordances avec les documens antérieurs.

soins de sa population, la plus nombreuse après celle du département du Nord; aussi presque tout ce qui sort de substances
céréales par le Hâvre et les autres ports de ce département est-il
étranger à son sol.

L'arrondissement le plus fertile en blé est celui d'Yvetot, et
le plus riche en avoine celui du Hâvre.

Après la halle de Rouen, les principaux marchés sont ceux
d'Yvetot, de Montivilliers, de Neufchâtel, de Dieppe et de
Cany.

La Seine est la grande voie des exportations et plus encore
des importations de grains et farines français et étrangers, qui
abordent au Hâvre.

·SEINE. Le département de la Seine n'est considérable que par sa
population, la plus nombreuse de tous les départemens du royaume,
et dont les 7/8es sont renfermés dans Paris ; il n'a d'étendue
que 22 lieues carrées; une grande portion de son territoire est
occupée par des châteaux, des maisons de plaisance, des parcs
et des jardins d'agrément; ce qui reste à la charrue est sans importance relativement à la consommation. C'est comme le moins
productif et le plus fort consommateur, que nous plaçons ce département après tous les autres de la même région.

En 1817, on y comptait seulement 18,600 hectares ensemencés en grains, dont 4,660 en froment, 3,600 en seigle, 260 en
méteil, 2,840 en orge et un peu plus de 5,600 en avoine. D'après
les récoltes, le produit moyen d'un hectare y était porté plus
haut encore que dans le département de Seine-et-Oise, savoir :

(238)

en froment à 21 hectolitres 46/100, en seigle à 19 31/100, en
méteil à 20 76/100, en orge à 25 68/100 et en avoine à 38
27,100.

Une statistique de l'agriculture de ce département, dressée
en 1822, 1823 et 1824 et publiée en 1826, diffère peu de
celle de 1817. La modicité des produits rend sans intérêt le relevé des différences ; mais ce qui est remarquable, c'est une note
du préfet qui accompagne les états dont il s'agit, lesquels, par leur
simplicité, semblaient devoir présenter des résultats exacts ; la
voici : « Les résultats que présentent ces tableaux n'ont pas été
» déduits d'une évaluation effective ; ils sont fondés sur les in-
» formations que MM. les maires ont reçues des principaux cul-
» tivateurs. On ne peut donc les considérer que comme une esti-
» mation approchée. » Si l'on n'a pas fait mieux à Paris et pour
un territoire aussi restreint, que penser de l'exactitude des statistiques agricoles des autres départemens ?

Il est remarquable que le poids des grains récoltés dans l'arrondissement de Sceaux est beaucoup plus fort que celui de ceux
qui le sont sur la rive droite de la Seine dans l'arrondissement de
Saint-Denis.

Dans les vingt années de 1797 à 1817, le prix moyen de l'hectolitre de froment, d'après l'état du ministère de l'intérieur, varia
de 11 fr. 40 c. à 24 fr., les trois années de grande cherté excep-
tées ; il monta, en 1802, à 28 fr. 05 c. ; en 1812, à 33 fr. 60 c. ;
en 1816, à 28 fr. 83 c. (Cet état diffère un peu d'un relevé du
prix des ventes de blé faites à la halle dans les mêmes années, et
certifié par le contrôleur.) Paris étant le point central vers lequel
se dirigent les denrées des départemens qui l'environnent dans un

rayon de trente à quarante lieues, on peut regarder le prix des céréales à Paris comme le prix moyen général de ces départemens.

On évalue à 1,700 sacs de farine blanche et bise de 159 kilogrammes (325 livres) la consommation journalière de Paris en pain, y compris le pain apporté de Gonesse et d'autres lieux hors de la ville de Paris, et à 100 sacs de plus la consommation en pâtisserie (1). Toute cette farine n'est pas achetée à la halle ; plusieurs boulangers traitent avec des fabricans qui amènent et livrent directement à leurs magasins. On ne compte dans le département qu'environ 160 moulins, dont la moitié seulement est mue par l'eau ou par la vapeur ; les principaux sont établis à Saint-Denis. La majeure partie des farines vendues à la halle vient donc des départemens environnans. Dans les années disetteuses, on y en a vu arriver de départemens plus éloignés. Ces départemens lointains, au contraire, tirent ou reçoivent des farines de la halle de Paris quand les frais du transport laissent un bénéfice au spéculateur. Avant la grande invasion des blés de la Russie méridionale dans le midi de la France, c'est-à-dire avant la loi de 1819, Lyon, Avignon, Marseille, toute la Provence, se nourrissaient en grande partie des farines expédiées des usines qui alimentent Paris et de sa halle même. Aujourd'hui ces villes leur demandent beaucoup moins de grains, et ont elles-mêmes de grands moyens de mouture.

Nous avons sous les yeux plusieurs relevés annuels des bulle-

----

(1) Recherches sur les consommations de la ville de Paris en 1817, par M. *Benoiston de Châteauneuf* ; Mémoire lu à l'Académie des Sciences en 1819.

tins de la halle de Paris; voici le total des arrivages et celui des ventes pendant les trois années qui suivirent 1817 et desquelles nous avons déjà tiré ailleurs quelques exemples :

1818. Arrivées : 240,346 sacs. Vendus : 227,154 sacs.
1819. — 203,650 — 206,197 (1).
1820. — 243,531 — 232,249

Quantités moyennes : 229,176 sacs. — 221,867 sacs.

La consommation de Paris étant supposée de 1,700 sacs par jour, celle d'une année est de 620,500 sacs; il ne se vend donc communément sur la halle qu'environ l'équivalant du tiers de la consommation de la ville, et tout ce qui se vend ne se consomme pas dans Paris.

On distingue les farines en farine de gruau, première de blé, deuxième, troisième quatrième et quatrième inférieure. Chaque nuance a son prix. Celui des blés résulte de leur qualité relative; ceux de la Beauce tiennent le premier rang, ceux de Brie le second, ceux de Picardie le troisième. Les mercuriales de la halle sont actuellement des plus exactes du royaume (2).

---

(1) L'excédant de la quantité vendue sur la quantité arrivée a été prise sur le restant *invendu* de l'année précédente.

(2) Un journal spécial de la halle aux blés de Paris, qui, postérieurement, est devenu *l'écho des halles et marchés de Paris, des départemens et de l'étranger*, publie deux fois par semaine, depuis quelques années, tous les mouvemens et farines sur cette halle et sur ceux des principaux marchés de grains de la France et de l'Europe. Ce n'est pas seulement un moniteur utile des faits de ce commerce important, c'est aussi un recueil instructif des meilleures leçons sur la culture, la meunerie et les arts agricoles en général.

OBSERVATIONS GÉNÉRALES.

L'observation de la page 214 sur les évaluations du produit des terres dans quelques départemens de la 1re région, est applicable à plusieurs de la 2e.

On aura remarqué aussi entre ces derniers d'énormes différences dans le produit par hectare. Quand il n'est en froment que de 13 hectolitres dans la Seine-Inférieure, il est de 21 46 dans le département de la Seine, de 20 dans celui de l'Eure, de 19 50 dans Seine-et-Oise, etc. L'hectare rend 30 hectolitres d'orge dans le Pas-de-Calais, 29 dans le Nord, et 9 seulement dans l'Eure. Le produit en avoine diffère aussi de 12 hectolitres dans ce dernier département, à 38 27/100 dans celui de la Seine. Nous ne pouvons que répéter la question que nous avons faite à ce sujet à la suite des notices sur la région du nord-ouest.

On comprendra, après avoir lu celles sur la région dite du nord, pourquoi les marchés de Bergues, d'Arras, de Roye, de Soissons, de Rouen et de Paris, ont été choisis pour marchés régulateurs de l'exportation et de l'importation des grains dans les départemens maritimes du Nord, du Pas-de-Calais, de la Somme, de la Seine-Inférieure de l'Eure et du Calvados.

———————

3e *Région* ou *Région du Nord-Est.*

Nous venons de parcourir les deux premières régions septentrionales, celles dont les bassins s'étendent de l'est à l'ouest et dont les eaux se dirigent vers le canal de la Manche et l'Océan au nord de la Loire. ; la 3e région, celle du nord-est, que nous allons visiter, renferme une portion des mêmes bassins et les sources de quelques rivières qui suivent la même direction, telles que la Marne et l'Aube qui se jettent dans la Seine, et qui amènent de même vers Paris des produits des départemens auxquels elles donnent leur nom. La Meuse, la Meurthe, la Moselle, qui coulent aussi dans cette région, et le Rhin qui en forme la limite à l'orient, portent leurs eaux dans une autre direction ; elles coulent vers le nord et entrent dans des provinces étrangères, avec lesquelles les départemens de cette région commercent, selon les temps, ou du superflu de leurs récoltes, ou de celui de ces provinces. Du côté opposé, le canal, qui joint à présent le Rhin au Rhône par la

Saône, et d'autres moyens de communication intérieure ouvrent aux excédans de cette région des
débouchés vers les départemens du centre et du
midi.

On sait qu'elle se compose de dix départemens.

ARDENNES. L'un des quatre départemens de l'ancienne Champagne, et l'un des deux composés de la haute, borné au nord
par le Hainaut et le pays de Liège, à l'est par le duché de
Luxembourg et par le département de la Meuse, au midi par
celui de la Marne, et à l'ouest par celui de l'Aisne; il est traversé par cette dernière rivière, qui n'y est point navigable, et
par la Meuse, qui coule dans un bassin resserré et au milieu
de la forêt des Ardennes : un canal doit joindre ces deux rivières.

Le nombre d'hectares ensemencés en grains en 1817 était
de 163,000, savoir : 55,000 en froment, 20,000 en seigle,
10,000 en méteil, 24,000 en orge, 1,600 en sarrazin et
50,000 en avoine. Le produit de l'hectare était de 7 hectolitres
en froment et en méteil, de 9 en seigle, de 12 en orge et en
sarrazin, et de 18 en avoine. Tous ces chiffres arrondis ne sont
pas probablement très-exacts.

En 1802 le prix moyen de l'hectolitre de froment s'éleva
à 27 fr. 45 c., en 1812 à 30 fr. 78 c., en 1816 à 50 fr. 54;
dans les dix-sept autres années ordinaires de 1797 à 1817, le
plus haut prix fut de 20 fr. 56 c. et le plus bas de 10 fr. 05 c.

Les principaux marchés de ce département sont celui de Vouziers qui se garnit presque entièrement des grains de cet arrondissement, ceux de Rethel, de Rocroy, de Charleville, qui sont approvisionnés en grande partie par le département de l'Aisne, et ceux de Grand-Pré, de Mouzon, de Sedan, où les blés du département de la Meuse se mêlent à ceux du pays ; car presque aucun des cantons du département des Ardennes ne récolte assez pour sa subsistance. La pomme de terre y est d'un grand secours ; on y cultive un peu de sarrazin, et l'on en tire du département de l'Aisne. Les transports entre les divers arrondissemens et les départemens voisins, excepté le long du cours de la Meuse, ne se font que par la voie de terre.

———

MARNE, le second des départemens formé de la Haute-Champagne. La rivière qui donne son nom à ce département le traverse entièrement du sud-est au nord-ouest : aucune autre rivière n'y est navigable. Il est plus renommé par ses vins que par ses blés ; la majeure partie de ses productions en ce genre consiste en seigle et en avoine.

On y comptait, en 1817, 432,000 hectares ensemencés en céréales, dont 83,000 en froment, 129,600 en seigle, 3,400 seulement en méteil, 54,000 en orge, 10,000 en sarrazin et 152,000 en avoine.

Le produit moyen de l'hectare y est porté, en cette même année, à 10 hectolitres de froment, 6 de seigle, 8 de méteil, 14 d'orge et d'avoine, et 10 de sarrazin. Nous avons dit plusieurs fois ce que l'on doit penser de ces sortes de chiffres sans précision.

Dans les années de grande cherté, le prix moyen de l'hecto-litre de froment s'est élevé, en 1802, à 26 fr. 03 c., en 1812, à 28 fr. 84 c., en 1816, à 26 fr. 80 c.; dans les dix-sept autres années ordinaires de 1797 à 1817, le prix le plus bas a été de 9 fr. 08 c. et le plus haut de 20 fr. 92 c.

Les grands marchés sont ceux de Châlons, Épernay, Rheims, Sainte-Menehould, Vitry et Sézanne. Ces trois derniers sont les plus abondans; celui de Vitry principalement, où l'on peut acheter sur échantillons des quantités considérables. Ce marché est le rendez-vous, mais moins fréquenté qu'autrefois, des proprié-taires et des fermiers des contrées de l'ancienne Champagne, ap-pelées le Pertois, le Bocage et la Saux, contrées très-fertiles en grains. Sa situation sur la Marne, au point où cette rivière com-mence à porter de grands bateaux, en fait d'ailleurs le principal débouché de l'excédant des produits de ces contrées et d'une partie de celui de la Haute-Marne.

Le marché de Châlons n'offre de ressources que pour les be-soins de sa population, mais on peut se procurer facilement aux environs de cette ville de fortes quantités de grains.

La totalité des récoltes en avoine, seigle, et même en fro-ment, ne peut être consommée dans le département, quoique sur quelques points il en reçoive des départemens de l'Aisne, de l'Aube et de la Meuse pour sa propre consommation; leur sura-bondance de froment et d'avoine s'écoule en majeure partie sur Paris par la Marne; une autre partie et une plus grande quantité de seigle, grain dont la qualité est supérieure dans ce département, se dirigent vers le département de la Meuse par Verdun, et quelquefois par Bar-le-Duc.

On fabrique à Châlons et à Reims des farines qui, de la première ville, se dirigent sur le midi par Gray, situé sur la Haute-Saône, et de la seconde sur le Soissonnais.

L'évaluation des quantités exportables est si diverse, que l'on ne peut rapporter ici rien de probable à cet égard.

Presque tout le commerce des grains se fait par des blatiers ; aucune maison, même à Vitry, ne se livre exclusivement à ce commerce spécial ; les négocians ne le font que par commission ; mais il s'y trouve des capitalistes qui, lorsque les denrées sont à bas prix, achètent pour revendre avec profit dans un autre temps. Cette spéculation est de tous les pays. Les blatiers font au marché de Vitry d'assez fortes opérations pour leur propre compte.

HAUTE-MARNE. La Basse-Champagne compose, comme la haute, deux départemens, celui de la Haute-Marne et celui de l'Aube. Le premier est couvert de bois et son sol est en partie d'une nature ferrugineuse. La Marne, qui y prend sa source auprès de Langres et qui le parcourt presque en entier du midi au nord, ne devient navigable qu'au lieu où elle sort du département, à Saint-Dizier. La Meuse aussi y prend sa source dans la partie orientale, mais son trajet y est très-court et sans utilité pour les transports. Plusieurs autres rivières, entre autres l'Aube et l'Ornain, naissent de même dans ce département. Aucune autre que le Mouzon n'y vient du dehors. Nulle d'elles ne porte bateau.

La quantité de terres ensemencées en grains en 1817 ne s'élevait pas à la moitié de celles du département de la Marne ; elle excédait néanmoins celle de chacun des huit autres départemens de cette région ; elle était de 205,000 hectares, dont 77,900 en froment, 29,200 en seigle, 5,500 en méteil, 54,000 en orge et 60,000 en avoine. Le produit moyen de l'hectare y était compté pour 4 hectolitres 1/2 seulement en froment, produit le plus faible que nous ayons vu jusqu'ici, pour 6 en seigle, 7 1/2 en méteil, 14 1/2 en orge et 12 en avoine. La modicité de ces produits nous inspire du doute sur leur réalité, et nous renvoyons encore, à ce sujet, à l'observation générale de la page 214 et à la note de la page 217.

En 1812, le prix moyen de l'hectolitre de froment fut porté dans ce département à 30 fr. 53 c. ; en 1816, à 27 fr. 46 c. ; dans les dix-huit autres années écoulées de 1797 à 1817, le plus haut prix fut de 22 fr. 67 c., et le plus bas de 10 fr. 85 c.

Le Pertois, partagé entre ce département et celui de la Marne, le Bassigny, et les bassins des rivières l'Amance, le Saulon, la Vigeanne, sont les parties de ce département les plus fertiles et les mieux cultivées. Langres, quoique située dans la partie montagneuse, est un des principaux marchés de grains ; l'administration de la guerre a quelquefois trouvé de l'économie à extraire de cet arrondissement des blés pour Vesoul dans la Haute-Saône, et même pour Besançon dans le Doubs ; mais les blés de la Haute-Marne sont de qualité médiocre et viciés par une graine qui colore le pain, et dont l'extraction est difficile et dispendieuse. Langres a un autre commerce qui se lie à celui des grains, c'est le commerce des meules.

A l'est, le département de la Haute-Marne verse quelques parties de ses céréales sur le département des Vosges, et en reçoit à l'ouest de celui de l'Aube ; au nord aussi il commerce en grains avec les départemens de la Meuse et de la Marne. On ne peut apprécier ici avec quelque probabilité ce qu'il donne et ce qu'il reçoit ; il n'a pas, sous le rapport du commerce des grains, une importance marquée ; elle se réduit presque à la consommation locale. Ses marchés ne sont communément approvisionnés que pour les besoins de la semaine, excepté, comme partout ailleurs, aux époques du paiement des fermages.

L'Aube est le quatrième département que forme l'ancienne Champagne ; il est traversé, de l'est à l'ouest, par la rivière dont il prend le nom, et par la Seine dans laquelle cette rivière se jette peu après sa sortie du département.

Sa partie voisine de la Haute-Marne est montagneuse ; le reste est plane, mais très-inégal en fertilité. La portion de la Champagne appelée *Pouilleuse*, partagée entre le département de la Marne et celui de l'Aube, est presque aride : on n'y cultive que du seigle et du sarrazin ; mais ce dernier département renferme des cantons très-fertiles en blés.

Suivant l'état de 1817, les terres qui en étaient ensemencées comprenaient 198,000 hectares ainsi répartis : 45,000 en froment, 51,800 en seigle, environ 5,000 en méteil, près de 22,000 en orge, plus de 2,000 en sarrazin et à peu près 71,000 en avoine. Il n'y a aucun accord entre ces chiffres et ceux donnés antérieurement dans une première statistique dressée par un préfet de ce département.

Le produit moyen des terres était porté à un taux égal pour le froment, le méteil et le seigle, 7 hectolitres 44/100 par hectare, à 11, 80/100 pour l'orge et pour l'avoine, et à 9 pour le sarrazin. Tous ces produits sont inférieurs à ceux du département de la Marne dont le sol est en partie de la même nature, et paraissent n'avoir pas été constatés plus soigneusement.

Le plus bas prix moyen de l'hectolitre de froment dans le département de l'Aube, dans les années ordinaires de 1797 à 1817, fut de 10 fr. 23 c., le plus haut 24 fr. 51 c. (1). Il s'éleva à 26 fr. 55 c. en 1802, à 31 fr. 62 c. après la récolte de 1812, et à 27 fr. 71 c. en 1816.

L'arrondissement d'Arcis-sur-Aube où commence la navigation de cette rivière, celui de Nogent-sur-Seine, sont les plus abondans en grains; il se fait des expéditions considérables en froment, avoine, orge et seigle, par ces rivières, pour Paris et pour les places intermédiaires de grands marchés où s'approvisionnent les meuneries.

Bar-sur-Aube et Bar-sur-Seine, dans la partie est et sud du département, ont aussi des marchés de grains ordinaires plus pourvus que la consommation locale ne l'exige. Celui de Troyes, pays de fabriques, n'est approvisionné que pour les besoins de la ville.

----

(1) C'est très-probablement par erreur que l'état ministériel porte ce prix à 46 fr. 22 c., en 1807. Ce prix n'est en rapport avec celui d'aucun autre département voisin pour cette année.

Une portion des grains qui sortent de ce département prend la direction de l'Yonne pour s'arrêter dans le département de ce nom, ou pour gagner celui du Loiret, et même descendre la Loire jusqu'à Nantes. Une autre se dirige sur Gray pour descendre par la Saône à Lyon et au-delà.

Tous les grains qui s'exportent du département de l'Aube ne proviennent pas de son sol ; ils y arrivent des départemens voisins ; le marché de Bar-sur-Aube est approvisionné par des blatiers de la Marne et de la Haute-Marne.

Ce que nous avons dit des marchés du département de la Marne est commun à ceux du département de l'Aube.

MEUSE. Les anciennes provinces du Barrois, du Clermontois et du Verdunois. Nous avons sous les yeux diverses appréciations officielles des récoltes du département de la Meuse, qui toutes diffèrent entre elles de très-grandes quantités ; nous adopterons donc, comme pour les autres départemens, les renseignemens de 1817.

Ce département avait alors 196,000 hectares ensemencés en céréales, savoir : en froment 89,600, en seigle 4,800, en méteil 610, en orge 43,400 et en avoine 56,400. C'est le département de cette région qui cultive le moins de méteil, et après celui de la Meurthe celui qui cultive le moins de seigle.

Les récoltes de 1817 sont représentées comme y ayant produit par hectare : en froment 7 hectolitres 83/100, en seigle 6,60/100, en méteil 7,79/100, en orge 13,18/100 et en avoine 15,19/100.

Le plus bas prix moyen de l'hectolitre de froment, de 1797 à 1817, fut de 9 fr. 60 c., le plus haut de 20 fr. 1 c., distraction faite des trois années disetteuses où ce prix s'éleva, savoir : en 1802, à 22 fr. 58 c., en 1812, à 28 fr. 57 c., et en 1816, à 28 fr. 96 c.

La Meuse parcourt ce département dans presque toute sa longueur du midi au nord, mais elle n'est navigable pour de gros bateaux qu'à Verdun, et même qu'à Stenay quand ses eaux sont basses ; elle est la principale communication entre ce département et celui des Ardennes, qui, comme on l'a vu, tire du département de la Meuse une grande partie de sa subsistance en céréales. D'autres rivières, entre autres l'Ornain, la Saulx, l'Air, fertilisent presque toutes les parties de ce département.

Les marchés sont peu importans, et il n'y en a qu'à Verdun, Commercy et Montmédy. Saint-Mihiel n'en a point ; ses habitans et les boulangers s'approvisionnent de grains dans les campagnes des environs ; il en est de même à Bar-le-Duc ; cette ville tire ses blés des cantons de Vaubecourt et Revigny, mais plus souvent des environs de Saint-Dizier dans la Haute-Marne, et de Vitry dans la Marne. Ce sont les blatiers qui amènent ces blés, et qui les vendent aux acheteurs dans les auberges. Stenay achète les siens dans ses environs et dans la petite et la grande Vœvre, cantons très-fertiles du département de la Meuse. Estain et Damvillers ont aussi des ressources dans les mêmes cantons.

Comme ce département récolte peu de seigle il en reçoit beaucoup des départemens de la Marne et de l'Aube, qui en récoltent plus que de froment et fort au-delà de leur consommation. Il en tire aussi de la Haute-Marne.

Pour établir les mercuriales, les mairies des lieux où se tiennent des marchés se contentent de prendre le prix moyen des ventes faites, sans avoir égard aux qualités diverses, ni aux quantités de chacune qui ont été vendues. C'est, en général, de cette manière que ces sortes de procès-verbaux sont rédigés dans toute la France ; ils ne constatent point la vérité. « Il en résulte, dit » l'auteur du rapport sur le département de la Meuse, que les » mercuriales indiquent des prix inférieurs aux prix réels, et » que souvent, pour indemniser les boulangers, les mairies » leur allouent des frais de manutention trop élevés, ou calcu » lent sur un produit trop faible en païn. »

Le département de la Meuse exporte du froment non-seulement dans les Ardennes, comme nous l'avons dit, mais aussi dans le duché de Luxembourg, et d'autres parties de la Belgique auxquelles il confine au nord. Dans les mauvaises années, Paris même a reçu des secours de ce département et, dans celles d'abondance, une portion de ses excédans va chercher par terre jusqu'à la Saône un écoulement vers les départemens méridionaux.

Moselle ; département formé d'une partie de l'ancienne Lorraine, qui confine aussi au nord au duché de Luxembourg, et à l'est à plusieurs principautés allemandes, et entouré dans ses autres parties par les départemens fertiles de la Meuse, de la Meurthe et du Bas-Rhin ; lui-même l'est aussi, excepté dans la contrée montagneuse de Bitche. Il est traversé en entier, du midi au nord, par la rivière qui lui donne son nom, et par la Sarre qui forme sa frontière à l'orient.

La totalité des terres ensemencées en grains était, en 1817, de 133,600 hectares distribués, à peu près, ainsi qu'il suit : froment 53,600, seigle 9,600, méteil 3,800, orge 18,000, avoine 45,300.

Le produit des terres y était plus fort que dans aucun des trois départemens précédens ; l'hectare donnait en froment 10 hectolitres, en seigle et en méteil 9, 50/100, 15 en orge, 16 en avoine : ce produit paraît évalué arbitrairement.

Dans les années ordinaires de 1797 à 1817, le prix moyen de l'hectolitre de froment varia de 10 fr. 73 c. à 18 fr. 84 c. Il s'éleva moins haut que dans tous les autres départemens dans les années de grande cherté. Ainsi, en 1802, il ne dépassa pas 19 fr. 80 c., en 1812, 26 fr. 3 c. ; en 1816, il atteignit 27 fr. 74 c.

A l'est de la France, comme à l'ouest, la même cause empêche le développement des richesses agricoles. « L'agriculture est loin
» d'avoir atteint dans le département de la Moselle le degré
» de perfection auquel on pourrait facilement la porter ; la cause
» principale est la même qui s'oppose aux progrès de cet art
» dans les autres parties de la France : c'est la routine ; le cul-
» tivateur suit aveuglément les procédés de ses devanciers ;
» toute innovation lui paraît dangereuse, tout perfectionnement
» inutile et ne servant qu'à entraîner des dépenses dont il ne
» sera jamais dédommagé : aussi l'agriculture y est-elle encore
» presque au même point où elle était dans le siècle der-
» nier (1). »

____

(1) Description topographique et statistique.

L'ouvrage d'où nous extrayons cette remarque assure que ce département ne récolte point communément en froment et en seigle l'équivalant de sa consommation ; qu'il y supplée par des importations du Bas-Rhin, de la Meurthe et de la Meuse, et que ces importations annuelles s'élèvent à plus de 560,000 quintaux marcs ; il porte cependant à 88,000 hectares l'étendue de terres cultivées en ces deux espèces de blé, qui n'est, selon l'état ministériel de 1817, que de 63,200. On voit, par ce nouvel exemple, combien sont incertains ces sortes de documens. Quoi qu'il en soit, un indice assuré de l'insuffisance des récoltes ordinaires en céréales, c'est le progrès de la culture de la pomme de terre dans ce département. Toutefois, il s'en exporte du froment pour des destinations éloignées : Paris, et même la Seine-Inférieure, en ont reçu.

Le seigle y est rare et n'est guère cultivé que pour avoir des liens pour les gerbes de froment et pour les vignes.

La plaine de Thionville, que traverse la Moselle, est riche en blé ; elle verse sa surabondance d'un côté sur Longwy, d'un autre sur Metz. Le canton de Bouzonville, situé à l'est de la Moselle et à l'ouest de la Sarre est aussi très-fertile ; il dirige ses excédans vers Sarrelouis quand les prix permettent l'exportation, ou vers Metz, Boulay et d'autres points de l'intérieur des départemens.

Les cantons de Montmédy et d'Étain du département de la Meuse tirent des blés de l'arrondissement de Briey. Au midi du département, les environs de Saint-Avold, de Faulquemont, de Montrouge, sont aussi très-abondans en froment ; ceux du côté de Saralbe et de Bouquenom se dirigent, selon les prix courans, vers Metz ou vers Nancy.

Il résulte de ces divers mouvemens, que si, en effet, le département de la Moselle ne récolte pas assez pour sa consommation, il exporte néanmoins une forte quantité de ses produits. La position des lieux, les variations dans le prix des denrées, le plus ou le moins de facilités accidentelles pour les transports, peuvent porter les propriétaires à vendre dans un temps ce qu'il leur faudra racheter dans un autre mois à de moindres frais. Quoi qu'il en soit, il n'est nullement vraisemblable, comme on l'a avancé, que le déficit de ce département soit annuellement de 3 à 400,000 hectolitres de froment et de seigle. Quand le prix des blés indigènes est assez élevé pour permettre l'introduction des blés étrangers, il en reçoit de grandes quantités des pays au-delà de la Sarre, et ces grains exotiques s'écoulent comme les siens dans l'intérieur.

Les blés de quelques cantons de ce département sont chargés de grains hétérogènes difficiles à extraire, et qui donnent au pain une teinte violette ou grise.

Là, comme dans les départemens de la Meuse, de la Marne, etc., les grands achats de grains s'opèrent, hors des marchés, dans des auberges. A Metz, des porteurs avoués par l'autorité se tiennent aux portes de la ville pour attendre les voitures de grains et en procurer la vente soit aux boulangers, soit aux particuliers, moyennant un courtage payé par l'acheteur et le vendeur.

On conçoit que les mercuriales ne constatent que très-inexactement les ventes faites et leurs prix réels.

Meurthe. Le département de la Meurthe est aussi formé de l'ancienne Lorraine. Outre la rivière dont il porte le nom, qui le traverse en entier du sud-est au nord-ouest, avant et depuis sa jonction avec la Moselle au-dessous de Nancy, il est arrosé presque parallèlement dans toute son étendue par cette dernière rivière ; il l'est dans d'autres directions par le Madan, le Sanon, la Venouze, la Blette, la Sarre et la Seille.

Le bassin de cette dernière rivière, dans l'arrondissement de Château-Salins, est le plus fertile ; ceux de la Sarre et de la Moselle le sont peu. Ce département exporte du froment et de l'avoine : les autres grains se consomment dans le pays.

L'étendue des terres arables et l'importance de ses récoltes ordinaires ont été, comme presque partout ailleurs, diversement évaluées. Voici ces évaluations, pour 1817, d'après les documens ministériels :

148,400 hectares ensemencés en céréales, dont environ 69,900 en froment, 4,400 en seigle, 1,250 en méteil, 9,200 en orge, 61,000 en avoine. Leur produit moyen par hectare est porté à 12 hectolitres de froment, 11 de seigle, 10 de méteil, 16 d'orge et 25 d'avoine. Il est aisé de voir que ce ne sont pas là des chiffres exacts.

Excepté 1812 où le prix moyen de l'hectolitre de froment monta à 28 fr. 30 c., et 1816 où il s'éleva à 50 fr. 20 c., dans l'espace de 1797 à 1817 le plus haut prix fut de 21 fr. 40 c. ; le plus bas, de 10 fr. 95 c.

Voici quelques détails extraits d'un des rapports manuscrits que nous consultons :

« Le département de la Meurthe est essentiellement agri-

» cole.... Plusieurs de ses cantons approchent des meilleures
» terres de France; telle est la majeure partie de l'arrondisse-
» ment de Château-Salins, et, dans celui de Lunéville, le ci-de-
» vant comté de Vaudemont. Les bords de la Venouze et du
» Sanon, les terres de l'arrondissement de Nancy, excepté la
» petite plaine du Vermois, sont d'une qualité bien inférieure.
» Les moins féconds se trouvent le long du cours de la Moselle
» et de la Sarre...

» Les excédans de ce département s'écoulent par les Vosges,
» par Metz, par l'Alsace, par le port d'Arc près de Gray
» (Haute-Saône) quand le Midi a des besoins. Ce sont les plus
» beaux grains qu'on expédie à cette dernière destination, de
» Nancy, qui est l'entrepôt principal du département.

» ..... Lorsque la partie de la Lorraine allemande, pla-
» cée à peu près à égale distance de Metz et de Nancy, a fini
» ses travaux de campagne, et qu'elle a des excédans (ce qui
» arrive souvent, pour ne pas dire toujours), on voit arriver
» après la récolte, et ensuite vers la Saint-Martin, à Noël, etc.,
» aux portes de Nancy, notamment à celle de Saint-Georges,
» tous les jours, de 100 à 150 voitures de grains de Morhange,
» Foulquemont , Isming , Bourquenom , Saralbe, Fenes-
» trauge, etc. (Voir ci-dessus la notice sur le département de
» la Moselle.) Ces grains se vendent à cette porte, sans que
» l'autorité municipale s'en mêle ni ose établir la moindre po-
» lice, de peur de les éloigner. Si à une de ces ventes les pro-
» priétaires des denrées s'aperçoivent que les prix sont inférieurs
» à ceux de Metz, ils y courent, et disparaissent pour ne plus

1.   17

» revenir que lorsque la chance est égale ou en faveur de
» Nancy.

 » ... L'arrondissement de Nancy tire des seigles des environs
» de Saint-Mihiel (Meuse)... Quand les voituriers des campa-
» gnes qui viennent charger du sel voient quelque bénéfice de
» voiture à prendre aussi des grains en chargement ils font ce
» colportage... Les marchés des Vosges sont souvent alimentés
» par ce moyen. »

Pont-à-Mousson, Château-Salins, Toul, Vezelize, Lunéville, Blamont, Sarrebourg, sont, après Nancy, les principaux marchés de ce département. Le Bas-Rhin, dans les années de médiocre récolte, fournit des blés aux arrondissemens de l'est, Fenestrange, Sarrebourg et Blamont, et la Meuse à ceux de Toul, de Pont-à-Mousson, etc., du côté opposé.

Les mercuriales sont, en général, rédigées avec plus de régularité dans la plupart des marchés du département de la Meurthe que dans ceux de la Moselle, etc. C'est dans ce département qu'a été établie la ferme de Roville dont les expériences agricoles contribuent à instruire les cultivateurs par toute la France.

———

Vosges. En 1817, la quantité de terres ensemencées en céréales dans ce département était d'environ 97,300 hectares; dans la distribution de ce nombre entre les différentes espèces, l'avoine avait la plus forte part : 36,900 à peu près étaient ensemencés en ce grain, 33,200 en froment, 13,000 en seigle, 2,600 environ en méteil, 7,400 en orge et 2,500 en sarrazin.

L'hectare produisait en froment et en méteil, 10 hectolitres; 8 en seigle, 15,61/100 en orge, 12 en sarrazin, 18,75/100 en avoine.

Les 4/5ᵉˢ du département se composent de montagnes dont la population ne se nourrit que de pommes de terre, de pain d'avoine et de sarrazin; les villes sont peu nombreuses, peu peuplées; il n'y a point de grands marchés, et ils ne sont pourvus qu'en raison de la consommation locale; on y vend plus d'épeautre que de froment; celui d'Épinal est le mieux approvisionné; on y apporte des blés du canton de Vaudemont (Meurthe).

Le département des Vosges supplée à ce qui lui manque par des importations des départemens environnans; celui de la Meurthe alimente communément ses marchés du nord, Charmes, Mirecourt, Rambervillers, Raon, Saint-Diey, Bruyère, et même Remiremont. L'arrondissement de Neufchâteau, voisin des départemens de la Meuse et de la Meurthe, et lui-même fertile au-delà de ses besoins, verse ses excédans sur les autres parties du département. Neufchâteau est l'entrepôt des grains qui, de ces deux départemens, se rendent à Gray pour descendre dans le Midi par la Saône.

Les Vosges reçoivent aussi des secours en grains des deux départemens du Rhin.

Le prix moyen de l'hectolitre de froment y a varié dans les seize années ordinaires de 1797 à 1817 de 11 fr. 40 c. à 20 fr. 23 c. Dans les quatre autres, il s'est élevé, en 1802, à 21 fr., en 1811 à 22 fr. 65 c., en 1812, à 29 fr. 75 c., et, en 1816, à 31 fr. 67 c.; mais ces derniers prix, tout élevés qu'ils sont, ne peuvent faire apprécier les malheurs que les disettes de ces deux années causèrent à une population qui ne vit point de froment.

Le Haut-Rhin est l'ancienne Haute-Alsace. La majeure partie de ce département est, comme celui des Vosges, couverte de montagnes ; sa partie plane n'occupe qu'environ le cinquième de sa surface ; elle est voisine du Bas-Rhin et participe de sa fertilité.

Des dix départemens de cette région, le Haut-Rhin est celui qui a le moins de terres arables. On n'y comptait en 1817 qu'à peu près 77,600 hectares ensemencés en grains. Sur ce nombre, environ 24,800 l'étaient en froment, 9,900 en seigle, 7,500 en méteil, 19,500 en orge, un peu plus de 700 en sarrazin, un peu moins de 10,500 en avoine, et de 300 en maïs, grain que nous retrouvons ici, dans le voisinage du duché de Bade où il est très-cultivé, et à la même latitude que la Sarthe et le Morbihan (1).

Les produits moyens de cette même année étaient, par hectare, de 12 hectolitres en froment, 11 en méteil, 9,40/100 en seigle, 10 en orge, 4 en sarrazin, 5,70/100 en maïs, 15,20/100 en avoine ; produits bien inférieurs à ceux que nous verrons dans l'autre partie de l'Alsace qui forme le département du Bas-Rhin.

L'épeautre est commun dans la partie montagneuse du Haut-Rhin.

----

(1) Voir l'article *maïs* dans la première partie de cet ouvrage, et les articles de ces départemens dans la seconde.

La différence dans le prix des blés entre l'un et l'autre dépar-
ment, est de même, habituellement, considérable ; celui de l'hectolitre de froment n'y a point été au-dessous de 16 fr. 05 c.
dans les vingt années de 1797 à 1817 ; il y est monté, en temps ordinaires, à 22 fr. 12 c. ; dans les années difficiles, 1802 et 1811,
il s'est élevé à 22 fr. 78 c. et 25 fr. 20 c., et dans les années
calamiteuses de 1812 et 1816, à 50 fr. 26 c. et 55 fr. 73 c.

Le Haut-Rhin, comme les Vosges, ne récolte point assez de
grains pour sa consommation ; il en reçoit du Bas-Rhin, de la
Meurthe, de la Haute-Saône, des Vosges même, qui y amènent
des seigles et des avoines et qui en emportent du froment, et, quand
l'importation est licite, d'outre-Rhin. Ses principaux marchés
sont ceux de Belfort, où il se vend moins de grains que de farines, supérieures en qualité à celles du Doubs et de la Haute-
Saône d'où les boulangers viennent s'y approvisionner, d'Alt-
kirch, de Mulhausen, de Thann, de Dannemarie, qui sont tous
garnis des blés de leur sol, et les marchés de Colmar et de
Neufbrisach qui s'accroissent des grains qu'y amènent les courtiers du Bas-Rhin. Le marché étranger de Fribourg en Brisgaw
exerce souvent de l'influence sur ceux de ces deux dernières
places, et par eux sur tous les autres. Le canal qui joint maintenant le Rhin au Rhône par la Saône étendra pour le commerce
des céréales, comme pour tout autre, les relations du département du Haut-Rhin avec l'intérieur.

Le Bas-Rhin était la Basse-Alsace. C'est un des départemens
les plus riches en productions territoriales, et celui des trois ré-

gions septentrionales que nous venons d'étudier où la terre donne les plus forts produits. Si les états de 1817 que nous avons pris pour texte méritent à cet égard quelque confiance, les récoltes auraient été de 20 hectolitres en froment et en méteil par hectare, de 18,75/100 en seigle, 23,70/100 en orge, 15 en maïs et 30 en avoine.

Le nombre d'hectares ensemencés en céréales n'était que d'environ 98,300, quantité seulement égale à celle du département des Vosges, mais, comme on vient de le voir, beaucoup plus fertile. Les terres employées à la culture de la garance et du tabac sont enlevées à celle du blé. Le froment occupait à peu près 44,300 hectares, le seigle 6,800, le méteil 3,400, l'orge 24,900, le maïs 1,235 et l'avoine seulement 8,600.

Le prix moyen de l'hectolitre de froment est descendu moins bas dans ce département que dans beaucoup d'autres moins abondans; dans les vingt années de 1797 à 1817 il a été de 12 fr. 44 c. une seule année, en deux autres de 14 fr. 56 c. et 14 fr. 63 c., et dans les autres jamais au-dessous de 15 fr., mais sans s'élever à 20 fr. dans les années ordinaires. Dans celles de mauvaises récoltes, il s'éleva à 20 fr. 70, en 1802; à 22 fr. 65 c., en 1811; à 27 fr. 90 c., en 1812, et à 30 fr. 88 c., en 1816.

Le Rhin, qui sépare la France de l'Allemagne, et qui porte jusqu'à la mer de Hollande les productions du sol français qui le borde et de celui que traversent les rivières qui y affluent, est navigable dans toute l'étendue du département du Bas-Rhin; le territoire de ce département est arrosé par un grand nombre de rivières, dont la principale, l'Ill, qui coule du sud au nord depuis sa source dans le Haut-Rhin jusqu'à Strasbourg, est navigable depuis Schelestadt. Plusieurs canaux unissent entre elles plusieurs de ces rivières. Le canal de jonction du Rhin au Rhône ouvre depuis peu une communication par eau de Strasbourg à Marseille, comme le Rhin seul en avait établi une de Strasbourg à Amsterdam.

Les marchés de Strasbourg, de Weissembourg, d'Haguenau et de Schelestadt, sont les principaux du département. Les grains, sur les deux premiers, proviennent du sol de ces arrondissemens, du département de la Meurthe, et, lorsque l'importation est ouverte, d'au-delà du Rhin et de la rive gauche de la Loter, qui fournit surtout de l'épeautre. Le marché d'Haguenau, outre les blés de son territoire, en reçoit de celui de Weissembourg et aussi du département de la Meurthe par Saverne. Ce sont les cultivateurs qui amènent ces blés et non les blatiers. Le marché de Schelestadt est approvisionné par son arrondissement. Des courtiers y présentent aussi des blés de ceux de Weissembourg et de Strasbourg qu'ils conduisent à Colmar, et plus loin, quand ils n'ont pu les vendre à Schelestadt.

Indépendamment de la faculté d'acheter au marché, où les ventes se font toujours sur quantités exposées, et non point seulement sur échantillons, on achète facilement dans les greniers des cultivateurs.

En général, les grains de l'Alsace sont d'une très-bonne qualité; l'usage des mesures métriques est plus habituel dans les deux départemens du Rhin que dans d'autres départemens. Les mercuriales y sont aussi rédigées avec plus d'exactitude. Cepen-

dant, sur la frontière étrangère, l'usage du *malder* et du *viertel*
se perpétue dans les transactions particulières.

En somme, le département du Bas-Rhin, malgré les importa-
tations qui s'y fent soit de l'intérieur, soit du Palatinat et du
pays de Bade, consomme moins de grains qu'il n'en récolte; il
en exporte constamment dans le Haut-Rhin, dans les Vosges,
et, selon les temps, en Suisse et au-delà du fleuve, et aussi,
vers le Nord, dans la partie orientale du département de la Moselle et au-delà de la frontière.

Les maisons commerçantes de Strasbourg ont de l'éloignement pour le commerce des grains ; effet probable de l'ancienne
animadversion du peuple à l'égard de ceux qui se livraient à
l'exportation des blés vers l'Allemagne. Avec tant de moyens
d'établir des moulins le commerce des farines y est tout-à-fait
ignoré.

OBSERVATIONS GÉNÉRALES.

Les marchés des départemens de cette région qui
servent de régulateurs pour l'exportation et l'importation sont ceux de Charleville (Ardennes), Metz
(Moselle), Verdun (Meuse), Strasbourg et Mulhausen (Haut et Bas-Rhin).

Pour ne pas grossir ce volume de remarques faciles à faire par ses lecteurs, nous les renvoyons à

celles qui terminent nos notices sur les deux premières régions, et aux résumés des pages 93, 109,
113, qui leur indiqueront l'objet de quelques-unes
de ces remarques.

CHAPITRE III.

Suite du TABLEAU SOMMAIRE du commerce des céréales par départemens.

RÉGIONS INTERMÉDIAIRES.

Les régions situées entre celles du nord et celles du midi sont aussi au nombre de trois : ce sont les régions de l'ouest, du centre et de l'est.

4e *Région* ou *Région de l'Ouest.*

Neuf départemens composent cette région, dont trois, la Loire-Inférieure, Maine-et-Loire et Indre-et-Loire, s'étendent inégalement sur les deux rives de la Loire ; les six autres sont situés au midi de ce fleuve : ce sont les départemens maritimes de la Vendée et de la Charente-Inférieure, et ceux de la Charente, des Deux-Sèvres, de la Vienne et de la Haute-Vienne. Ce retour vers l'ouest va nous faire retrouver dans cette région quelques-uns des faits particuliers à la première.

———

Loire-Inférieure ; le cinquième des départemens formés de l'ancienne Bretagne.

86,600 hectares y étaient ensemencés en céréales en 1817; voici quelle était leur distribution :

Froment 57,200 environ, seigle 21,000, méteil 1,000, orge 1,800, sarrazin 17,600, maïs et millet 1,100, avoine 6,000. De même que dans presque tous les autres départemens, ces chiffres ne s'accordent point avec ceux des statistiques antérieures, quoique dressées par les préfets de la Loire-Inférieure ou sous leurs yeux.

Le produit moyen de l'hectare est porté dans cette même année, savoir : en froment et en méteil à 11 hectolitres 20/100, à 8,50/100 en seigle, 10,80/100 en orge, 10 en sarrazin, 7,50/100 en maïs et millet et 12,60/100 en avoine.

On cultive moins la vigne qu'autrefois dans ce département ; la charrue en a profité.

Selon le relevé des prix moyens de l'hectolitre de froment de 1797 à 1817, celui de ce département, dans les années ordinaires, descendit à 10 fr. 94 c. et monta à 21 fr. 30 c. ; dans l'année d'extrême disette 1812, il s'éleva à 35 fr. 35 c., et seulement à 22 fr. 63 c. en 1816. Le froment croît principalement dans les terres d'alluvion des arrondissemens de Nantes, de Paimbeuf, sur la rive gauche de la Loire, et de celui de Savenay situé sur la rive droite. Ce grain et le seigle sont les principales récoltes des arrondissemens d'Ancenis et de Châteaubriant : ce dernier couvert de bois est le moins fertile.

Le sarrazin est la nourriture habituelle des paysans, principalement sur la droite de la Loire, où il y a beaucoup de landes et de grandes forêts ; l'usage du millet est plus commun sur la rive opposée.

Les plus forts marchés de grains sont, après celui de Nantes, savoir : sur la rive droite, ceux de Savenay, de Guérande, du Croisic, du Pont-du-Château, de Blayn, de Nozai et Châteaubriant ; et sur la rive gauche, ceux de Vallet et de Machecoul. Mais les grains qui se vendent sur ces marchés, principalement sur celui de Nantes, ne sont pas tous du sol du département ; ils y arrivent des départemens de la Loire supérieure, de ceux des Deux-Sèvres et de la Vendée, et quelquefois même d'autres beaucoup plus éloignés voisins de l'Aube et de la Marne. La majeure partie de ces arrivages, en grains et en farines, s'exporte par la mer à Paimbœuf, au Croisic, pour les côtes de France et d'Espagne, pour la Méditerranée, pour Terre-Neuve au temps de la pêche de la morue, et pour nos colonies. Il est difficile de faire la part du département de Loire-Inférieure dans ces exportations. Ses produits ne balancent pas ses consommations.

La mer apporte aussi à Nantes des blés étrangers au département, des farines de l'Amérique, mais moins qu'au Hâvre depuis quelques années, et seulement pour la consommation locale ; ils ne remontent plus haut dans l'intérieur que dans les années d'extrême pénurie.

L'Erdre sur la droite de la Loire, et la Sèvre-Nantaise sur la gauche, qui tombent dans la Loire près de Nantes, sont les principales rivières de ce département; peu sont navigables, et ne le sont que pour de très-petits chargemens. Un canal établit maintenant une communication intérieure de Nantes à Brest.

Les pratiques des ventes sur les marchés sont les mêmes que dans les autres départemens de l'ouest : nulle part les mercuriales ne sont rédigées avec si peu de soin que dans celui-ci.

———

MAINE-ET-LOIRE. Ce département, situé à l'est du précédent et sur la Loire, est formé de l'ancienne province d'Anjou; quoique la vigne en occupe une grande partie, il a plus de terres arables que l'autre, et ces terres y rendent davantage : sous ce rapport il est, après celui des Deux-Sèvres, le plus productif de cette région.

On y comptait en 1817 150,000 hectares ensemencés en grains, sur lesquels 53,000 l'étaient en froment, un peu plus de 60,000 en seigle, nombre le plus considérable que nous ayons vu jusqu'à présent pour ce grain, excepté dans le département de la Marne; 6,600 en méteil, environ 9,700 en orge, 5,200 en sarrazin, 1,500 en millet ou maïs et 10,600 en avoine.

On y portait le produit moyen de l'hectare à 12 hectolitres 1/2 de froment et de méteil, à 10 2/3 de seigle, 18 1/2 d'orge, 10 de sarrazin, 6 de maïs ou millet et 17 1/2 d'avoine.

Presque constamment, dans le cours des vingt années de 1797 à 1817, le froment a été moins cher dans ce département que dans celui de la Loire-Inférieure, différence qu'expliquent une plus grande abondance dans le premier et les frais de transport dont s'accroît le prix des blés que reçoit le second ; le plus bas prix moyen de l'hectolitre de froment a été dans le Maine-et-Loire de 10 fr. 82 c., le plus haut de 20 fr. 85 c., sauf l'année calamiteuse 1812, où il s'éleva à 32 fr. 30 c. En 1816, il resta à 21 fr. 54 c.

Ce département est partagé en deux par la Loire ; elle reçoit sur la rive droite la Mayenne, dans laquelle tombe l'Oudon, le Loir, et la Sarthe à leur sortie du département de ce nom, et plusieurs autres rivières navigables ; et sur la rive gauche, le Layon et le Thouet, par lesquels les blés des départemens de la Vienne et des Deux-Sèvres descendent à Saumur.

Cette ville placée sur la Loire est celle où le commerce des blés a le plus d'importance. Beaufort, sur l'autre rive du fleuve, dans l'arrondissement de Beaugé, est aussi un lieu d'entrepôt, mais seulement des blés du département. Les autres arrondissemens suffisent à leur consommation, et plusieurs ont des excédans qui s'écoulent par la Loire, soit en la descendant vers Nantes et la mer, soit en la remontant vers Tours, Blois, Orléans, et quelquefois même par le canal de cette ville et celui de Briare vers les départemens du centre et vers la capitale. Ce n'est guère que dans les années de mauvaises récoltes que les blés remontent ainsi la Loire. Saumur a plusieurs maisons adonnées au commerce des grains et des graines ou légumes secs, les fayols ou haricots, les fèves, etc. ; mais elles n'opèrent que par commission : c'est, en général, ce qu'elles font toutes par toute la France. Plusieurs dans cette ville fabriquent des farines pour leur compte. Le travail de la meunerie s'étend de plus en plus chaque année, et l'art de la mouture se propage avec succès.

Le gouvernement a tiré de Saumur pendant les années 1816 et 1817 220,000 hectolitres de froment, 17,000 de seigle et 7,000 d'orge pour l'approvisionnement de Paris ; mais tous ces grains ne provenaient pas des récoltes du département de Maine-et-Loire, non plus que tous ceux qui s'en exportent dans les temps ordinaires ; les départemens que nous venons de nommer y contribuent plus ou moins. On évalue à 150,000 hecto-litres le froment et le seigle qu'il peut exporter de son propre sol. Outre les achats ordinaires sur les marchés, les négocians commissionnaires ont des courtiers qui vont chez les cultivateurs acheter des grains que les vendeurs se chargent d'amener et de livrer sur la Loire, à bord des barques qui doivent les conduire plus loin : ces blés battus à l'aire ne sont jamais suffisamment nétoyés.

Indre-et-Loire, l'ancienne Touraine. Ce département est limitrophe du précédent en remontant la Loire. Ce *jardin de la France*, plus fertile en fruits, en légumes, en vins, qu'en grains, ne récolte point assez de blés pour sa consommation. Par sa situation entre les départemens de Maine-et-Loire, de la Vienne, de l'Indre, qui lui fournissent des grains, et ceux de Loir-et-Cher et du Loiret qui lui en demandent, il reçoit et retient plus qu'il ne donne ou transmet.

A la gauche de la Loire, le Cher, l'Indre, la Vienne, appor-tent vers ce fleuve les denrées des arrondissemens méridionaux de ce département et des départemens voisins qui prennent leur

nom de ces rivières. Sur la droite, où il touche aux départemens de la Sarthe et de Loir-et-Cher, le sol est moins fertile et
se compose de landes.

Son territoire ensemencé en grains consistait en 1817 en
166,000 hectares ainsi répartis :

Froment 65,500, méteil environ 12,500, seigle à peu près
17,300, orge 22,400, sarrazin 300, maïs ou millet 2,500,
avoine 42,200.

On y comptait le produit moyen d'un hectare pour 9 hectolitres en froment et en seigle, pour 9 1/3 en méteil, 8 en orge,
12 en sarrazin et en millet ou maïs et 10 en avoine ; évaluation
peut-être approximative, mais évidemment arbitraire, comme
ailleurs.

Les grains qui sortent du département, de quelque source
qu'ils proviennent, suivent les mêmes voies que ceux de Saumur et des autres entrepôts de Maine-et-Loire. Les pratiques
de ce commerce y sont les mêmes. Aucun marché n'est signalé
comme fournissant plus que les autres à ces exportations. Ceux
de Loches, Tours, Chinon, sont les principaux.

Quant au prix moyen du blé, celui de l'hectolitre de froment
a été dans les vingt années indiquées précédemment, savoir :
en temps ordinaires, le plus bas 10 fr. 27 c., le plus haut
19 fr. 54; et, dans les années mauvaises, 21 fr. 08 c. en 1802,
32 fr. 38 en 1812, et 21 fr. 11 c. en 1816.

Les départemens de Loir-et-Cher et du Loiret,
situés, comme les trois que nous venons de par-

courir, sur l'une et l'autre rive de la Loire, au-dessus d'eux, n'appartiennent point à la même région, mais à la 5e. Nous allons maintenant voir les autres départemens qui en font partie, tous situés au-delà de la Loire, et dont les trois premiers, la Vendée, les Deux-Sèvres et la Vienne, sont formés de l'ancien Poitou. De même qu'en Bretagne, en Normandie, etc., les usages de l'un de ces départemens sont à peu près ceux des autres de la même province.

La Vendée est partagée en deux sections distinctes, le *Bocage* et le *Marais;* cette dernière est celle qui avoisine la mer, c'est la plus fertile; mais une grande étendue de terre y attend encore des travaux de dessèchement. On y récolte du froment, peu de seigle, de l'orge carrée et de l'avoine. Tout ce qui excède la consommation s'exporte pour Nantes, Bordeaux, La Rochelle, Rochefort, les îles de la Charente, et même pour nos ports de la Méditerranée, où ils sont reçus sous la dénomination de blés de Bretagne, commune aux blés du Ponant. La partie occidentale du Marais est d'une fécondité extraordinaire; la terre végétale y est très-profonde.

Le Bocage, quoique moins riche en céréales, produit aussi des blés au-delà des besoins de ses habitans, parce qu'ils se nourrissent plus de seigle, d'orge, de sarrazin et de millet que de froment. Ce dernier grain croît dans les vallons et sur les plateaux ; les autres sur le penchant des collines. Le Bocage verse l'excédant de ses récoltes sur Nantes et la basse Loire.

Les deux principales rivières de ce département sont la Vendée et l'Authise qui ne sont navigables ou ne peuvent le devenir que pendant une partie de leur cours ; elles tombent dans la Sèvre-Niortaise, qui porte à Marans, port de la Charente-Inférieure, les blés qui se chargent dans plusieurs petits ports situés sur les bords de l'une et de l'autre. La plaine est coupée et assainie par beaucoup de petits canaux qui facilitent les transports. La Vendée exporte aussi des blés par ses ports des Sables-d'Olonne, de Saint-Gilles, et par celui de Beauvoir, en face de l'île de Noirmoutier.

Cette île est d'une étonnante fertilité ; la terre n'y repose jamais. Elle exporte annuellement une quantité de froment considérable pour son étendue.

La Sèvre-Nantaise, qui coule au nord du département, fait tourner un grand nombre de moulins à farine.

En 1817, la Vendée avait 135,500 hectares ensemencés en céréales, dont 70,100 en froment, 26,000 en seigle, 8,200 environ en méteil, 21,300 en orge, 1,850 en sarrazin, 550 en mil ou maïs, et en avoine 4,750 seulement.

Malgré ce que nous avons rapporté ci-dessus touchant la fertilité du sol de ce département, ses produits moyens ne figurent dans l'état de cette même année que pour 7 hectolitres 1/2 par hectare en froment et en méteil, 6 3/8 en seigle, 10 en orge de mars (distique ou balliarge), 12 en sarrazin et en millet et

(275)

12 1/2 en avoine. Ces appréciations semblent manquer d'exactitude.

Jamais, dans l'intervalle de 1797 à 1817, le prix moyen de l'hectolitre de froment n'a dépassé 19 fr. 50 c. dans ce département; dans les années ordinaires, le plus bas a été de 9 fr. 96 c. En 1812, il a atteint 52 fr. 74 c.; il est resté à 21 fr. 52 c. en 1816.

Fontenay, Montaigu, les Sables, la ville appelée anciennement la Roche-sur-Yon, et depuis Napoléon, et Bourbon-Vendée, sont les principaux lieux de foires et de marchés de ce département; mais la nature du pays, le défaut de routes et le peu de population de ces villes, rendent ces marchés sans importance pour le commerce des blés. Les grains de ce pays sont sales; le *herpage* qu'on leur fait subir avant de les embarquer ne suffit pas pour les nétoyer.

———

DEUX-SÈVRES. Ce département, situé entre ceux de Maine-et-Loire au nord, de la Vendée à l'occident, des deux Charentes au midi, et de la Vienne à l'orient, prend son nom de deux rivières, dont l'une, ainsi qu'on l'a vu dans la notice sur la Loire-Inférieure, va se jeter dans la Loire près Nantes, où elle n'est navigable que près de son embouchure, et d'où elle a reçu le nom de Sèvre-Nantaise, et l'autre, qui se dirige vers le sud-ouest sous celui de Sèvre-Niortaise parce qu'elle passe à Niort, va tomber dans l'Océan. C'est par elle principalement que les blés du département et une partie de ceux qu'il reçoit du département de la Vienne descendent vers la mer, à Marans, petit port de la Charente-Inférieure, qui peut être mis au nombre des plus grands marchés de grains de cette région.

Toutes les parties de ce département produisent des blés. En 1817, l'étendue de terres ensemencée en grains était à peu près la même qu'en Vendée, environ 135,300 hectares, mais tout autrement distribuée entre les différentes espèces. C'était pour le froment environ 42,300, pour le seigle 36,500, pour le méteil 16,100, pour l'orge 26,600, pour le sarrazin 2,000, pour le maïs et le millet à peu près 1,400 et pour l'avoine 10,500. Le produit de l'hectare y était aussi porté beaucoup plus haut que dans l'autre département. C'était 13 hectolitres 21/100 en froment, 15,37/100 en méteil, 8 seulement en seigle, 18,25/100 en orge, 10 en sarrazin, 23,11/100 en millet ou maïs et 23,76/100 en avoine.

Cette mesure des terres ensemencées en grains et leur répartition ne se rapportent en aucun point avec une statistique du département des Deux-Sèvres antérieure à 1817, publiée par un de ses préfets.

Le méteil se compose ici, comme dans la Vendée, d'un mélange de froment et d'orge d'hiver, et non de froment et de seigle : on appelle ce mélange *méture ;* c'est ce qui explique la disproportion entre le chiffre du produit en méteil et le chiffre du produit en seigle et en froment.

Comme dans la Vendée aussi, l'espèce d'orge la plus cultivée est la balliarge.

Toutes les terres à blé sont labourées à la charrue ; mais la charrue n'est pas la même dans tous les cantons ; celui de Melle a une méthode de culture qui lui est propre, et que par cette raison on appelle culture melloise. Ce département se distingue encore entre ceux de l'ouest par d'heureux essais d'amélioration dans la culture des céréales. On y a introduit plusieurs variétés de froment d'hiver, le froment d'été, celui de Pologne et le blé de Miracle.

Ses récoltes excédent sa consommation. Il exporte par la Sèvre, de Niort, des fromens à Bordeaux, des farines à Rochefort pour la marine, à La Rochelle et dans les îles de la Charente; ces farines se fabriquent dans les minoteries de la Mothe-Saint-Héraye, à Salles et à Exaudens. L'excédant d'orge s'écoule dans les deux départemens de la Charente.

Parthenay et Saint-Maixent ont de forts marchés de grains; ceux de Thouars et de Bressuire sont moins fréquentés.

VIENNE. L'ancien Haut-Poitou. C'est, au dire l'un de ses anciens préfets, le plus pauvre et le moins fertile des trois départemens de cette province. Le produit moyen des terres arables y est cependant porté plus haut dans notre état des récoltes de 1817 que celui des terres du département de la Vendée; ce produit est par hectare, de 9 hectolitres 1|3 en froment, 9,02 en seigle, 8 3/4 en méteil, 11 en orge, 10 en sarrazin, 21 en maïs ou millet et 13,08 en avoine.

Le nombre d'hectares ensemencés était de 165,500 à peu près, desquels 69,500 environ l'étaient en froment, 16,600 en méteil, 27,800 en seigle, 29,100 en orge, 100 en sarrazin, 1,600 en maïs ou millet et 20,000 en avoine.

Ce département, situé dans l'intérieur des terres, n'a pas comme les deux autres des rivières navigables ou des canaux pour écouler ses productions et encourager sa culture ; son commerce en céréales consiste, au-delà des ventes qui se font sur les marchés pour la consommation locale et pour quelques cantons voisins des départemens de la Charente et de la Haute-Vienne, où ils sont transportés par terre, en versemens sur la Loire par la Vienne, mais cette rivière n'y est navigable qu'au-dessous de Chatellerault.

Les cantons de Mirebeau et ceux de Sauzay et Latille, contigus au département des Deux-Sèvres, sont très-fertiles en blé ; le marché de Mirebeau est un des plus considérables du département. L'arrondissement de Loudun, qui touche au département de Maine-et-Loire, ne manque pas aussi de fertilité, mais il a peu de terres labourables : les autres parties du département sont, en général, moins propres à la culture des grains, si ce n'est du seigle et de l'avoine ; elles sont ou composées de terres glaiseuses, ou couvertes de landes, de bruyères, de marais et de bois. Le Clain, la Vienne, la Charente, si ces rivières étaient rendues navigables partout où l'on les croit susceptibles de l'être, donneraient à la culture une face nouvelle ; elle est encore dans l'enfance dans les parties les plus voisines des départemens de l'Indre, de la Haute-Vienne et de la Haute-Charente, quoique ce soit sur ce dernier point que la culture du maïs a pénétré dans le département de la Vienne.

La valeur de l'hectolitre de froment a varié de 10 fr. 67 c. à 19 fr. 50 c. ; dans les années ordinaires de 1797 à 1817 ; elle monta à 53 fr. 10 c., et à 21 fr. 13 c. dans les années disetteuses 1812 et 1816.

CHARENTE-INFÉRIEURE, département formé des anciennes provinces d'Aunis et de Saintonge, traversé dans toute sa largeur de l'est au nord-ouest par la Charente, qui y reçoit plusieurs rivières et qui y a son embouchure dans la mer, à Rochefort. Il est séparé au nord du département de la Vendée par la Sèvre-Niortaise, au sud-ouest par la Gironde du département de ce nom qui le borne au midi. Il a au levant ceux de la Charente et des Deux-Sèvres. C'est un de nos départemens les plus favorablement disposés pour le commerce maritime. Les îles de Ré, d'Aix et d'Oléron, qui toutes ont besoin pour leur subsistance des secours du continent, font partie de ce département.

Son sol, plus propre, en général, à la culture de la vigne qu'à celle du blé, produit néanmoins beaucoup de céréales ; des neuf départemens de cette région, c'est celui qui, selon l'état de 1817, en récolterait le plus et aurait aussi le plus de terres ensemencées en grains. Son sol cependant n'y est pas présenté comme plus fertile, ni même autant que celui de la Vendée.

Nombre d'hectares ensemencés :

En froment à peu près 96,000, en seigle 6,000, en méteil ou méture (voir les deux articles précédens) 13,900, en orge 57,500, en maïs et millet 23,000, en avoine 20,300 (en légumes et menus grains 8,500) : total, environ 205,000.

Des chiffres ronds indiquent ainsi le rapport moyen de l'hectare dans cette même année : en froment 7 hectolitres, en seigle 6, en méteil 8, en orge 9, en maïs, etc., 19, et 14 en avoine. Ce qui est à remarquer le plus dans ces détails, c'est l'absence totale du sarrazin, et la présence du maïs qui le remplace dans le régime alimentaire de la population des campagnes.

Voici le prix de l'hectolitre de froment dans ce département de 1797 à 1817 : plus bas 11 fr. 61 c., plus haut 21 fr. 12 c., sauf les trois années 1799, 1800 et 1801, où ce prix s'éleva, par des causes probablement particulières à ce département, à 26 fr. 40 c., 28 fr. 13 c., et 24 fr., car les autres départemens ne ressentirent point cette cherté.

Dans les années d'extrême disette, 35 fr. 63 c. en 1812, et 25 fr. 22 c. en 1816.

Comme partout où le peuple se nourrit des moindres céréales, le froment n'est ici qu'un objet de commerce. Outre la consommation locale des villes et les approvisionnemens de la marine de Rochefort, lesquels pourtant ne se puisent pas en totalité dans ce département, et ceux qui se font pour les armemens du commerce à la Rochelle, etc., la Charente-Inférieure exporte des grains et des farines, principalement par le port de Marans ; mais nous avons vu, dans l'article précédent, que ces denrées proviennent en grande partie des départemens de la Vendée, des Deux-Sèvres, et même de la Vienne. Les farines viennent de celui de la Haute-Charente.

Marans excepté, ce département n'a aucun marché remarquable pour le commerce des grains.

———

Charente, l'ancien Angoumois. Ce département est traversé, du nord au midi jusqu'à Angoulême, et de là au couchant, par la rivière dont il prend le nom, et qui y est navigable dans tout son cours ; elle est couverte de moulins, ainsi que la

Touvre et d'autres rivières moins considérables ; mais tous les grains qui alimentent ces usines ne sont point du sol du département ; ils y arrivent des départemens voisins, et ils y retournent convertis en farine, ou sont dirigés vers la Basse Charente pour être exportés.

Le département de la Charente ne récolte point assez de blés pour en vendre ; ses récoltes égalent à peine la moitié de celles de la Charente-Inférieure.

On y comptait, en 1817, 166,000 hectares ensemencés, savoir : en froment, 50,000, 26,000 en seigle, 16,000 en méteil, 24,000 en orge, 2,000 en sarrazin, 25,000 en maïs et millet et 14,000 en avoine. On voit que les grains inférieurs occupent le plus de place. La châtaigne est aussi un des alimens de cette province ; la récolte de 1817 y est portée à 60,000 hectolitres de ce fruit (1).

L'hectare de terre y rendait moins encore que dans la Vendée et la Charente-Inférieure ; son produit moyen n'était ici que de 6 hectolitres 1/4 en froment et en méteil, de 5 en seigle, 7 1/2 en orge, 6 1/2 en sarrazin, 5 en maïs et millet (au lieu de 19 dans la Charente-Inférieure ; ce qui fait soupçonner quelque erreur dans l'un ou l'autre chiffre) et 10 1/2 en avoine.

Ainsi que dans la Charente-Inférieure et probablement par les mêmes causes, le prix du blé excéda de beaucoup dans celui-ci le prix des départemens voisins dans les années 1799, 1800 et 1801. Dans les années ordinaires de 1797 à 1817, il

---

(1) Voir à la fin de la note page 110 le rapport de l'hectolitre de cette substance à celui du blé.

varia de 12 fr. 72 c. à 21 fr. 05 c. ; dans celles de disette, il s'éleva, savoir : en 1812, à 34 fr. 19 c. ; en 1816, à 25 fr. 22 c.

L'arrondissement de Ruffec est le seul qui soit remarquable pour sa fertilité en blé.

———

Haute-Vienne, l'ancien Limousin. Ce département a moins encore d'importance que le précédent sous le rapport du commerce des blés. Ce commerce, borné à la consommation locale, ne consiste que dans le colportage d'un marché sur un autre, principalement de ceux des départemens de la Vienne, de l'Indre, et même de la Charente. Dans les mauvaises années, on y a fait remonter à grands frais des grains de l'Agénois, situé sur la Garonne.

De 120,300 hectares environ ensemencés en céréales en 1817, 9,550 seulement l'étaient en froment, 400 en méteil et 1,600 en orge. Le seigle et le sarrazin sont les espèces les plus cultivées ; on comptait pour le premier à peu près 67,200 hectares, et pour le second 57,200. L'avoine n'en occupait qu'un peu plus de 2,400.

La population se nourrit en grande partie de pommes de terre, de châtaignes ; la récolte en était évaluée cette même année à 145,000 hectolitres en châtaignes et à 1,482,000 en pommes de terre : les châtaignes sont un objet de commerce extérieur.

Le produit des terres y était porté encore moins haut que dans celui de la Charente, savoir : en froment à 6 hectolitres par hectare, à 7 en seigle, 4 en méteil, 9 en orge, 12 en sarrazin, 4 en maïs et millet et 8 en avoine.

Le prix moyen du froment s'y éleva en 1812, à 35 fr. 20 c; en 1816, à 25 fr. 33 c. dans les autres années ordinaires, de 1797 à 1817, il avait varié de 14 fr. 75 c. à 22 fr. 95 c.

OBSERVATIONS GÉNÉRALES.

Nous renvoyons encore ici à l'observation générale de la page 204.

Les départemens de cette 4e région sont, malgré la fertilité de quelques-uns, du nombre de ceux où l'homme se nourrit des grains les moins substantiels. La *méture* des départemens de la Vendée et des Deux-Sèvres n'est souvent qu'un composé où l'orge et l'avoine l'emportent sur le froment ; dans d'autres, et peut-être dans tous, puisque ceux-là sont les plus riches, le pain est fait avec ce même mélange, auquel on ajoute des pois, et même de l'ail pour lui donner de la saveur. La châtaigne et la pomme de terre, principalement dans les deux départemens de la Charente et dans les deux de la Vienne, tiennent lieu de pain, quoiqu'une partie du sol qu'elles occupent puisse donner de meilleures substances. C'est aux hommes d'état à porter leurs vues sur les moyens, déjà indiqués en partie, d'améliorer sous ce rapport la condition de l'homme, et d'agrandir tout à la fois son aisance et ses lumières.

———

Les marchés régulateurs des importations et exportations des céréales par les ports de la Loire-Inférieure, de la Vendée et de la Charente-Inférieure, sont ceux de Saumur, de Nantes et de Marans.

———

5ᵉ *Région* ou *Région du Centre.*

La presque totalité des récoltes des neuf départemens qu'embrasse cette région se consomme dans son enceinte, ou, peu au-delà, dans les départemens voisins du petit nombre de ceux qui ont quelques excédans. Ce qui, dans les années d'abondance, peut descendre vers la mer de ceux qui sont à portée de la Loire est de trop peu d'importance pour qu'on en tienne compte Le mouvement commercial des grains ainsi circonscrit, nous exposerons succinctement ce qui est particulier à chaque département.

Loir-et-Cher, composé du Blaisois, du Vendômois et d'une partie de la Sologne. Les deux rivières dont ce département porte le nom, et la Loire qui le sépare en deux parties presque égales, sont navigables ; mais il renferme une grande étendue de terres incultes ou impropres à la culture des grains, et de grandes forêts ; il n'est un peu fertile en blé que dans sa partie septentrionale qui touche à la Beauce ; il en tire de cette province, de l'Orléanais et du Berri.

Situation en 1817.

Nombre d'hectares ensemencés en grains : à peu près 157,000, savoir :

En froment environ 44,300, en seigle 25,700, méteil 11,300, orge 7,800, sarrazin 13,000, avoine 51,700.

Rapport moyen de l'hectare :

En froment, en méteil et en orge, 8 hectolitres 1/2, en seigle 6 1/2, en sarrazin 5 1/2, en avoine 9 1/2. On peut douter de l'exactitude de ces chiffres.

Prix de l'hectolitre de froment de 1797 à 1817 :

1° En temps ordinaires, plus bas 18 fr. 65 c., plus haut 21 fr. 81 c. ; 2° en temps extraordinaires, savoir : en 1802, 23 fr. 33 c., en 1812, 31 fr. 52 c., en 1816, 22 fr. 19 c.

———

Loiret, anciennement l'Orléanais, situé sur la Loire, au-dessus du département de Loir-et-Cher, touchant au nord à la Beauce, de laquelle il tire aussi des grains et des farines. Le canal d'Orléans, celui de Briare, celui de Montargis, établissent des communications faciles entre ce département et ceux de l'intérieur ; il est traversé par les barques qui se dirigent, par la Loire, vers Paris ou vers le midi en remontant ce fleuve, et par celles qui descendent vers la mer. Il est ainsi des mieux situés pour recevoir de tous côtés les denrées qui manqueraient à sa subsistance.

Il ne récolte point assez de grains pour sa consommation ; cependant, il exporte des blés et des farines, qu'il fabrique principalement sur la petite rivière du Loiret et sur la Loire, à Meung, à Beaugency, etc. Il contribue à l'approvisionnement de Paris.

Situation en 1817.

Quantité d'hectares ensemencés en céréales : environ 200,000, savoir :

à peu près 50,900 en froment, 32,000 en seigle, 27,100 en méteil, 17,500 en orge, 5,200 en sarrazin, 200 en maïs et 61,200 en avoine.

Produit moyen de l'hectare :

11 hectolitres en froment, 8 en seigle, 10 en méteil, 11 1/2 en orge, 5 1/2 en sarrazin, 5 en maïs, 12 en avoine. Toutes ces sortes d'évaluations donnent lieu à répéter sans cesse la même observation.

Prix de l'hectolitre de froment de 1797 à 1817 :

En 1802, 26 fr. 10 c. ; en 1805, 22 fr. 82 c. ; en 1812, 52 fr. 66 c. ; en 1816, 24 fr. 50 c. Dans les autres années de récoltes ordinaires : prix le plus bas 11 fr. 93 c., prix le plus haut 17 fr. 70 c.

Le Berri est partagé en deux départemens, l'Indre et le Cher, situés sur la rive gauche et méridionale de la Loire. C'est la province centrale du royaume.

« L'agriculture est très-en arrière dans le Berri.
» A ceux qui proposent des améliorations, on ré-
» pond : *Ce n'est pas la coutume...* La charrue est
» mauvaise... Deux grands obstacles s'opposeront
» long-temps à ces améliorations : la routine et
» le défaut d'argent. » (*Mémoire manuscrit.*)

L'INDRE, ou le Haut-Berri, est coupé par plusieurs rivières, dont l'Indre et la Creuse sont les principales. Cette dernière seule est navigable ; la première ne commence à l'être qu'à sa sortie du département, à Chatillon.

Le pays plat ou la Champagne, aux environs d'Issoudun et de Châteauroux, est couvert de vignes ; une autre partie est occupée par des bois, et une troisième par des étangs et des marais. On y exploite des mines de fer. Cependant, ce département produit des grains au-delà de sa consommation : la plaine de Vatan fournit du froment à la partie du département voisin de la Sologne et à l'Orléanais, et, du côté opposé, au département de la Creuse et aux deux départemens de la Vienne. C'est, comparativement à l'aridité des pays circonvoisins, que le département de l'Indre a été réputé pour sa grande fertilité en blé. Le froment et le seigle y sont de bonne qualité. On y cultive l'épeautre sous le nom d'ingrain.

Situation en 1817 :

175,000 hectares étaient ensemencés en grains, et répartis ainsi : froment 48,800, seigle 36,400, méteil environ 3,700, orge 37,100, sarrazin 3,200, avoine 43,200.

Les récoltes de cette année sont portées dans l'état ministériel comme donnant par hectare, savoir : en froment, en méteil, en seigle, 8 hectolitres, 5 en orge, 6 en sarrazin, 8 en avoine : estimations évidemment arbitraires.

Excepté en 1812, où le prix moyen de l'hectolitre de froment a atteint dans ce département 35 fr. 54 c., il ne s'y est jamais élevé que peu au-dessus de 21 fr. dans les vingt années de 1797 à 1817. En 1809, année la moins chère de toutes pour toute la France, il y est descendu à 11 fr. 97 c.

C'est par des blatiers que les grains achetés sur les marchés ou dans les greniers des cultivateurs se répandent sur d'autres marchés du département et des départemens voisins.

Le CHER ou le Bas-Berri. La rivière qui donne son nom à ce département, et qui se jette dans la Loire à Tours, n'est navigable que depuis Vierzon, près de sa frontière ; il est arrosé par plusieurs autres qui servent peu ou point au transport de ses productions, excepté l'Allier et la Loire qui le bordent à l'orient ; divers canaux projetés ou en cours d'exécution doivent établir un système général de navigation dont les avantages s'accroîtraient encore, si les travaux du même genre projetés dans le département de la Vienne pouvaient aussi être réalisés.

Ce département est plus fromenteux que celui de l'Indre ; c'est à lui principalement que le Berri a dû son ancienne renommée de fertilité en grains, mais ses exportations sont moins considérables qu'on ne l'a dit.

En 1817 il avait 197,700 hectares ensemencés en grains, savoir :

En froment 63,000, en seigle 25,000, en méteil 15,000, en orge 49,000, en sarrazin, 2,200 et en avoine 42,000.

On voit par ce détail que les grains inférieurs l'emportent sur le blé. L'ingrain ou l'épeautre est commun dans ce département.

Le produit moyen de l'hectare, calculé peut-être avec aussi peu d'exactitude que dans l'Indre, était de 12 hectolitres 1/2 en froment, de 10 en méteil et en seigle, de 11 en orge et en avoine, et de 9 en sarrazin.

Prix moyen de l'hectolitre de froment de 1797 à 1816 : 1° dans les années ordinaires, de 12 fr. 53 c. à 20 fr. 70 c. ; 2° dans les mauvaises années, après la récolte de 1802, 24 fr. 73 c. ; en 1812, 35 fr. 72 c. ; en 1816, 22 fr. 53 c.

Les départemens de Loir-et-Cher, de la Nièvre et de la Creuse profitent les premiers du superflu des récoltes du département du Cher ; s'il s'en écoule plus loin c'est peu, et lui-même a sur plusieurs points besoin de secours étrangers.

La Creuse. C'est l'ancien comté de la Marche ; pays montagneux et stérile, coupé en différens sens par plusieurs rivières, dont une seule, la Creuse, porte bateau, et seulement au-dessous de Guéret.

C'est le département de France qui produit le moins de froment ; on n'y mange presque que du seigle et du sarrazin. Jusqu'à la restauration le pain des troupes qui y étaient stationnées n'était composé que de seigle.

Situation en 1817 :

Environ 145,500 hectares ensemencés en céréales étaient ainsi répartis : 1,200 seulement en froment, 120,100 en seigle, 900 en orge, 18,700 en sarrazin et 3,700 en avoine. Les départemens du Puy-de-Dôme, de l'Allier, du Cher et de l'Indre, suppléent à l'insuffisance des récoltes.

La récolte de 1817 donnait par hectare, en nombres ronds, 10 hectolitres en froment, 6 1/2 en seigle, 9 en orge, 11 en sarrazin et 16 en avoine.

Le prix moyen du froment a toujours été élevé dans ce département ; le plus bas, dans les vingt années antérieures à 1817, a été de 15 fr. 60 c. l'hectolitre ; le plus haut, en temps ordinaires, de 22 fr. 51 c. ; dans les années de mauvaises récoltes, il s'est élevé à 23 fr. 04 c. en 1802, à 26 fr. 16 c. en 1816, et jusqu'à 58 fr. 26 c. en 1812.

Il y a quelques années que des Anglais exportèrent de ce département une forte quantité de seigle pour en propager l'espèce dans leurs pays.

Puy-de-Dôme, autrefois la Basse-Auvergne. C'est le département le plus méridional de cette région. La Haute-Auvergne, ou le Cantal, ne lui appartient point ; elle fait partie de la 8ᵉ.

L'Allier, la Dordogne, la Sioule, et d'autres rivières qui coulent dans le département du Puy-de-Dôme, n'y servent point aux transports, elles n'y sont point navigables. Le pays est montagneux et volcanique ; il a des plaines peu étendues mais très-fécondes ; elles forment ce qu'on appelle la Limagne, et sont rangées (page 76 de cet ouvrage) dans les terres de première classe.

Leur produit par hectare est supérieur à celui de toutes les autres terres de cette région. C'était, en 1817, sauf notre observation générale sur cette partie des calculs, 15 hectolitres en froment, en orge et en légumes secs, 32 en sarrazin, 8 en méteil, 9 en seigle, 18 en avoine.

La quantité de terres ensemencées en grains était de 260,700 hectares, nombre très-supérieur aussi à celui des autres départemens, mais dans lequel le froment n'occupait qu'environ 43,000 hectares, le méteil 10,300, le sarrazin 7,300, mais le seigle à peu près 125,800, l'orge 23,500 et l'avoine 47,400.

Les principaux marchés de grains se tiennent à Clermont et à Riom ; il s'y fait beaucoup de ventes sur échantillons. Les grains sont battus à l'aire et bien vannés, avantage que n'ont pas ceux des départemens de l'ouest. Comme en beaucoup d'autres lieux, les mercuriales établissent les prix des ventes sans rapport avec les quantités vendues.

Selon le relevé des prix moyens de l'hectolitre de froment de 1797 à 1817, le plus bas prix dans ce département a été de 13 fr. 20 c., et le plus haut, en temps de récoltes ordinaires, de 21 fr. 40 c. Après la mauvaise récolte de 1802, il monta à 27 fr. 95; après celle de 1811, à 32 fr. 53 c., et, en 1816, à 26 fr. 50 c.

Les départemens du Cantal, de la Corrèze, de la Creuse, de la Loire (Lyon) et de la Haute-Loire, qui entourent celui du Puy-de-Dôme, y puisent des secours en grains, malgré la difficulté des transports : lui-même en reçoit du département de l'Allier. Les rouliers, les voituriers qui retournent à vide ou qui peuvent en ajouter quelque peu à leurs chargement et même les muletiers, en emportent pour les revendre sur leur route avec bénéfice.

———

Allier, anciennement le Bourbonnais, situé au nord du Puy-de-Dôme, à l'ouest de la Loire qui le borde, et dans laquelle l'Allier, qui le traverse du midi au nord, et qui y est navigable dans tout son cours mais non dans tous les temps, va tomber près de Nevers. Il est borné de ce côté par le département de la Nièvre, et à l'ouest par ceux du Cher et de la Creuse.

C'est, après ce dernier département, celui de toute la région qui a le moins de terres ensemencées en froment, mais il est rangé pour la fécondité après le Puy-de-Dôme.

Selon l'état de 1817, il avait 157,000 hectares couverts de céréales, dont 23,000 seulement de froment, 700 de méteil, 94,000 de seigle, 12,000 d'orge, 800 de sarrazin et 20,000 d'avoine.

Le rapport de l'hectare était, sauf toujours nos observations précédentes à ce sujet, de 14 hectolitres de froment, 12 de méteil, 9 de seigle, 16 d'orge et d'avoine, 8 3/4 de sarrazin,

Le sol de ce département et celui de la Nièvre a été classé séparément sous la dénomination *du sol de gravier;* la moitié de l'étendue de l'Allier en est composée : il est peu fertile, mais il produit de beaux seigles.

Ce grain est le principal aliment des habitans ; cependant, il s'en exporte en Auvergne et dans la Creuse, et, du côté opposé, dans les départemens de la Loire et de Saône-et-Loire ; le froment prend la route de Lyon et celle de Nevers. Là, comme dans tous les pays où la population se nourrit mal, le froment n'est guère cultivé que pour être exporté. C'est à Gannat, sur la route d'Auvergne, et à La Palice, sur celle de Lyon, que se tiennent les plus forts marchés de grains.

Prix le plus bas de l'hectolitre de froment dans le département de l'Allier de 1797 à 1817, 12 fr. 08 c. ; le plus haut, dans les années ordinaires, 20 fr. 18 c., et, dans les années de grande cherté, 24 fr. 70 c. en 1802, 32 fr. 42 c. en 1812 et 25 fr. 24 c. en 1816.

—————

Nièvre, ancien Nivernais. Ce département est séparé à l'ouest de celui du Cher par la Loire grossie de l'Allier qui ne coule sur son territoire que jusqu'à Nevers. Il est traversé en partie par la Nièvre, l'Yonne, l'Aron, qui y prennent leur source, mais qui n'y sont point navigables, et par le canal dit de la Nièvre qui fait communiquer l'Yonne à la Loire à Décize.

Le sol ferrugineux et couvert de bois laisse peu de place à la charrue, et celui qu'elle exploite est composé en grande partie de sable et de gravier (voir l'article précédent). De tous ceux de cette région, le département de la Nièvre est celui qui a le moins de terres à céréales.

Leur étendue était en 1817 de 112,000 hectares, desquels 34,500 environ étaient ensemencés en froment, 26,600 en seigle, 8,700 en méteil, 22,000 en orge, 1,200 en sarrazin et 17,900 en avoine.

Le produit moyen d'un hectare était en froment, méteil et seigle, de 7 hectolitres, de 18 en orge, 15 en sarrazin et en avoine de 20.

Il tire des blés de tous les départemens qui l'environnent : une grande partie de ceux qui se vendent sur les marchés de la Charité et de Nevers viennent des départemens du Cher et de l'Allier, et sur celui de Clamecy du département de l'Yonne.

Les grains qui s'expédient au dehors du département consistent principalement en avoine.

A la suite des mauvaises récoltes de 1802 et de 1812, le prix moyen de l'hectolitre de froment monta à 25 fr. 39 c. et 32 fr. 27 c. ; il fut de 25 fr. 32 c. en 1816; dans les autres années de récoltes ordinaires, de 1797 à 1817, le prix le plus haut fut de 21 fr. 39 c., et le plus bas de 10 fr. 53 c.

Yonne. Ce département est formé de l'Auxerrois et de parties détachées de la Bourgogne au sud-est, de la Champagne au nord-est, et de l'Orléanais à l'ouest. L'Yonne qui lui donne son nom le parcourt dans toute sa longueur du sud au nord, et s'accroît, au-dessous d'Auxerre, des eaux de l'Armançon et d'autres rivières; elle est navigable et communique avec la Seine, tandis que, d'un autre côté, le canal de Bourgogne joint cette rivière à la Saône, dans la Côte-d'Or, et que, d'un troisième, elle communique à la Loire par le canal d'Orléans. Nous avons vu à l'article du département de l'Aube les grains de ce département et des plus éloignés descendre par cette voie jusqu'à Nantes. Dans les temps de grandes expéditions de blés et de farines du Nord vers Lyon et Marseille, ils remontaient la Seine et l'Yonne jusqu'au canal qu'ils suivaient, et même jusqu'à Auxerre, d'où ils étaient transportés par terre à Châlons-sur-Saône. Les expéditions en temps ordinaires suivent la première de ces deux routes. Cet avantage de position donne au département de l'Yonne plus de part qu'à aucun autre de la région centrale dans le mouvement commercial des grains.

En 1817, l'étendue des terres qui y étaient ensemencées en céréales était de 199,800 hectares, la même, à très-peu près, que celle des départemens du Loiret et du Cher; voici quelle en était la répartition :

Froment 55,000 hectares, méteil 28,000, seigle 26,000, orge 28,000, sarrazin 500, avoine 60,000. Ces chiffres arrondis et les chiffres entiers qui énoncent le produit de l'hectare, savoir : 8 hectolitres pour le froment, le méteil et l'avoine, et 7 pour chacun des autres grains, ne sont point des signes d'exactitude.

Le plus haut prix de l'hectolitre de froment, dans les vingt années qui précédèrent 1817, fut, en temps ordinaires, de 19 fr. 04 c., le plus bas de 11 fr. 25 c. Dans les années qui suivirent

(296)

les mauvaises récoltes, ce prix s'éleva à 27 fr. 75 c. en 1802 ;
à 24 fr. 54 c. en 1815, à 23 fr. 09 c. seulement en 1812 (c'est
le plus bas de toute la France pour cette année, s'il n'y a pas
erreur dans l'état ministériel) et à 26 fr. 58 c. en 1816.

Les marchés de grains les plus importans de ce département
sont ceux d'Auxerre, d'Avalon, de Sens, de Joigny et de Ton-
nerre. Les ventes s'y font sur quantités, et non sur échantillons ;
les mercuriales sont établies sans avoir égard aux quantités vendues de chaque qualité d'une même espèce.

Année commune, les récoltes du département de l'Yonne ne
suffisent point à sa consommation , quoiqu'il exporte des grains
de son propre sol, notamment des avoines; c'est principalement
le département de l'Aube qui supplée à ce qui lui manque.

OBSERVATIONS GÉNÉRALES.

(Voir l'observation générale, page 214, et les
remarques de la page 94 et suivantes.)

6ᵉ *Région* ou *Région de l'Est.*

Cette région , composée , comme la précédente ,
de neuf départemens, s'étend à l'est depuis la Loire,
la Saône et le Rhône jusqu'à la Suisse , la Savoie et
le Piémont, et du nord au midi depuis le Haut-Rhin
jusqu'aux Hautes-Alpes. La Saône , le Rhône , et

lès rivières et canaux qui y affluent, portent au midi la surabondance des départemens septentrionaux qui n'ont point trouvé vers l'intérieur ou vers la mer des débouchés plus faciles et plus lucratifs, et servent, dans les temps de disette, à faire remonter jusque dans les départemens les plus éloignés de la mer les blés exotiques des ports de la Méditerranée.

Côte-d'Or. Le département de la Côte-d'Or, situé à l'est de celui de l'Yonne, que nous venons de quitter dans la région précédente, est formé de l'ancienne Bourgogne : il est montagneux ; plusieurs rivières y prennent leur source, la Seine entre autres ; la Saône le traverse dans sa partie orientale, et il est coupé en entier du nord-est au sud-est par le canal de Bourgogne qui fait communiquer cette rivière avec l'Yonne. Les bois occupent un quart de la surface du département, et ses nombreuses collines sont couvertes de vignobles.

Situation en 1817 :

Terres ensemencées : en froment 86,300 hectares, en seigle 29,300, en méteil 22,000, en orge 57,900, en sarrazin 820, en maïs, que nous retrouvons dans cette région, 4,800, en avoine 82,600 : total, environ 271,500.

Produit de l'hectare : en froment 10 hectolitres 1/2, en seigle 3 18/100 seulement (proportion extrêmement faible, et qui même est forcée si la récolte de ce grain ne fût, selon l'état ministériel , que de 62,946 hectolitres), en méteil 4 20/100 (produit également très-faible), en orge 11 02/100, en sarrazin 1 35/100 (au-dessous de tous les autres départemens), en maïs ou millet 17 48/100 et en avoine 13 80/100.

Prix du froment de 1797 à 1817 : 1° en temps ordinaire, plus bas 13 fr. 13 c. l'hectolitre, plus haut 21 fr. 07 c. Après de mauvaises récoltes : en 1802, 23 fr. 10 c. ; en 1804, 24 fr. 96 c.; en 1811, 26 fr. 59 c.; en 1812, 32 fr. 28 c.; en 1816, 27 fr. 95 c.

Selon nos notes des ventes habituelles des grains sur les marchés de ce département, les plus considérables sont ceux de Dijon , de Beaune, de Nolay et d'Auxonne ; mais, outre le marché, des voitures venant soit du département même, soit de ceux de l'Yonne, de l'Aube, de la Marne, de la Haute-Saône, amènent chaque jour à Dijon et dans d'autres places des grains qui se vendent aux portes et dans les environs, comme à Nancy. Ce sont les cultivateurs mêmes qui viennent ainsi vendre leurs blés : c'est le cours du marché qui sert de règle pour les conditions des ventes.

Les mercuriales ont, comme ailleurs, le défaut de ne point déduire les prix de chaque qualité du produit total des quantités vendues de chacune d'elles.

« L'excédant des récoltes s'écoule toujours par le canal et la » Saône sur Lyon. Plusieurs maisons de Dijon se livrent à des » opérations sur les grains , mais n'en font pas une branche » exclusive ni bien étendue de leur commerce; elles préfèrent, » en général, opérer par commission, recevoir en consignation » les grains, et particulièrement les seigles et les avoines de la

» Haute-Marne et de l'Aube, et se charger de leur écoulement
» vers le midi. » (*Rapport manuscrit.*) Nous avons vu la même
remarque dans d'autres départemens.

————

Saône-et-Loire. Ce département, situé au-dessous de celui
de la Haute-Saône dont il reçoit en transit les productions, devrait ne venir ici qu'après lui, mais il appartient, avec les deux
précédens, à l'ancienne Bourgogne.

Des deux rivières dont il prend le nom, la première le traverse du nord au midi, et l'autre, qui coule en sens inverse, le
sépare à l'ouest du département de l'Allier ; elles communiquent
entre elles par le canal de Digoin ou de Charolais.

Situation en 1817 :

181,400 hectares ensemencés, savoir : en froment 50,000,
en seigle 70,000, en méteil 1,500, en orge 5,000, en sarrazin 20,000, en maïs ou millet 20,000 et en avoine 9,000 seulement. Plus, en légumes secs et en menus grains environ
7,700.

Produit de l'hectare : en froment, seigle et méteil, 9 hectolitres, 14 en orge, 5 en sarrazin, en maïs 18, et 16 en avoine,
légumes et menus grains : appréciations qui semblent faites arbitrairement.

Prix de l'hectolitre de 1797 à 1817 : plus bas 15 fr. 53 c.,
plus haut 25 fr. 65, en temps ordinaires ; et dans les années
disetteuses, savoir : en 1802, 24 fr. 23 c. ; en 1803, 29 fr.
24 c. ; en 1811, 28 fr. 95 c. ; en 1812, 34 fr. 04 c., et, en
1816, 29 fr. 79 c.

Les grains qui descendent du haut pays par la Saône sur Lyon ne s'arrêtent point sur les marchés de ce département; les plus considérables de ces marchés sont ceux de Saint-Laurent, faubourg de Mâcon, situé dans le département de l'Ain sur la rive gauche de la Saône, d'Autun, de Châlons et de Louhans. Cependant, les ventes qui s'y font habituellement n'excèdent guère la consommation locale, même quelquefois à celui de Saint-Laurent.

Les grains amenés sur ce marché sont de cinq espèces; ils viennent presque tous d'au-delà de la Saône, et quelques-uns des montagnes du Charolais : les premiers surtout sont fort chargés de terre, de paille, de vesce, de grains, d'orge, etc.

« Dans les années abondantes les récoltes suffisent à la con-
» sommation des départemens; mais dans les années ordinaires
» il y a *déficit*. C'est alors de la Bresse principalement (Ain)
» qu'il tire les grains qui lui manquent; il en extrait aussi du
» département de l'Allier pour les marchés de Bourbon-Lancy
» et de Charolles, et enfin de Gray et de la Haute-Bourgogne :
» il en vient rarement par le canal du Centre. » (*Rapport
manuscrit.*)

Les mercuriales se rédigent diversement sur les différens marchés; mais nulle part, même à Saint-Laurent qui est l'un des marchés régulateurs de l'importation et de l'exportation, le prix de chaque qualité des blés ne ressort de la quantité vendue.

———————

L'ancienne province de Franche-Comté est divisée entre les trois départemens suivans : la Haute-Saône, le Doubs et le Jura.

Haute-Saône. C'est le plus septentrional de cette province. Situation en 1817 :

Terres ensemencées : en froment 46,000 hectares, en méteil 8,500, en seigle 13,500, en orge 18,000, en sarrazin 2,500, en maïs ou millet 5,500, en avoine 33,000 : ensemble, environ 126,700.

Produit moyen de l'hectare : en froment 10 hectol. 80/100, 12 en seigle et en méteil, 15 en orge, 9 en sarrazin, 15 en maïs, 14 40/100 en avoine.

Prix moyen de l'hectolitre de froment de 1797 à 1817 : 1° dans les années ordinaires, plus bas 15 fr. 80 c., plus haut 21 fr. 85 c. ; 2° dans les mauvaises années : 24 fr. 01 c., en 1805 ; 25 fr. 48 c., en 1811 ; 31 fr. 62 c., en 1812 ; 29 fr. 09 c., en 1816.

La Saône, qui a sa source dans ce département, ne commence à porter des barques qu'à Gray, ville qui, par cette cause, est devenue l'entrepôt de toutes les productions des départemens supérieurs qui s'expédient pour le midi, et, entre autres, des blés et des farines ; elle est renommée sous ce dernier rapport par un vaste établissement de mouture perfectionnée.

On compte de sept à huit cents moulins à blés sur la Saône et les petites rivières qu'elle reçoit.

Les récoltes en blés ne suffisent pas toujours à la consommation du département. Outre le secours de la pomme de terre, les habitans empruntent aux départemens voisins, principalement à ceux de la Haute-Marne et de la Côte-d'Or, une partie de ce qui leur manque.

Après Gray, le marché de Vesoul, à cause de la consommation de la ville, ceux de Jussey et de Champlitte voisins de la Haute-Marne, et de Luxeuil près des Vosges, ont quelque mouvement commercial, mais ils ne sont point fortement approvisionnés.

———————

Doubs. Le Doubs qui donne son nom à ce département le parcourt en entier en deux sens opposés, mais il ne devient navigable qu'à Quingey, près de sa sortie et non loin de son embouchure dans la Saône. Le canal du Rhin au Rhône traverse le pays.

La partie fertile du sol est dans l'arrondissement de Besançon, le plus rapproché de la Haute-Saône ; les autres ne récoltent point suffisamment pour leur consommation. Ce département, borné au nord-est par la Haute-Alsace et le pays montagneux de Porentruy, à l'est et au sud par la Suisse et le Jura, est éloigné presque sur tous ces points des ressources dont il a besoin. Le peu de récolte que font les arrondissemens de Saint-Hyppolite et de Pontarlier sont retardées d'un mois sur celle de Baume et de Besançon.

Un préfet de ce département écrivait : « L'agriculture a fait » très-peu de progrès dans le département du Doubs, et *Arthur* » *Young* (1) a bien eu raison de dire que la province de Franche- » Comté n'avait point encore d'agriculture ; on pourrait même

———————

(1) Voir au chapitre II de la 1re partie, page 69, l'opinion de cet écrivain sur notre agriculture.

» ajouter qu'aucun autre pays n'aurait plus besoin de lumières
» et d'encouragemens à cet égard... La plupart des proprié-
» taires... se défient des méthodes et des systèmes nouveaux,
» craignent d'en être dupes, et laissent les choses comme elles
» sont. » Nous avons vu la même ignorance, la même apathie
reprochées aux cultivateurs et aux propriétaires des départemens de l'ouest et du centre ; ainsi, par toute la France, l'agriculture appelle les lumières de l'instruction et les encouragemens
de l'opulence et du pouvoir.

Le préfet dont nous venons de parler avait évalué à environ
85,700 hectares les terres labourables du département du Doubs.
L'état de 1817, postérieur de plusieurs années à cette évaluation,
présente presque la même étendue, comme ensemencée en céréales ; cependant, comme presque partout ailleurs, une partie
des terres reste en jachères, et ici cette partie est ordinairement
du tiers : il est peu de statistiques qui, comparées à l'état ministériel de 1817, n'en diffèrent sur ce point.

L'étendue ensemencée en céréales, à cette époque, était moindre qu'aucune de celles que nous avons vues jusqu'à présent, le
département de la Seine excepté : c'était 82,600 hectares, dont
le froment occupait 24,000, le seigle 5,500, le méteil 13,000,
l'orge 8,000, le maïs 1,500 et l'avoine 28,500. C'est de ce
grain que la récolte est la plus abondante et celui dont le département exporte le plus ; car, quoique la totalité des autres céréales soit insuffisante, il s'écoule quelques parties de froment
par la Saône et par le Haut-Rhin, etc.

Le produit du sol est évalué beaucoup plus haut que dans les
trois départemens précédens ; il est porté, dans l'état de 1817,

pour 12 hectolitres par hectare en froment et en méteil, pour 13 1/2 en seigle, pour 17 en orge, 15 en maïs et 20 en avoine.

Le froment a toujours été à un prix plus élevé dans les vingt années de 1797 à 1817 ; il n'a jamais été au-dessous de 15 fr. 63 c., et, dans les années ordinaires, il a été jusqu'à 23 fr. 40 c. A la suite des mauvaises récoltes, il est monté, savoir : en 1802, à 24 fr. ; l'année suivante, à 26 fr. 02 c. ; en 1811, à 27 fr. 96 c.; en 1812, à 53 fr. 58 c., et, en 1816, à 31 fr. 94 c.

JURA. Ce troisième département de la Franche-Comté, autant et plus encore couvert de hautes montagnes que celui du Doubs, avait en 1817 à peu près 86,000 hectares ensemencés en grains, répartis comme il suit .

Froment 37,000, seigle 4,800, méteil 2,800, orge 14,800, sarrazin 1,100, maïs 11,200 et avoine 10,400.

Le rapport d'un hectare était compté pour 10 hectolitres 25/100 en froment, 8 60/100 en seigle, 9 43/100 en méteil, 12 75/100 en orge, 15 76/100 en sarrazin, 14 25/100 en maïs et 20 52/100 en avoine. Cette précision dans les chiffres semble être un indice d'exactitude.

Prix moyen de l'hectolitre de froment de 1797 à 1817, savoir : dans les années ordinaires, plus bas 16 fr. 05 c. ; plus haut 24 fr. 50 c. ; à la suite de mauvaises récoltes, en 1803, 27 fr. 40 c.; en 1811, 29 fr. 75; en 1812, 53 fr. 54 c., et 32 fr. 19 c., en 1816.

Les principales rivières de ce département sont l'Oignon, qui le sépare au nord de celui de la Haute-Saône, le Doubs, qui le traverse de l'est à l'ouest, et l'Ain, qui y prend sa source et coule au midi; le Doubs seul est navigable.

L'orge, le maïs et le panis, l'avoine même, sont la base de la nourriture du peuple des campagnes. Les départemens limitrophes, de la Côte-d'Or, de Saône-et-Loire et de l'Ain, sont les sources où celui du Jura puise le supplément de ses récoltes.

Les marchés de grains de Lons-le-Saulnier, de Dôle, de Saint-Claude, etc., n'ont aucune importance commerciale ; Pontarlier est un des entrepôts des blés qui descendent sur Lyon par la Saône. Ce département ne reçoit rien de l'étranger par ses frontières orientales qui le séparent de pays encore plus stériles.

———

Ain. Ce département, situé au sud de celui du Jura, formé aussi en partie de la Franche-Comté et des anciennes provinces de Bresse, du Bugey, et de Dombes, est limité par deux grandes rivières, le Rhône, qui le sépare à l'est de Genève et de la Savoie et au sud du département de l'Isère, et la Saône à l'ouest, sur laquelle nous avons vu qu'un des principaux marchés de cette région, celui de Saint-Laurent, appartient à son territoire, quoiqu'il soit dans un faubourg de Mâcon, chef-lieu du département de Saône-et-Loire. Le département de l'Ain s'étend aussi presque jusqu'aux portes de Lyon. L'Ain, qui le parcourt du nord au midi, a son embouchure dans le Rhône; la Reyssousse et d'autres rivières se jettent dans la Saône : aucune n'est navigable.

Situation en 1817 :

208,600 hectares environ ensemencés, savoir :

En froment 52,000, en seigle 34,700, en méteil 9,400, en orge 22,400, en sarrazin 34,000, en maïs 27,800, en avoine 23,000; le surplus en légumes secs.

Rapport des terres : en froment 6 hectolitres 3/4 par hectare, 6 en méteil et en seigle, 10 1/2 en orge, 7 1/2 en sarrazin, 17 5/12e en maïs, et en avoine 13 3/10e. Ces produits, s'ils sont rapportés exactement, sont inférieurs à ceux de tous les autres départemens de la 6e région.

Prix moyen de l'hectolitre de froment de 1797 à 1817 : 1° en temps ordinaire, plus bas 16 fr. 13 c., plus haut 24 fr. 14 c.; 2° à la suite de mauvaises récoltes, savoir : dans les quatre années de 1800 à 1803 compris, 28 fr. 50 c., 26 fr. 10 c., 25 fr. 80 c., 30 fr. 21 c.; en 1811, 30 fr. 99 c.; en 1812, 33 fr. 72 c., et, en 1816, 32 fr. 77 c.

Quoique ce département ne produise pas assez de blé pour sa consommation il en exporte par des blatiers à Mâcon, à Lyon et dans le département de l'Isère. C'est de toute cette région celui où le maïs réussit le mieux; ce grain y est très-abondant.

Les plus importans marchés de grains, après celui de Saint-Laurent, sont ceux de Bourg, Pont-de-Veyle, de Trévoux et de Montluel.

Loire. Au sud du département de Saône-et-Loire, entre la

rive droite de la Saône et du Rhône à l'est, et les départemens de l'Allier et du Puy-de-Dôme à l'ouest, s'étendent le département de la Loire et celui du Rhône qui n'en composaient primitivement qu'un seul. Ils sont formés du Lyonnais, du Beaujolais et du Forez. C'est cette dernière province principalement qui a pris le nom de département de la Loire

Ce fleuve, encore voisin de sa source, le partage presque également du midi au nord; il est navigable depuis Saint-Rambert. Le Gier, le Furens, et d'autres rivières sont moins utiles aux transports qu'aux nombreuses usines de ce département qui exploitent la houille, le charbon de terre dont une grande partie de son sol est composée, et les fabriques d'ouvrages de fer et d'acier.

Un sol de cette nature est peu propre à la culture des céréales : aussi n'avait-il d'ensemencés en 1817 que 80,700 hectares environ, dont 9,600 seulement en froment, 150 en méteil, 59,600 en seigle, 1,700 en orge et à peu près 8,400 en avoine.

On y comptait le produit de l'hectare pour 10 hectolitres en froment et méteil, 8 1/5 en seigle, 9 1/27 en orge, et en avoine pour 14.

Avec des ressources si insuffisantes pour sa nombreuse population ouvrière, ce département a besoin de celles des départemens voisins. C'est surtout de celui de l'Allier, où nous avons vu que des grains de ce département et d'autres plus éloignés se réunissent à La Palice pour se diriger par Roanne sur Lyon, d'un côté, et sur Saint-Étienne de l'autre, et aussi des ports de la Saône, de Lyon, et de quelques points du département de l'Isère, que le département de la Loire tire sa subsistance. Dans les années de disette, il a reçu par le Rhône des grains étrangers expédiés de Marseille ; il y en vient aussi du Languedoc.

Le prix du froment y est toujours élevé ; le plus bas, dans les années de récolte ordinaire de 1797 à 1817, a été de 16 fr. 20 c., le plus haut de 24 fr. 79 c. Dans les mauvaises années, il a monté à 32 fr. 67 c., en 1803 ; 30 fr. 78 c., en 1811 ; 57 fr. 10 c., l'année suivante ; et à 30 fr., 23 c., en 1816.

Le principal marché est celui de Montbrison.

On voit par la quantité de terres ensemencées en seigle que ce blé forme la base de la subsistance commune. Les montagnards de ce département, comme ceux de l'Auvergne, du Limousin et de tous les pays qui ne nourrissent point leurs habitans, émigrent pour aller exercer ailleurs quelque industrie qui n'exige que de la vigueur et de la patience.

RHÔNE. Le Lyonnais et le Beaujolais. Ce département a peu d'étendue ; c'est la population de Lyon qui fait son importance.

La situation de cette ville, au confluent de la Saône et du Rhône, en fait l'entrepôt de tous les grains que le haut pays envoie dans les provinces du midi. C'est de là qu'ils prennent diverses directions ; une partie se verse par la gauche sur le département de l'Isère, et monte quelquefois, dans les années mauvaises, jusque dans les Hautes-Alpes ; une autre entre à droite dans les départemens de la Loire, de la Haute-

Loire, de l'Ardèche, et pénètre même plus avant dans les terres par tous les petits moyens de transport en usage dans ces pays montueux ; la plus grande partie enfin se distribue sur les deux rives inférieures du fleuve, dans les départemens de la Drôme, de Vaucluse, du Gard, et le surplus se rend à Arles et à Marseille.

Les principaux points d'entrepôt et d'expédition des grains sur Lyon sont : au nord, Verdun (Meuse), Neufchâteau (Vosges), Auxonne et Saint-Jean-de-Losne (Côte-d'Or), Gray (Haute-Saône), Pontarlier (Doubs), Châlons-sur-Saône et Mâcon (Saône-et-Loire) ; au couchant, Clermont (Puy-de-Dôme), Gannat, Cusset et La Palice (Allier), et, à l'est, Bourgoin (Isère).

Le territoire cultivé ou plutôt ensemencé en grains dans le département du Rhône en 1817 n'était que de 54,100 hectares, sur lesquels on comptait 15,300 en froment, 3,500 en méteil, environ 22,800 en seigle, 1,900 en orge, 2,500 en sarrazin, 75 en maïs et 7,500 en avoine. L'évaluation du produit des terres est très-haute, et semble faite arbitrairement ; elle est de 14 hectolitres par hectare en froment et seigle, de 15 en méteil et en orge, de 17 en sarrazin, en maïs de 22, et en avoine de 29.

L'affluence continuelle des grains et des farines de tant de provinces vers Lyon fait de leur prix dans ce département une sorte de prix moyen des blés du Nord et de ceux du Midi. En temps ordinaire, de 1797 à 1817, le plus bas prix de l'hectolitre de froment y a été de 15 fr. 71 c., et le plus haut de 23 fr. 25 c. Après les mauvaises récoltes, ce prix s'est élevé, savoir : en 1802 et 1803, à 25 fr. 73 c. et 30 fr. 46 c. ; en 1811 et 1812, à 29 fr. 74 c. et à 36 fr. 19 c., et, en 1816, à 29 fr. 94 c.

Il y a plusieurs marchés de grains à Lyon, et un entrepôt où se font les fortes ventes. Les grains du Bourbonnais et de l'Auvergne se vendent au faubourg de Vaise, et ceux du Dauphiné à celui de la Guillotière ; ces ventes se traitent dans les rues et dans les auberges; ce qui n'est point acheté passe ordinairement sur la Grenette ou le marché de la ville, qu'approvisionnent directement des blatiers du département et de celui de l'Ain. C'est au marché du port Saint-Vincent, ouvert tous les jours, que s'approvisionnent les fariniers lorsqu'ils ne font pas venir eux-mêmes des blés du haut de la Saône. Les négocians ou commissionnaires lyonnais y achètent aussi pour le Midi les chargemens des bateaux qui peuvent descendre le Rhône.

Quelques-uns d'eux emmagasinent pour revendre plus tard; mais ceux-là font venir directement les blés des lieux de productions ou d'entrepôt.

Au-dessus du port de Saint-Vincent, hors des barrières de Lyon, dans le quartier de Serin, il y a un autre entrepôt de grains où s'arrêtent les bateaux de la Saône pour *prendre langue* sur les cours de Lyon et du Midi, et même pour y vendre leurs chargemens, soit quand le port de Saint-Vincent est trop plein pour les recevoir, soit lorsque ces bateaux ne sont point propres à naviguer sur le Rhône.

Les ventes dans ces deux ports se font à bord des barques; le mesurage n'y est pas aussi exact qu'au marché de la Grenette, et les prix ne sont pas aussi régulièrement constatés, quoiqu'à ce marché même ils ne le soient pas convenablement. Les ventes aux faubourgs de Vaise et de la Guillotière s'opèrent, au gré des acheteurs, soit par eux-mêmes, soit par des courtiers non patentés qui, en général, dit-on, méritent peu de confiance.

La ville de Lyon a l'honneur d'avoir donné la première impulsion au perfectionnement de la mouture, mais non celui de l'avoir portée au haut degré où elle est parvenue. C'est aux meuniers de la capitale, aidés de l'industrie anglaise, dans la composition des meules et la construction des machines, que cet honneur est dû. Lyon a aujourd'hui des moulins mus par la vapeur.

———

Isère, l'un des trois départemens formé du Dauphiné ; les deux autres (la Drôme et les Hautes-Alpes) appartiennent à la 9ᵉ région.

Celui-ci, nonobstant la nature de son sol en partie composé de montagnes, est un des plus fertiles de la 6ᵉ région ; d'après les récoltes de 1817, le produit moyen de l'hectare y était compté pour 11 hectolitres 20/100 en froment, 14 en méteil et en seigle, 25 20/100 en orge, 15 en sarrazin et 20 en maïs ou millet et en avoine.

La quantité de terres ensemencées était d'environ 156,200 ; sur ce nombre 54,500 l'étaient en froment, un peu plus de 19,400 en méteil, 40,500 en seigle, à peu près 14,400 en orge, 14,000 en sarrazin, 1,100 en maïs ou millet et en avoine 10,500.

Le Rhône, qui entoure la moitié de ce département, et qui le sépare au levant et au nord du département de l'Ain, au couchant du Lyonnais, et l'Isère, qui coupe en deux parties son territoire, y sont navigables dans presque tout leur cours. La partie à l'est et au sud de l'Isère, hérissée de hautes montagnes qui se lient à celles de la Savoie et du Piémont, est presque toute stérile. Celle située au nord de cette rivière, renferme de belles vallées et des plaines très-fertiles, notamment en blés, dont la surabondance s'écoule, d'un côté, vers la partie haute du département et celui des Hautes-Alpes ; et, d'un autre côté, vers Lyon et les villes situées sur le Rhône et au-delà de ce fleuve.

« Le canton de Grenoble donne peu de céréales, ceux de
» Mens, la Mure et le Moustier de Clermont produisent des
» blés blancs, durs et très-pesans, recherchés par la bonne
» boulangerie. Les cantons de Lemps, la Côte-Saint-André, le
» Pont-de-Beauvoisin et Bourgoin, fournissent beaucoup de
» blés fins qui sont en grande partie convertis en belles farines
» blanches (minots).

» Le canton de la Mure produit un seigle arrondi, plein,
» très-pesant...

» ... Depuis 1808, l'agriculture a fait beaucoup de progrès
» dans ce département, notamment dans les arrondissemens de
» la Tour-du-Pin et de Bourgoin... Le département pris en
» masse récolte ordinairement assez de grains pour nourrir ses
» habitans ; mais lorsqu'en été, et quelquefois en automne, les
» eaux de la Saône sont basses, Lyon ne recevant plus de blés
» de Bourgogne en puise dans le nord de l'Isère, à Venissant, à
» Saint-Simphorien, à Saint-Prix (arrondissement de Vienne),
» dans toute la plaine de Bourgoin jusqu'au Pont-de-Beauvoisin
» et la Côte. A peine les récoltes y sont levées, que les coureurs

» de Lyon commencent à paraître pour acheter les premiers
» grains battus, qui sont le plus souvent les plus beaux. La plus
» grande partie des farines de Bourgoin suit cette destination.

» Une autre partie des excédans de l'arrondissement de
» Vienne, en froment et surtout en seigle, passe le Rhône à
» Condrieux et monte dans les montagnes du Pilart, etc. ;
» tandis qu'une autre partie descend le Rhône et pénètre par
» les ports de l'Ardèche dans l'intérieur de ce département, ou
» va se vendre dans la Drôme sur les marchés de Valence et de
» Montélimart.

» Ces exportations diverses occasionnent assez ordinairement
» des déficits qu'il faut nécessairement combler par des impor-
» tations. Le midi du département se suffit par les récoltes du
» seigle ; mais l'arrondissement de Grenoble, plus riche en po-
» pulation et plus pauvre en productions céréales que les autres,
» après avoir consommé tout l'hiver une partie des excédans
» des arrondissemens voisins, et notamment du Monestier, de la
» Côte et de Lemps, éprouve des besoins en mars et en avril,
» et redemande à Lyon, en grains de Bourgogne, de moindre
» qualité que ceux du pays, à peu près les quantités qui s'étaient
» exportées après la récolte et avant l'hiver.

» Dans les années disetteuses, la marche des grains est à
» peu près la même ; seulement les exportations sur Lyon fai-
» blissent, et, dans les très-mauvaises années, elles cessent
» tout-à-fait. Alors, si la Bourgogne ou la Bresse ont des excé-
» dans, ils arrivent dans les entrepôts de Lyon, où le départe-
» ment de l'Isère va puiser. Que, s'ils ne suffisent pas aux
» demandes ou aux besoins, alors Grenoble tire des grains du

» Midi, soit par la Provence soit du Languedoc, et surtout quand
» le port de Marseille est ouvert aux blés étrangers. Ces grains
» arrivent soit par le Rhône et l'Isère, soit en charrettes par
» les routes de Sisteron, Gap et la Mure, et d'Avignon, Va-
» lence, Saint-Marcelin ou Vienne, en même temps que les
» montagnes de Traves reçoivent à dos de mulet, et par les
» routes de Propeyré, du Col-de-Nonnières et Clelles, les pe-
» tits excédans dont les cultivateurs de la vallée de Die peuvent
» disposer.

» ... Alors la majeure partie des voitures de Provence, d'une
» partie du Languedoc et des montagnes du Dauphiné, arrivent
» sur les routes dont j'ai parlé, surtout après la cessation des
» travaux des champs ; de gros bénéfices sur les transports les
» y attirent de toutes parts..... Des charretiers spéculateurs
» achètent des grains à Marseille et les revendent sur les
» routes, là où ils trouvent le plus de profit (1). »

Nous rapportons ces détails parce qu'ils donnent une idée
exacte du mouvement commercial des grains, non-seulement
dans les trois départemens du Dauphiné, mais aussi dans tous
ceux situés au-delà de Lyon sur l'une et l'autre rive du Rhône,
dans les Hautes et Basses-Alpes, et dans les montagnes du Vivarais et des Cévennes, où remontent les blés du Languedoc
et ceux qui abordent à Marseille. Ils abrégeront ce que nous
aurons à dire sur les départemens des régions méridionales.

La valeur des grains dans ces régions et dans les départemens

---

(1) Mémoire manuscrit.

(315)

de celle-ci qui les avoisinent le plus, comme celui de l'Isère, est constamment plus élevée que dans celles du nord et du centre. Dans les mauvaises années 1802 et 1803, le prix moyen de l'hectolitre fut dans le département de l'Isère, de 26 fr. 85 c. et 33 fr. 67 c., de 32 fr. 54 c. en 1811 ; 36 fr. 21 c. en 1812, et de 51 fr. 53 c., en 1816. Dans les années ordinaires de 1797 à 1817, le plus haut prix fut de 25 fr. 13 c., et le plus bas de 17 fr. 10 c.

En désignant les cantons les plus fertiles nous avons nommé les marchés les plus abondans ; celui du Grand-Lemps est le plus important, surtout depuis qu'il s'est accru des grains du canton du Pont-de-Beauvoisin par la restitution du Mont-Blanc au roi de Sardaigne.

Les détails que l'auteur du rapport dont nous venons de citer un extrait donne sur la formation des mercuriales, prouvent qu'elles ne sont point mieux établies dans ce pays que dans les autres. « Il est à regretter, dit-il, que sur un marché aussi » intéressant que celui de Grenoble, les mercuriales soient » entachées de semblables irrégularités, etc. »

OBSERVATIONS GÉNÉRALES.

Les rapports commerciaux de quelques départemens de cette région avec la Méditerranée par la Saône et le Rhône ont fait comprendre les marchés de Gray (Haute-Saône), de Saint-Laurent (Ain

(316)

et Saône-et-Loire), de Lyon (Rhône) et du Grand-
Lemps (Isère), au nombre des marchés régulateurs
de l'importation et de l'exportation des blés par cette
mer.

Nous renvoyons encore pour les remarques à faire
sur cette région en particulier, à celles qui suivent
les notices sur chacune des trois *régions septentrionales.*

Mais nous ferons remarquer sur l'ensemble des
trois *régions intermédiaires* ou *centrales* que nous venons de parcourir : qu'à l'exception de trois des départemens qu'elles renferment tous les autres sont
situés loin de la mer, au milieu des terres, quelques-uns sans communication avec les fleuves ; la
plupart couverts de montagnes arides, de coteaux
cultivés en vignobles, de bois, de terres incultes ;
d'autres encore, au pied du Jura et des Alpes, limitrophes de la Savoie et du Piémont plus stériles
qu'eux ; que si un petit nombre d'entre eux peut
en secourir d'autres du superflu de leurs récoltes,
les voies faciles de communication n'existent pas ou
sont interrompues et défectueuses ; et qu'en totalité
toutes ces provinces, loin de rien fournir au commerce extérieur, tirent des autres parties du
royaume, principalement des régions septentrionales ou de l'étranger, la subsistance qu'elles ne

trouvent point dans leur propre sol. Lorsque ces secours ne peuvent pénétrer assez promptement jusqu'à elles les populations reculées souffrent, dépérissent et meurent ; habituellement même, la nourriture du grand nombre se compose d'alimens les plus grossiers, de pain d'orge ou de sarrazin, mêlé quelquefois d'avoine et de pois, de bouillie de millet ou panis, de châtaignes. Plusieurs préfets n'ont pu se dispenser de remarquer les inégalités que la différence de la nourriture cause dans la constitution physique des habitans d'une même province ; quelques-uns ont signalé des changemens notables opérés en peu d'années par la culture de meilleures substances que celles qui étaient en usage. Qu'on ne se lasse donc point de l'entendre redire : perfectionnement de la navigation des rivières, travaux de canalisation, dessèchement des marais, défrichement des landes, exemples de meilleurs assolemens, de meilleurs instrumens, de meilleures méthodes, instruction, encouragemens pécuniaires même, tels sont les moyens de donner progressivement au sol de la France toute sa valeur, à ses habitans tout le bien-être possible. L'aisance avant le luxe : sans doute, les monumens des arts honorent une nation, ils font sa gloire devant l'étranger, mais ils coûtent des trésors, ne profitent qu'au petit nombre et ne produisent point ; les travaux qui ont pour but d'agrandir les communications , de fertiliser le sol , d'améliorer l'agriculture , enrichissent le pays et font le bonheur de tous. Considéré d'ailleurs sous le rapport de l'art un canal tel que celui du midi n'a pas moins contribué à la splendeur de la France qu'à sa prospérité ; la durée d'un tel monument entretenu par ses propres produits ne coûte rien à l'État et est plus assurée que celle des arcs de triomphe et des autres monumens stériles , élevés dans le même temps et depuis.

CHAPITRE IV.

Suite et fin du TABLEAU SOMMAIRE du commerce des céréales par départemens.

RÉGIONS MÉRIDIONALES.

Les régions méridionales sont au nombre de quatre, en y comprenant l'île de Corse dont on a fait
une région à part. La nouvelle province d'Alger ne
compte point encore dans notre économie.

Les trois régions continentales s'étendent de l'O-
céan à la Méditerranée, et ont deux ports sur ces
deux mers, d'où résulte un mouvement commercial
extérieur et intérieur plus étendu et plus actif que
celui des régions centrales ou intermédiaires. Elles
renferment les deux grands bassins de la Garonne
et du Rhône.

7ᵉ *Région* ou *Région du Sud-Ouest.*

Cette région, qui s'étend de la Charente aux Pyré-

nées, embrasse les neuf départemens les plus occiden-
taux, dont trois sont maritimes : la Gironde, les
Landes et les Basses-Pyrénées ; les autres sont les
trois départemens frontières des Hautes-Pyrénées,
de la Haute-Garonne, de l'Ariège ; et, en rentrant
dans l'intérieur, le Gers, le Lot-et-Garonne et la
Dordogne.

Gironde, département formé de la Guienne, du Bordelais,
et de quelques parties des provinces voisines. La Garonne et la
Dordogne, grossies de plusieurs autres rivières, s'y réunissent
au-dessous de Bordeaux. Leur réunion forme la Gironde qui a
son embouchure dans la mer.

Il est renommé non-seulement pour l'excellence de ses vignobles, mais aussi, dit un savant géographe, « pour son sol
» fertile en grains..., pour ses récoltes abondantes en blé, en
» maïs et en autres céréales. » L'état ci-après de ses cultures
en ce genre dans l'année 1817 ne semble pas confirmer cette
partie de sa réputation.

Le nombre d'hectares ensemencés en grains y était d'environ
121,400, répartis comme il suit : froment 56,500, méteil 4,900,
seigle 29,800, orge 350, sarrazin 130, maïs 19,100, avoine
3,700 ; le reste en légumes secs.

Chaque hectare est présenté comme ayant donné un produit
moyen de 8 hectolitres 1/16ᵉ en froment, de 6 1/2 en méteil, 6 en

seigle, 8 1/2 en orge, 8 en sarrazin, autant en maïs et 11 en avoine.

Il est certain que ce département, dont plus d'un tiers ne peut être cultivé, ne récolte pas assez de grains pour sa consommation, et que Bordeaux s'approvisionne en grande partie de blés et de farines d'autres provinces françaises ou étrangères. Ce port est l'entrepôt des céréales qui s'exportent de nos départemens du sud-ouest, et notamment des farines de minot pour nos colonies. L'agriculture y a fait, depuis la révolution, des conquêtes sur les dunes de sables et sur les landes qui occupent une partie de son sol.

Dans le cours des vingt années antérieures à 1817, le plus bas prix de l'hectolitre de froment y fut, dans les temps ordinaires, de 14 fr. 59 c., le plus haut de 25 fr. 28 c. Il s'y éleva, en 1800 et en 1801, années que nous avons déjà remarquées comme ayant été frappées sur ces côtes d'une cause particulière de cherté, à 28 fr. 58 c. et 28 fr. 05 c., et, dans les années de mauvaise récolte générale, savoir : à 26 fr. 95 c., en 1811, 57 fr. 55 c., en 1812, et 28 fr. 25 c., en 1816.

La Réole, qui reçoit des blés des départemens du Gers et de Lot-et-Garonne ; Blaye, qui en tire de la Saintonge et de la Bretagne ; Castillon, du Périgord, sont les principaux marchés de grains. Les marchés de Libourne, Cadillac, Bazas, Créon, etc., s'approvisionnent des grains locaux. « A Bordeaux, c'est à la » bourse et dans les comptoirs des négocians qu'on traite des » prix des grains à prendre dans les magasins ou dans les » bateaux.

» Après Bordeaux, la Réole est le lieu où il se fait le plus

» de ventes ; les grains y sont apportés en partie par la Garonne,
» en partie par charrettes ou à dos de bêtes de somme. Les bate-
» liers du haut pays qui descendent des blés à Bordeaux sont
» dans l'usage de s'arrêter à la Réole pour en essayer la
» vente... Ces blés s'y vendent en bateaux sur quantités ; ceux
» du sol des environs sont en magasin et se vendent sur échan-
» tillon.

» A *Libourne*, on n'expose sur le marché que des farines
» fabriquées dans les minoteries du canton.

» Une classe de négocians, désignés sous le nom de commis-
» sionnaires de grains, reçoivent à Bordeaux les grains et fa-
» rines des propriétaires ou de leurs entremetteurs et des fabri-
» cans de minot pour les vendre à un prix et dans un laps de
» temps déterminés. » (*Rapport manuscrit.*)

A Bordeaux, à la Réole, et dans d'autres placés encore,
c'est sur les cours du commerce que les mairies dressent les
mercuriales.

———

Landes, composé d'une partie de la Gascogne, du Condomois, et de plusieurs autres petits pays, dont Marsan est le
principal.

Ce département doit son nom aux terres incultes et désertes
qui s'étendent le long des côtes dans toute la longueur du département de la Gironde au nord, et dans celui-ci jusqu'à
Bayonne. La partie au sud de Mont-de-Marsan ou de la Midouze
et de la Douze est seule cultivée ; elle est arrosée par cette ri-

vière, par le Gave, tous deux navigables, et par l'Adour qui les reçoit et coule jusqu'à la mer à Bayonne.

Les plus fortes récoltes du département des Landes en céréales consistent en maïs (1) en en menus grains. Voici l'état de la culture et de son produit en 1817.

29,000 hectares ensemencés en froment, 26,000 en seigle, 200 en orge, 550 en sarrazin, 52,000 en maïs et millet, 1,500 en avoine, et 8,500 en légumes secs et menus grains : total, 117,550.

Le produit moyen de l'hectare est porté pour 6 hectolitres en froment, en seigle, en sarrazin, en légumes et menus grains, pour 9 en orge, 5 en maïs et millet, pour 7 1/2 en avoine.

Prix moyen de l'hectolitre de froment de 1797 à 1817, savoir : dans les années ordinaires, prix le plus bas 19 fr. 77 c., le plus haut 25 fr. 56 c. ; 2° dans les années de disette en 1801 et 1802, il est monté à 26 fr. 25 c. et 27 fr. 58 c. ; en 1811 et 1812, à 50 fr. 14 c. et 32 fr. 26 c. Les mouvemens militaires des trois années suivantes sur cette frontière l'ont tenu entre 25 fr. et 27 fr. 50 c., et la mauvaise récolte de 1816 l'a reporté à 29 fr. 99 c.

Le département des Landes reçoit des grains de ceux de la Gironde, du Gers, des Basses-Pyrénées et de la mer par Bayonne. Ses marchés principaux sont, dans l'ordre de leur importance, ceux de Dax, de Peyrehorade où s'embarquent sur le Gave

---

(1) Nous avons parlé, page 55, des heureux effets de la substitution du maïs au millet dans quelques parties de ce département sur le tempérament des hommes et l'accroissement de la population.

toutes les denrées qui arrivent de l'Est, de Saint-Sever et de Mont-de-Marsan. Dans ces marchés, comme presque partout ailleurs, les prix des ventes sont fixés sur les mercuriales sans égard aux quantités vendues de chaque espèce. L'usage presque général des menus grains fait que, dans les années d'abondance, ce département exporte aussi des blés de son sol avec les blés et les farines des départemens du Gers et du Lot-et-Garonne.

Basses-Pyrénées, autrefois pays des Basques, Béarn, Basse-Navarre, etc. Ce département montagneux a moins encore de terres arables que celui des Landes ; il est borné au nord par les Landes, à l'est par les Hautes-Pyrénées, au sud et à l'ouest par l'Espagne et la mer.

En 1817 les terres ensemencées en grains consistaient en 102,800 hectares environ, dont la moitié et plus, 53,800, l'était en maïs et millet, 42,000 en froment, à peu près 1,600 en seigle, 700 en orge, 2,100 en avoine et le reste en graines. La pomme de terre y est très-peu cultivée, mais il produit beaucoup de châtaignes. Le rapport moyen de l'hectare était compté pour 10 hectolitres en froment et en maïs, pour 14 en seigle et en orge, et pour 12 en avoine.

Prix de l'hectolitre de froment dans les années de récolte ordinaire de 1797 à 1817 : plus bas 19 fr. 19 c., plus haut 24 fr. 87 c. Dans les années disetteuses, 26 fr. 48 c., en 1802 ; 31 fr. 90 c. et 33 fr. 88 c., en 1811 et 1812 ; 50 fr. 74 c., en 1816. Comme dans le département des Landes, les mouvemens militaires sur la frontière d'Espagne avaient contribué, depuis 1811, à tenir le cours des blés constamment plus élevé qu'avant cette époque.

L'Adour, qui traverse le département des Landes, les Gaves d'Oleron et de Pau, qui amènent vers Bayonne les denrées du pays haut, sont les voies d'exportation de quelques blés, principalement du maïs du sol de ce département, et plus encore des importations ou des autres départemens de la France ou de l'Espagne.

« Quand la mer est fermée, l'arrondissement de Bayonne
» tire ses approvisionnemens du Béarn (Orthez), des Landes,
» des Hautes-Pyrénées, du Gers. Depuis peu, l'ancienne Soule
» et la Basse-Navarre, qui ne produisaient guère qu'en propor-
» tion de leurs besoins, fournissent des grains à Bayonne et à
» des pays où elles puisaient autrefois. » (*Rapport manuscrit.*)

Les principaux marchés sont, après celui de *Bayonne*, qui se tient dans une rue étroite dont toutes les maisons sont occupées par des marchands de blé qui perçoivent une rétribution des vendeurs, les marchés d'Orthez, de Garlin, voisin du Gers, de Navarrins, pays fertile, celui de Pau qui reçoit des grains des trois précédens, et ceux d'Oleron, de Mauléon, de Sauveterre, que les produits de leur sol approvisionnent. Les marchés de Saint-Jean-Pied-de-Port, de Saint-Jean-de-Luz, reçoivent des grains importés du canton de Saint-Palais ou de l'Espagne.

Les grains et farines expédiés de Bayonne sur Bordeaux remontent l'Adour et la Douze jusqu'à Mont-de-Marsan, d'où ils sont transportés sur des charrettes à Langon, et de là par la Garonne. Les mêmes relais ont lieu, en sens inverse, pour les envois de Bordeaux à Bayonne. Il existe un grand projet de jonction de l'Adour à la Garonne. Excepté à Pau et à Navarrins, les mercuriales ne font nulle part mention des quantités vendues, pour déduire du prix total le prix moyen de chaque qualité.

Hautes-Pyrénées, l'ancienne province du Bigorre et les vallées dépendantes de la Gascogne. Les monts élevés qui donnent leur nom à ce département ne laissent à la culture des céréales que peu de terrain : 86,300 hectares seulement étaient ensemencées en grains en 1817. Voici leur distribution :

Froment 27,500, méteil 11,000, seigle 12,300, orge 3,500, sarrazin 1,900, avoine 20,100 : les légumes secs et les menus grains occupaient 10,000 hectares.

En comparant le produit des terres dans les divers départemens de cette région, notamment dans la Haute-Garonne le plus fertile de tous, on est surpris de le voir porté dans celui-ci, le moins propre à la culture, beaucoup plus haut que dans aucun autre, à 15 hectolitres de froment, de méteil ou de maïs par hectare, à 21 de seigle, d'orge et d'avoine, et à 20 de sarrazin. Ces nombres entiers, uniformes, et leur disproportion avec ceux des départemens voisins, sont des indices certains d'un calcul arbitraire. Par opposition, le produit de l'hectare en légumes secs n'est porté qu'à 2 hectolitres 70,100, taux beaucoup plus bas que partout ailleurs. On cultive plus la pomme de terre, et il y a moins de châtaigniers que dans les Basses-Pyrénées.

Dans les années de grande cherté : en 1801, le prix de l'hectare s'éleva à 28 fr. 50; en 1811 et 1812, à 30 fr. 05 c. et 33 fr. 10 c.; en 1816, à 30 fr. 44 c. Dans les années ordinaires de 1797 à 1817, il varia de 16 fr. 95 à 24 fr. 45 c. , mais on remarque l'influence des événemens militaires sur les prix dans les années 1814 et 1815.

La plaine de ce pays est coupée par des gaves ou torrens, ou arrosée par plusieurs rivières, mais presque sans navigation, et les chemins qui mènent en Espagne sont serrés et difficultueux.

La contrée fertile de ce département est entre Vic et Tarbes; les orages en détruisent ou en diminuent fréquemment les récoltes.

« Année commune, il ne récolte que pour sa consommation » de six mois en froment, seigle et méteil. Quand ces denrées » sont chères il s'en consomme beaucoup moins, parce qu'on » économise davantage, et parce qu'on mange tout le maïs, le » blé noir, le millet ou l'orge, dont, dans les années ordinaires, » on nourrit les bestiaux et les volailles de toute espèce desquelles » on fait une grande consommation. Pour combler son déficit, ce » département tire du Gers, de la Haute-Garonne , des Basses-» Pyrénées, et même des Landes.

» Ce sont de petits marchands spéculateurs qui amènent sur » le marché de Tarbes, où tout le département vient s'approvi-» sionner, des grains achetés chez les cultivateurs du Gers ou » sur ses marchés; ils chargent en retour du maïs ou des hari-

» cots pour Toulouse... Les marchés de Montréjan et de Saint-
» Gaudens (dans la Haute-Garonne) fournissent des grains à
» une partie des montagnes... Il arrive souvent que les Basses-
» Pyrénées fournissent de beaux fromens au marché de Tarbes;
» on les récolte dans les arrondissemens de Pau et surtout de
» Gerlin..... Quelquefois, mais rarement, le marché d'Aire
» (Landes) et son arrondissement envoient des grains à Tarbes...
» Tous ces grains sont transportés par terre sur des voitures
» roulières ou des chars à bœufs... Quand la mer est fermée,
» Pau, Gerlin, Aire, Plaisance, ne versent plus sur Tarbes et
» dirigent leurs grains sur Bayonne; Tarbes alors ne reçoit
» plus que du Gers et de la Haute-Garonne, non-seulement
» pour les besoins du département, mais encore pour réexpé-
» dier sur les Basses-Pyrénées et les Landes. » (*Rapport
Manuscrit.*)

Ces détails un peu longs, quant aux mouvemens en différens
sens, aux moyens d'achats et de transports, s'appliquent au
commerce des blés dans toute cette partie de la France, au midi
de la Garonne, depuis les Basses-Pyrénées jusqu'aux Pyrénées-
Orientales : nous nous dispenserons de les répéter.

Il en est de même des détails sur la rédaction des mercuriales,
et ceux-ci sont communs à la majeure partie des marchés de la
France, les voici :

« Ordinairement le secrétaire de la mairie se rend sur le
» marché (à Tarbes) accompagné de deux syndics des boulan-
» gers ; il fait un relevé approximatif et juge à vue d'œil des
» quantités existantes des 1re, 2e et 3e qualités; ensuite, il de-
» mande aux vendeurs et acheteurs le prix de vente, et prend

(329)

» le terme moyen sur le prix seulement, sans égard aux quan-
» tités vendues à chaque prix ; il additionne les prix moyens des
» trois qualités, les divise par trois, et établit ainsi le prix moyen
» du marché. On voit combien ce mode est vicieux, etc. »
(*Même Rapport.*)

On lit dans le même rapport la description suivante du blé
de ce pays.

« Il n'y a qu'une seule espèce de froment dans ce départe-
» ment ; on le distingue en trois qualités : la première, appelée
» *saragnette*, est recherchée par la boulangerie ; son grain
» est rond, petit, plein et doré ; sa farine est très-blanche et
» donne beaucoup de bon pain.

» La seconde qualité est un mélange de saragnette avec une
» troisième qualité dont le grain est gros, dur, dont la cassure
» est cornée et lisse. Sa farine donne un pain rousset ; mais
» il pèse et produit beaucoup, bien que donnant beaucoup de
» son.

» Quoique dans le pays on confonde ces trois qualités dans
» la même espèce, il est facile d'y reconnaître les semences
» abatardies du blé fin du Haut-Languedoc, de la *grossaigne*
» rouge, dont le mélange donne un *mitadin* qui forme la
» seconde qualité dans les Hautes-Pyrénées (1).

» Le seigle y est, en général, de bonne qualité ; celui de la
» montagne vaut ordinairement un peu mieux que celui de la

---

(1) Cette composition donne l'explication du mot *mitadin*, si fré-
quent dans les départemens méridionaux, et qui se présente ici pour la
première fois ; il désigne un blé mi-partie ou mélangé en diverses proportions, de deux qualités qui font une qualité mitoyenne.

» plaine ; il pèse et produit davantage, et son pain est plus
» blanc. »

———

Ariége, l'ancien pays des Basques et le comté de Foix ; il n'est
séparé du département des Hautes-Pyrénées que par l'extrémité
méridionale de celui de la Haute-Garonne, qui, de ce côté, est
très-rétrécie. C'est pourquoi nous traitons ici ce qui le regarde
avant ce dernier département, qui s'étend beaucoup plus avant
vers la plaine du Languedoc, et qui, d'ailleurs, sous le rapport
du commerce des blés, a une bien plus haute importance.

L'Ariége, qui donne son nom à ce pays, le traverse du midi
au nord, mais ne devient navigable qu'à sa sortie du département à Saverdun, d'où il va peu après se joindre à la Garonne ;
les transports par terre s'y font comme dans les Hautes-Pyrénées.

« Le département suffit en masse à la consommation de ses
» habitans dans une année ordinaire ; la plaine donne à la mon-
» tagne ce qui lui manque, et si l'arrondissement de Saint-Gi-
» rons, à l'ouest, a des besoins qui nécessitent des importations
» de la rive gauche de la Haute-Garonne, et qu'on évalue à la
» consommation de cet arrondissement pendant six mois, en re-
» vanche l'arrondissement de Mirepoix et de Pamiers (situé à
» l'est) fait des exportations annuelles sur l'Aude, qu'on évalue
» au moins aux quantités importées d'ailleurs. » (Rap. manusc.)
Toutefois, l'Ariége est celui des départemens de la 7e région
qui a le moins de terres cultivées en grains ; celles ensemencées
en 1817 n'embrassaient que 71,000 hectares, dont 20,000 en

froment, 5,500 en méteil, 18,000 en seigle, 200 en orge, 7,200 en sarrazin, 14,500 en maïs et millet et environ 5,600 en avoine. La pomme de terre y était assez répandue; il a aussi des châtaigniers.

On y comptait ainsi le produit de l'hectare : 9 hectolitres en froment, en maïs et millet, 12,60/100 en méteil et en seigle, 14,40/100 en orge, 16 en sarrazin et 18 en avoine.

Quant au prix moyen de l'hectolitre de froment, le plus bas, dans les années ordinaires de 1797 à 1817, a été de 14 fr. 35 c., le plus haut de 25 fr. 50 c. Il fut, dans les années de disette, de 27 fr. 75 c. et 26 fr. 25 c., en 1801 et 1802; de 30 fr. 78 c. et 35 fr. 62 c., en 1811 et 1812, et de 30 fr. 49 c., en 1816.

Les volailles et autres animaux de basse-cour sont très-nombreux dans ce département comme dans celui des Hautes-Pyrénées, et consomment beaucoup de sarrazin, de millet et de maïs.

« Depuis plusieurs années, les terres sont beaucoup mieux » soignées..... Des champs immenses de terres légères et de » couleur brune étaient couverts de cailloux..... Chaque jour » ces terres se nétoient; avec ces pierres, on borde les champs » et les routes; les terres, ainsi soignées, ont quadruplé leurs » produits. » (*Même manuscrit.*) Bon exemple à suivre, et pour lequel il ne faut partout que des bras d'enfans.

On distingue dans ce département deux sortes de blés : le *blé fin*, qui paraît être le même que le *saragnette* des Hautes-Pyrénées, et le *blé gros* ou *grossaigne*, blanc ou rouge, qui se récolte dans les terres fortes et humides ; ce dernier est dur, l'autre est tendre.

Le seigle est très-bon dans la montagne ; il l'est moins dans la plaine ; la pomme de terre, très-farineuse, mélangée par moitié avec du froment, fait un très-bon pain.

Pamiers, Mirepoix, Saint-Girons et Foix, sont les principaux marchés. Dans les grandes disettes, la montagne, du côté de Saint-Girons, reçoit, à dos de mulets, des seigles d'Espagne du Val-de-Valencia par le Col-de-Salau et d'Aula.

Sur ces marchés, les mercuriales sont établies selon le même mode à peu près que sur ceux des Hautes-Pyrénées.

HAUTE-GARONNE ou Languedoc. Ce département est parcouru dans toute son étendue par la Garonne, qui prend sa source dans les Pyrénées et se grossit dans son cours de douze rivières ; le canal du Midi débouche dans ce fleuve. L'un et l'autre font de ce département le point central des expéditions des grains des riches plaines de ce département, de celles du Gers, de Lot-et-Garonne, etc., vers les deux mers et l'intérieur.

« Année commune, le département de la Haute-Garonne
» récolte pour fournir abondamment à sa population, à la nour-
» riture, et, plus tard, à l'engrais des cochons et d'une mul-
» titude de volailles de toute espèce ; il récolte de plus un ex-
» cédant considérable des mêmes grains, maïs et surtout blé
» froment, qu'il expédie par le canal sur la Méditerranée, ou
» qu'il verse par la Garonne sur Bordeaux, partie en grains,
» partie en farine minot de belle fabrication ; on évalue com-

» munément cet excédant à 240,000 hectolitres de froment,
» 20,000 de seigle et 90,000 de maïs. Quand le froment et le
» seigle ne sont pas demandés dans l'année on les conserve en
» greniers pour l'année suivante, mais le maïs est abandonné
» aux volailles, etc., parce qu'il est rare qu'il ne se gâte pas
» au bout de ce temps. » (*Rapport manuscrit*) (1).

En 1817, 218,600 hectares étaient ensemencés, savoir : en
froment 115,000, en seigle 20,500, en méteil 6,400, en orge
1,500 ; 1,600 en sarrazin, 51,000 en maïs et millet, 12,500
en avoine ; le surplus en menus grains et graines légumineuses.

L'hectare semé en froment et en maïs avait donné 9 hectolitres, en méteil et en seigle 12,60/100, en orge 14,40/100, en
sarrazin 16, en avoine 18. La culture de la pomme de terre
était très-répandue.

Il y a dans la Haute-Garonne quatre espèces de froment bien
distinctes : le blé fin, le mitadin, le blé gros et la *tuizelle*.
Nous avons vu dans les articles sur l'Ariége et les Hautes-Pyrénées ce qui distingue les trois premières ; la *tuizelle* ne croît
que dans l'arrondissement de Villefranche, et en petite quantité ;
elle passe dans les minoteries.

---

(1) « Un fait pourra donner une idée de la consommation qui s'en fait
» ainsi : On calcule que de la Toussaint à Pâques, Toulouse et sa ban-
» lieue mangent cent mille oies, et qu'une oie mange de 10 à 12 kilogr.
» de maïs, ce qui porte au moins à 10,000 quintaux métriques la con-
» sommation des oies de cette ville seulement, sans compter les canards,
» poules, dindons dont le nombre est immense. »

« Le blé *fin*, ayant une pellicule très-fine et très-blanc en
» dedans, est le plus recherché par ces fabriques et la bonne
» boulangerie ; on y emploie aussi le blé fin rouge, transparent
» et un peu roux au-dedans, surtout pour les farines dites de
» *Cô.* Le blé *mitadin* sert à faire le pain rousset ou mi-blanc ;
» le blé *gros* se divise en blé rouge, corné en dedans, dur,
» anguleux dans sa cassure ; il donne peu de farine, beaucoup
» de résillon ou petit son, et produit beaucoup au pétrin ; et en
» blé blanc ; celui-ci est tendre, plus farineux, il a un son
» très-épais, et rend beaucoup moins en pain. » (*Même rap-*
port.)

La partie du pays située au sud de Toulouse est la plus fertile
en grains. Les principaux marchés sont ceux de Montrejean,
Saint-Gaudens, Cazères, Villefranche en Lauraguais et Toulouse.

« Cette dernière place reçoit une partie de l'excédant des
» grains des marchés nommés ci-dessus et de tous les marchés
» secondaires. Les gros propriétaires y versent aux négocians
» et aux minotiers, quelquefois aux boulangers. Les blatiers
» qui y amènent le superflu de ces divers marchés qu'ils n'ont
» pu vendre sur d'autres, vendent leurs grains aux négocians
» par l'entremise des courtiers non patentés, ou aux boulangers,
» ou enfin, avec ou sans ces intermédiaires, à de petits mar-
» chands spéculateurs de Toulouse, qui, bien qu'ayant d'autres
» états, emploient à ce trafic leurs petits capitaux, pour reven-
» dre de suite, soit à d'autres spéculateurs comme eux, soit à
» des boulangers, soit même à la halle.....

» Les gros négocians ou minotiers, principalement à Tou-

» louse et à Villefranche , font arriver chez eux les grains ache-
» tés par eux chez les cultivateurs , propriétaires et fermiers ,
» qui s'engagent à les verser , à leur ordre , sur les points voi-
» sins du canal ou à bord des barques.

» Ainsi que nous l'avons dit , le commerce de Toulouse ne se
» borne pas à l'excédant des grains du département ; d'un côté ,
» le département du Gers verse sur cette ville ceux des arron-
» dissemens de l'Ile-en-Jourdain , de Gimont et même d'Auch :
» les charrettes qui les apportent emportent en retour du sel ,
» du savon , de l'huile , etc. , pour la route d'Auch , de Tarbes ,
» de Pau et de Bayonne.

» D'un autre côté , le Tarn-et-Garonne envoie à Toulouse
» une grande partie des excédans , surtout en *grossaignes* , de
» ses riches arrondissemens de Beaumont et Castel-Sarrazin , et
» une grande partie des farines de minot de Moissac , la Ma-
» gistère et Montauban..... Le département du Tarn y expédie
» aussi une partie de ses excédans en beaux grains des arrondis-
» semens de Gaillac , d'Alby , et surtout de Lavaur. Les blatiers
» de la Haute-Garonne vont quelquefois chercher eux-mêmes
» des grains dans ces départemens pour les embarquer sur le
» fleuve ou sur le canal à diverses destinations.

» ... Les expéditions hors du département où les exporta-
» tions se font : 1° par le canal , pour la Provence jusqu'à Agde ,
» où on les met sur navires ; pour le Bas-Languedoc jusqu'au
» Port-Juvenal près Montpellier et jusqu'à Lunel : pour le
» Roussillon (Pyrénées-Orientales) jusqu'à Narbonne , où l'on
» charge sur voitures , et pour Castelnaudary , de l'arrondisse-
» ment de Villefranche ; 2° par la Garonne en la descendant

» jusqu'à Agen ou jusqu'à la Réole si le Périgord (Dordogne)
» fait des demandes, soit à Pont-de-Bords sur la Baize, Portels ou
» Langon si les Landes ont des besoins, et enfin jusqu'à Bor-
» deaux; mais, en général, les versemens sur la Basse-Garonne
» sont très-rares et peu importans ; 3° par terre, de l'arron-
» dissement de Montréjean sur les Hautes-Pyrénées. »

Pour mettre à portée de juger du tort que l'importation des
blés de la Russie méridionale à Marseille, après les disettes de
1812 et de 1817, fit au commerce des blés indigènes et de ceux
du Languedoc en particulier, nous allons présenter ici le relevé
des expéditions de grains de toute nature et de farines faites de
la Haute-Garonne par le canal du Midi de 1810 à 1819, époque
où fut portée la première loi limitative de l'importation des blés
exotiques :

En 1811, 375,530 quintaux métriques.
   1812, 242,780
   1813, 192,500
   1814, 135,180
   1815, 91,615
   1816, 163,439
   1817, 237,463
   1818, 66,894

On voit, immédiatement après les deux mauvaises récoltes, les
expéditions du Languedoc sur la Méditerranée s'élever et ensuite
s'abaisser à mesure que celles de la mer Noire arrivaient dans nos
ports. La même cause produisait le même effet sur les expéditions
des blés de nos provinces septentrionales par la Saône et le
Rhône pour la Provence.

C'est le cours des grains à Toulouse qui règle leur prix dans toutes les places du Midi qui ne peuvent s'approvisionner que par cette ville. Ce cours est coté plus exactement sur les bulletins du commerce que sur la mercuriale de la halle, où la mairie, après avoir distrait le prix le plus élevé et le prix le plus bas des ventes, consigne simplement le taux moyen des prix intermédiaires sans distinction des qualités.

Voici les prix de l'hectolitre de froment dans la Haute-Garonne de 1797 à 1817 :

En temps ordinaires, plus bas 14 fr. 02 c., plus haut 25 fr. 53 c.

Dans les années extraordinaires, savoir : en 1801 et 1802, 27 fr. 30 c. et 24 fr. 68 c. ; en 1811 et 1812, 50 fr. 16 et 35 fr. 99 c., et, en 1816, 25 fr. 21 c.

GERS. A l'ouest de la Haute-Garonne et entre ce département et celui des Landes est le département du Gers, borné au midi par le département des Hautes-Pyrénées et au nord par celui de Lot-et-Garonne. C'est avec celui des Landes un démembrement de la Gascogne et du Condomois, l'Armagnac, etc.

Outre le Gers qui lui donne son nom ce département a plusieurs rivières, mais qui ne sont point navigables dans son enceinte, entre autres l'Adour et la Douze qui le deviennent plus bas dans le département des Landes, et la Baïze dans celui de Lot-et-Garonne, où elle tombe dans la Garonne avec le Gers qui porte bateaux depuis Auch. Toutes ces eaux descendent des

Pyrénées et coulent du midi au nord ; elles présentent, dit-on, de grands moyens pour un système raisonné de navigation.

Le département du Gers produit habituellement plus de céréales qu'il n'en consomme ; on évalue à environ 400,000 hectolitres ses exportations annuelles en grains de toute espèce et en farines ; celles-ci sortent principalement des fabriques de Fleurance, de Condom et d'Astafort. Nous avons vu que les Landes, les Basses et Hautes-Pyrénées, tirent du Gers de grands secours, et qu'il verse aussi sur Toulouse pour la Méditerranée.

De nombreux défrichemens ont été faits dans ce département depuis la révolution, mais l'art de la culture et les instrumens de labourage paraissent avoir encore besoin de grands perfectionnemens.

Le froment se divise ici, comme dans les départemens que nous venons de voir, en blé fin, grossaigne et mitadin ; la composition de ce dernier, c'est-à-dire le mélange des deux premiers, varie à l'infini.

Près de 192,700 hectares étaient ensemencés en céréales en 1817, savoir :

Environ 135,000 en froment, 5,400 en méteil, 8,300 en seigle, 4,200 en orge, 16,000 en maïs et millet, 8,900 en avoine, et le surplus en légumes secs et en menus grains. Les récoltes de cette année donnèrent par hectare : en froment 6 hectolitres 90/100, en méteil 6,30/100, en seigle 5,33/100, en orge 10,65/100, en maïs 3,73/100 et en avoine 15,51/100.

De 1797 à 1817, le prix le plus bas de l'hectolitre de froment, en temps ordinaires, fut de 14 fr. 33 c., le plus haut de 22 fr. 73 c. Il s'éleva, dans les mauvaises années, à 26 fr.

55 c., en 1801 ; à 26 fr. 77 c., 52 fr. 58 c. et 27 fr. 81 c. en 1811, 1812 et 1816.

« Il y a dans ce département neuf ou dix marchés assez im-
» portans, dans lesquels des spéculateurs, gros et petits, achè-
» tent l'excédant des ventes faites aux habitans et aux boulan-
» gers pour le revendre plus tard, soit aux commissionnaires
» des négocians de Toulouse, Tarbes ou Bordeaux, soit sur les
» marchés ou à la boulangerie. Les gros spéculateurs sont peu
» nombreux ; ils emploient dans ce commerce, dont ils ont une
» idée assez faible, des capitaux et des crédits assez considéra-
» bles. » (*Rapport manuscrit.*)

On a vu dans les notices précédentes le même trafic et la même spéculation exercés à de grandes distance de ce département.

« Ordinairement les grains récoltés dans l'arrondissement de
» Condom, le moins riche en ce genre, se dirigent vers la Ga-
» ronne, par Nérac (Lot-et-Garonne) situé sur la Baïze. L'ar-
» rondissement de Lectoure, beaucoup plus abondant, verse les
» siens par le Gers sur le même fleuve à Layrac (Lot-et-Ga-
» ronne). Le plus fertile de tous, celui de Lombez, expédie ses
» excédans sur Toulouse. Le moins productif, celui de Mirande,
» fournit quelques grains au département des Hautes-Pyrénées,
» et enfin l'arrondissement d'Auch, situé au centre des autres
» et médiocrement abondant, verse son superflu sur Layrac,
» Toulouse ou Tarbes, selon les besoins et les prix. » (*Idem.*)

Dans les villes nommées ci-dessus se tiennent les principaux marchés du Gers. Les mercuriales de tous ces marchés ne sont point rédigées uniformément ni avec précision. Celui de Fleu-

rance avait été mis par la loi de 1821 au rang des marchés régulateurs ; il en a été retiré depuis. Les moyens de transport
par terre sont les mêmes que ceux des départemens voisins déjà
décrits.

LOT-ET-GARONNE. Au nord du département du Gers et entre
ceux du Lot à l'est et de la Gironde à l'ouest, est situé le département de Lot-et-Garonne, le plus abondant de tous ceux de
cette fertile région en productions céréales ; il est séparé au
nord de celui de la Dordogne par la rivière du Dropt, et traversé dans toute son étendue, du sud-est au nord-ouest, par la
Garonne, dans laquelle viennent se jeter, à droite, le Lot, à
gauche la Baïze et le Gers. Le canal latéral à la Garonne, dont
la construction a été autorisée par une loi de 1832, utilisera au
profit de l'agriculture et du commerce la plupart des courans
d'eau de ce département.

Il est formé de l'Agenois et, en majeure partie, d'un démembrement de la Guienne. Le haut pays contigu au département
des Landes a aussi des terres incultes ; néanmoins on y récolte
communément assez de grains pour ajouter sensiblement aux
exportations de la plaine.

» La fertilité des plaines de la Garonne (écrivait un préfet
» de ce département), le besoin de pourvoir à la subsistance
» d'une population nombreuse, et l'avantage de convertir en
» farines pour les colonies l'excédant du produit des terres qui,
» dans les bonnes années, est d'un quart au-dessus de la consom-

» mation locale, ont fait donner généralement la préférence à la cul-
» ture du blé... Mais, ajoute-t-il, la nature des choses a cons-
» titué dans ce département un système à peu près universel de
» petite culture qui restreint le développement de tous les genres
» d'industrie rurale, et dont le résultat est très-défavorable à la
» somme des reproductions... La routine, qui maîtrise les cul-
» tivateurs, est cause que les productions ne se trouvent pas
» toujours les plus appropriées à la nature du sol. »

Voici l'état de la culture des céréales en 1817, selon le tableau ministériel :

L'étendue des terres ensemencées était de plus de 599,000
hectares, sur quoi 25,000 étaient consacrés aux graines légumineuses et menus grains, et le surplus distribué comme il
suit : froment 270,000, méteil et seigle, chacun 55,750 (indication que ces chiffres ne sont pas exacts), orge environ 1,900,
sarrazin un peu moins de 17,000 et avoine 5,700.

Le rapport de l'hectare est compté très-bas, et si bas relativement à celui des autres départemens de cette région, même
abstraction faite de celui des Hautes-Pyrénées où il nous a
paru exagéré, que l'estimation doit en avoir été faite arbitrairement. Ce rapport est en froment, sarrazin, maïs et mil ou panis, de 4 hectolitres, et, uniformément aussi, de 4 hectolitres 1/2
en méteil, seigle et avoine. Toutefois, nous devons dire que ces
évaluations ne sont pas toutes au-dessous de celles faites antérieurement à 1817.

La perte déjà ancienne de nos colonies des Antilles, la riva-
lité des États-Unis américains dans la fabrication des farines
ont affaibli le commerce que nos provinces du Midi faisaient

autrefois par mer de leurs farines de minot ; le département de Lot-et-Garonne y avait une grande part ; il a néanmoins encore de nombreuses minoteries, principalement à Agen, à Ville-neuve, à Nérac, à Lavardac, à Mezin, et dans d'autres villes voisines des rivières navigables.

Prix du blé froment de 1797 à 1817 :

En temps ordinaire, le plus bas prix de l'hectolitre a été de 13 fr. 88 c., le plus élevé de 24 fr. 05 c.

Dans les années mauvaises, savoir : en 1801 et 1802, 26 fr. 78 c. et 27 fr. 90 c. ; en 1811 et 1812, 26 fr. 89 c. et 34 fr. 30 c., et, en 1816, 28 fr. 55 c.

Pour tous les autres détails concernant le commerce, nous ne pourrions que répéter ce qui a été dit dans les articles du Gers et de la Haute-Garonne.

« Les ventes se font sur échantillons... Les spéculateurs sont » presque tous des propriétaires ; ils se décident difficilement » à vendre, et souvent même ajoutent par des achats au pro- » duit de récoltes pour revendre avec bénéfice... » (*Rapport manuscrit.*)

DORDOGNE. C'est l'ancien Périgord, accru de quelques portions du Limousin, de l'Angoumois et de l'Agenois. Ce département, le plus septentrional de la région que nous parcourons, n'est entouré de toutes parts, excepté au midi où il est contigu à ceux du Lot et de Lot-et-Garonne, que de départemens peu ou point fertiles ; ce sont, à l'ouest, ceux de la Gironde et des Charentes ; au nord et à l'est, ceux de la Haute-Vienne et de la Corrèze. Il est traversé presque en ligne droite, de l'est à l'ouest, par la Dordogne qui, un peu plus bas, se réunit à la Garonne pour former la Gironde, et, du nord-est au sud-ouest, par l'Ile qui se jette dans la Dordogne. Ces deux rivières sont navigables, mais l'Ile depuis Périgueux seulement.

Malgré la nature montagneuse de son sol ce département est, après le Lot-et-Garonne de la 7ᵉ région, celui qui, selon l'état du ministère, avait en 1817 le plus de terres ensemencées en céréales, 224,000 hectares, mais, en majeure partie, d'espèces-secondaires, savoir :

En froment 105,000 hectares, en méteil 15,000, en seigle 35,000, 4,000 en orge, 2,000 en sarrazin, 40,000 en maïs et millet, 5,000 en avoine et 20,000 en menus grains et graines légumineuses.

Le produit de l'hectare y était compté pour quelques grains à peu près comme dans le Lot-et-Garonne, nonobstant la nature différente du sol, c'est-à-dire pour 4 hectolitres en froment, 4 1/2 en seigle, 5 en méteil et en orge (balliarge) ; mais l'hectare de sarrasin figure dans le relevé des récoltes pour 15 hectolitres 60/100, celui du maïs pour 10,20/100 et celui de l'avoine pour 10,50/100 : produits très-supérieurs à ceux du département précédent. Nous ne répéterons pas encore ici ce que nous avons déjà dit plusieurs fois touchant ces sortes de calculs (1).

---

(1) Aucun de ceux que nous venons de rapporter n'est d'accord avec les relevés semblables faits pour une année antérieure par le secrétaire général de la préfecture, et présentés comme « aussi exacts qu'il a été « possible de se les procurer, d'après les recherches les plus sûres. » Partout même dissemblance, même incertitude.

Le seigle, la méture, le maïs, la pomme de terre dont la culture s'est fort étendue depuis les grandes disettes, et la châtaigne « qui, pendant six mois de l'année au moins, nourrit presque » seule les habitans des campagnes, les métayers, les ouvriers » et les domestiques, » sont les principaux alimens de la population. Le froment et même le seigle s'exportent en grande partie par petites portions dans les départemens voisins pour leur propre consommation, et en plus fortes quantités des arrondissemens de Riberac et de Bergerac sur Libourne pour Bordeaux et pour les minoteries établies au bas des rivières de l'Ile et de la Dordogne.

Dans les années calamiteuses, au contraire, le nord de ce département tire des grains de l'Indre et de la Vienne par Limoges ; les cantons de l'ouest en tirent du Poitou, de la Bretagne ou de l'étranger par Bordeaux ; et ceux du midi, des départemens du Lot et de Lot-et-Garonne.

Les marchés principaux sont ceux de Riberac, Périgueux, Bergerac, Cubjac, Charron, Mareuil, Verteillac, mais aucun n'est bien important. Les mercuriales ont le défaut, que nous avons tant de fois signalé, de présenter des prix moyens qui ne sont point déduits des quantités vendues.

Il paraît que, comme quelques autres (dont nous avons rapporté les prix sans en faire la remarque), le département de la Dordogne n'a pas ressenti la disette de 1801 et 1802, mais qu'il en a été frappé en 1800. Cette année l'hectolitre de froment s'y éleva à 30 fr. , et descendit à 25 fr. 20 c. l'année suivante. Il remonta à 26 fr. 75, en 1811 ; à 32 fr. 75, en 1812, et à 29 fr. 30 c. , en 1816. Dans les années ordinaires de 1797 à 1817, son prix le plus bas fut de 17 fr. 50 c., et le plus haut de 24 fr. 85 c.

(Voir les OBSERVATIONS GÉNÉRALES aux pages 94 et suivantes, 103, 113, 214, 241, 264, etc.)

Marans, Bordeaux, Toulouse sont pour cette région les marchés régulateurs de l'importation et de l'exportation.

8e *Région* ou *Région du Midi*.

On aura remarqué, pages 92 et 107, que la quantité des terres ensemencées en grains, et celle des récoltes dans cette région, étaient fort inférieures à celles de toutes les autres que nous avons vues ; elles le sont davantage encore dans celles qui nous restent à voir. Plus de la moitié de la région où nous entrons, presque toute montagneuse, composée de départemens pour la plupart sans chemins et sans rivières navigables, ne produit point, en somme, toute la subsistance de ses habitans ; ils reçoivent des autres, par barques, par voitures à chevaux et à bœufs, par chevaux et mulets de bât, par *ânée*, et même par chargement à dos d'homme, ce qui manque à leur consommation. Ce mouvement intérieur est trop circonscrit pour nécessiter ici de longs développemens. On a vu précédemment les grandes sources d'où les blés se répandent sur la surface de la France, et par quelles voies ils se distribuent entre les provinces dans lesquelles ils peuvent pénétrer. La multiplication et l'agrandissement de ces voies de communication, l'amélioration des cultures locales sous le double rapport des semences et des procédés agricoles, sont l'objet de vœux plus justement fondés encore pour les départemens de la 8e région que pour ceux au sujet desquels ils ont été déjà tant de fois exprimés; mais plus qu'ailleurs aussi les obstacles sont grands et peut-être insurmontables.

———

Corrèze. Ce département, anciennement le Bas-Limousin, est situé au midi de la Haute-Vienne qui formait l'autre partie de cette province, et de la Creuse, à l'est de la Dordogne, à l'ouest du Cantal et du Puy-de-Dôme, et au nord du Lot. La rivière qui lui donne son nom n'y est navigable que depuis Tulle, et tombe, à peu de distance de cette ville, à l'ouest, dans la Vezère qui se jette plus loin dans la Dordogne, et qui est navigable depuis Uzerche. La partie orientale de ce département est montagneuse et en partie stérile; voici l'état de ses cultures en 1817 :

Il n'avait qu'environ 88,500 hectares ensemencés en grains,

(347)

dont 4,000 seulement en froment et 500 en méteil ; le seigle en occupait 58,000, l'orge et le maïs ou millet chacun moins de 700, le sarrazin 20,000 et l'avoine 4,000. La pomme de terre et principalement le châtaignier fournissaient à la population des campagnes la moitié de sa subsistance de l'année. On en exporte des châtaignes ; la récolte en avait été évaluée à 90,000 hectolitres.

Le produit des terres était compté ainsi qu'il suit par hectare :

5 hectolitres 1/2 de froment, 6 de méteil, 4 de seigle, 3 d'orge, 7 de sarrazin, 5 de maïs, 14 d'avoine : produits qui semblent plus hypothétiques que réels.

Le prix moyen de l'hectolitre du froment vendu dans ce département, dans les années ordinaires de 1797 à 1817, a été : le plus bas, de 18 fr. 71 c. ; le plus haut, de 25 fr. 80 c. ; et dans les années disetteuses, savoir : en 1811, 27 fr. 02 c. ; en 1812, 56 fr. 09 c. ; et, en 1816, 50 fr. 94 c.

Nonobstant sa pauvreté en grains, la Corrèze en fournit quelquefois au Cantal et à l'Aveyron ; mais il en reçoit davantage et constamment de l'Indre et de la Vienne par Limoges, des autres parties du Poitou et de la Bretagne, par la Gironde et la Dordogne, et du département du Lot. Uzerche sur la Vezère, Tulle et Brives sur la Corrèze, sont les entrepôts ordinaires de ces blés étrangers au département.

***

CANTAL. La Haute-Auvergne (voir *Puy-de-Dôme* dans la 5ᵉ région). C'est le pays le plus élevé de l'intérieur de la

France ; aucune rivière n'y est navigable, les chemins de terre
rares et souvent impraticables ; des six départemens qui l'entourent, la Corrèze et le Lot au couchant, l'Aveyron au midi, la
Lozère et la Haute-Loire au levant, et le Puy-de-Dôme au nord,
trois seulement, ce dernier par Clermont et Issoire, celui de la
Haute-Loire par Brioude, et celui du Lot par Grammat et la
Capelle, peuvent lui fournir par eux-mêmes quelques secours
en céréales : quelquefois, mais rarement, il tire des grains de
Villecontal dans l'Aveyron.

Cependant le Cantal a une plus grande étendue de terres
à grains que celui de la Corrèze. Celles ensemencées en 1817
étaient d'environ 114,900 hectares. Une vaste plaine, appelée
la Planèze de Saint-Flour, est la source principale des récoltes
en blés ; elles se composent en majeure partie de seigle.

Les semences étaient ainsi réparties : froment, de 5 à 6,000 hectares, méteil et orge chacun 2,100, seigle 76,500, sarrazin
15,500, avoine 11,500. Le produit des terres était ainsi calculé :
froment et méteil 11 hectolitres par hectare, seigle 4, orge 13
20/100, sarrazin 9,60/100, avoine 18. La pomme de terre et
surtout la châtaigne y étaient moins abondantes que dans la
Corrèze.

En temps ordinaire de 1797 à 1817, le plus bas prix
de l'hectolitre de froment a été de 17 fr. 03 c., le plus haut
de 26 fr. 38 c. En temps de cherté, ce prix est monté à 28 fr.
91 c., en 1803 ; à 29 fr. 61 c. et 37 fr. 16 c., en 1811 et
1812 ; et à 52 fr. 75 c., en 1816.

Les marchés sont approvisionnés de grains du sol et de

ceux amenés des départemens voisins par des charretiers ou bouviers revendeurs ; le principal est celui d'Aurillac.

———

Lot. Le Haut-Quercy et une portion de la Guienne.

Situation en 1817 :

178,900 hectares ensemencés, dont 88,700 en froment, 5,800 environ en méteil, 21,700 en seigle, 8,500 en orge, 10,000 en sarrazin, 30,500 en maïs et millet, 9,400 en avoine; le reste en menus grains et graines.

Produit de l'hectare : 5 hectolitres 52/100 en froment, 4,80/100 en méteil, 7,21/100 en seigle, 9 en orge, 15 en sarrazin, 9,60/100 en maïs, 12 en avoine.

Prix moyen de l'hectolitre de froment de 1797 à 1817 : en tems ordinaire, plus bas 17 fr. 30 c., plus haut 23 fr. 81 c. ; en années de mauvaises récoltes, savoir : 1800 et 1801, 26 fr. 86 c. et 28 28 c. ; 1811 et 1812, 29 fr. 78 c. et 33 fr. 97 c. ; 1816, 31 fr. 93 c.

La Dordogne et le Lot vivifient ce département qu'ils traversent tous deux de l'est à l'ouest; ils y sont navigables dans une partie de leur cours ; il est traversé aussi par la grande route de Paris à Toulouse, et arrosé par plusieurs autres rivières; les routes d'embranchemens sont à peine praticables pour de petites voitures à deux colliers.

« Il y a dix-neuf marchés, dont les principaux sont ceux de
» Cahors, Moncuq, Castelnau, Figeac, la Cappelle, Gourdon,
» Grammat et Souillac ; les ventes s'y font sur quantités et ra-

» rement sur échantillons; les blés sont battus à l'aire aussitôt
» après la récolte avec de grandes perches de châtaignier, et
» sont toujours fort sales. A Cahors, le commerce des grains se
» borne à la consommation... En temps ordinaire, le départe-
» ment exporte des grains dans le Cantal à dos de mulet, et
» dans l'Aveyron. Les cantons de Moncuq et de Castelnau ver-
» sent les leurs à Moissac et à Montauban (dans le Tarn-et-
» Garonne) pour y être convertis en minots. Dans les années
» calamiteuses, le département du Lot tire des grains de Tou-
» louse, de Montauban et quelquefois de Bordeaux. Grammat,
» petite ville de l'arrondissement de Gourdon, forme un entre-
» pôt et se livre au commerce.

» ... Les mercuriales ne présentent point les prix moyens
» des quantités vendues de chaque espèce (qualité). On ne se
» conforme point aux instructions du préfet. » (*Rapport manuscrit.*)

Nous renvoyons aux notices précédentes sur les départemens
du Cantal, de la Corrèze, de la Dordogne, de Lot-et-Garonne et
de la Haute-Garonne, et à celles qui vont suivre sur l'Aveyron
et le Tarn, qui tous entourent le département du Lot, pour leurs
rapports réciproques dans le commerce des céréales.

———

TARN-ET-GARONNE. Ce département est composé du Bas-
Quercy et de diverses parties d'autres provinces, la Guienne, le
Haut-Languedoc, l'Agenois et le Rouergue. Les deux rivières
dont il prend le nom et l'Aveyron y sont navigables. On sait

que la navigation de la Garonne est souvent interrompue par son peu de profondeur, et par d'autres obstacles qui ont fait concevoir et adopter le projet du canal latéral à ce fleuve dont nous avons déjà parlé.

« Les terres d'alluvion, c'est-à-dire celles qui longent la
» Garonne, le Tarn et l'Aveyron, ainsi que celles qui compo-
» sent le fond des vallées larges et étroites du département,
» sont en général très-fertiles; les jachères y sont à peu près
» inconnues; on y cultive avec succès le froment, le maïs… et
» toutes les plantes qui exigent une terre substantielle… Mais
» les plaines un peu élevées, et ce sont les plus étendues…, sont
» peu fertiles en grains… » L'auteur de la statistique d'où ce passage est extrait remarque que, malgré le grand nombre de rivières qui arrosent ce département, il manque de fourrages,
» parce que les cultivateurs consacrent à la culture du blé
» presque toutes leurs terres. »

Aussi est-il un des plus abondans de cette région. Il comptait, en 1817, 153,000 hectares ensemencés, dont 78,000 en froment, 18,000 en méteil, 16,000 en seigle, 1,000 en orge, 28,000 en maïs et millet noir, 6,000 en avoine, le reste en menus grains et graines. L'hectare y avait rendu 7 hectolitres 1/2 en froment et en orge, 2 1/2 seulement en méteil, 4 1/2 en seigle, 34 1/2 en maïs et 8 1/3 en avoine. La pomme de terre y était rare et les châtaigniers peu nombreux.

Les plaines de Castel-Sarrazin, de Montauban, de Moissac, sont très-riches en froment, et ce blé y est de la plus belle qua-lité. C'est ce double avantage qui donne aux minoteries de ce dé-partement, et notamment à celles de ces villes, une si haute et si lointaine réputation de supériorité. Nous avons dit ailleurs que la séparation de nos colonies des Antilles avait été funeste à ces sortes de fabriques, à cause du privilége exclusif qu'elles avaient d'approvisionner de farines ces colonies ; mais, depuis lors, elles se sont ouvert d'autres débouchés et ont repris leur ancienne activité. On évaluait il y a quelques années à 800,000 barils ou minots, du poids de 85 à 88 kilogrammes, la quantité de farine qui sortait des minoteries de Montauban. On a vu par les notices précédentes que presque tous les départemens situés sur la Garonne, le Gers, le Lot, etc., contribuent à alimenter ces fabriques. C'est par Bordeaux et par Toulouse que s'exportent leurs farines; la marine en compose l'approvisionnement de campagne de ses vaisseaux, et quelques marines étrangères en font également usage.

Les farines inférieures à celles de minot, appelées *có* et *sembles,* et les issues, appelées résillons, le son menu et le gros son, entrent aussi dans le commerce, et sortent quelquefois du département.

« Une partie des seigles s'expédie à Bordeaux pour la
» nourriture des paysans du Médoc, et se charge principale-
» ment sur le Tarn; une autre partie s'expédie par l'Aveyron
» et pénètre jusque dans le Cantal. Ce sont les bouviers auver-
» gnats qui viennent les acheter jusqu'à Montauban; ils paient
» comptant, font charger et suivent leurs voitures. » (*Mémoire manuscrit.*)

Nous ne pouvons relever le prix du froment dans ce département que depuis 1809, époque de sa formation par le démembrement de plusieurs autres. Le prix le plus bas de l'hectolitre coté de cette époque à 1817, est de 13 fr. 85 c. ; le plus haut, de 21 fr. 02 c., sauf dans les trois années de disette 1811, 1812 et 1816, où le prix s'éleva à 27 fr. 80 c., 33 fr. 57 c. et 28 fr. 76 c.

TARN. Situé au sud-est du précédent, à l'est de la Haute-Garonne, ce département faisait aussi partie du Languedoc; il se compose, en outre, du territoire des anciens diocèses d'Alby, de Castres et de Lavaur. Le Tarn se partage en deux de l'est à l'ouest, mais il ne devient navigable qu'à Gaillac près de sa sortie, après avoir reçu les eaux de l'Adour et de l'Agout; le pays, traversé aussi par des chaînes de montagnes, mais peu élevées, manque de routes faciles.

Ses cultures sont les mêmes que celles de Tarn-et-Garonne et plus étendues en céréales. L'état de 1817 présente 189,000 hectares ensemencés en grains, savoir :

Environ 75,900 en froment, 5,300 en méteil, 56,000 en seigle, 800 en orge, 500 en sarrazin, 56,500 en maïs et millet noir, 8,000 en avoine, le surplus en graines et menus grains. La culture de la pomme de terre y était plus générale que dans aucun autre département de cette région ; il y avait peu de châtaigniers.

Le produit moyen des récoltes était : en froment et méteil de 8 hectolitres 1/2 par hectare, de 9 en seigle et en sarrazin, de 10 en orge et en avoine, et de 11 en maïs et millet.

Dans les vingt années de 1797 à 1817 le prix moyen de

l'hectolitre de froment varia de 17 fr. 15 c. à 26 fr. 10 c. ; il ne dépassa ce taux que dans les mauvaises années 1811, 1812 et 1816, où il s'éleva à 29 fr. 46 c., 33 fr. 33 c. et 29 fr. 52 c.

Les plaines de ce département, notamment celle d'Alby et celle de Lavaur qui touche à la Haute-Garonne, sont fertiles en grains; il en récolte communément assez pour sa consommation; mais même lorsqu'il en récolte moins il en exporte dans les départemens voisins, et les remplace par des extractions des départemens plus rapprochés des points de son territoire qui en manquent. L'Aveyron est celui des départemens limitrophes qui tire le plus de grains du Tarn pour sa subsistance.

Alby, Gaillac, Castres, Lavaur, sont les principaux marchés; les mercuriales ont le défaut commun à presque toutes celles dont nous avons parlé jusqu'à présent.

———

Nota. Les départemens qui nous restent à parcourir dans cette région sont ceux de l'Aude, des Pyrénées-Orientales et de l'Hérault, situés au sud de celui du Tarn, et ceux de l'Aveyron et de la Lozère situés à son nord-est. Nous suivrons d'abord les deux premiers et reviendrons ensuite vers les autres, dont le dernier est contigu aux départemens de la Haute-Loire et de l'Ardèche, par lesquels nous entrerons dans la 9ᵉ région.

(355)

Aude, département formé aussi d'une portion du Languedoc, du diocèse de Narbonne et de quelques autres petits états ;
il est situé sur la Méditerranée où le canal du Midi, qui le traverse en entier, a son embouchure à Agde dans le département
de l'Hérault : ce canal passe à Castelnaudary et à Carcassonne.
L'Aude qui descend des montagnes au midi coule parallèlement
au canal depuis cette dernière ville jusqu'à la mer, mais n'est
point navigable ; le canal de Narbonne, le canal de la Nouvelle,
celui de Robine qu'alimentent plusieurs rivières, rendent les
transports et les expéditions par mer faciles dans la partie
orientale de ce département.

Il avait, en 1817, 126,600 hectares ensemencés en grains,
savoir : 65,400 en froment, 3,500 en méteil, 14,000 en seigle,
plus de 1,500 en orge, 400 en sarrazin, 21,000 en maïs,
15,000 en avoine, et environ 6,000 en autres grains inférieurs
et graines sèches.

On comptait ainsi le produit d'un hectare : froment 6 hectolitres 3/4 (1), méteil 5 1/2, seigle 7 1/4, orge 9,60/100,
sarrazin 12, maïs et millet 7, et avoine 8 4/5.

Dans le cours des vingt années antérieures à 1817, le prix du

----

(1) La récolte en froment est portée, en 1817, conformément à ce
chiffre, (si ce chiffre n'est pas déduit de son importance comme cela devrait être), à 444,000 hectolitres. M. *Chaptal* évaluait à 1,290,000 hectolitres le produit annuel du département de l'Aude en froment, et, d'après
les renseignemens du ministre du commerce, ils ont été, en 1830,
de 760,000. Voilà trois documens authentiques, officiels, quel est celui
qui mérite confiance ? Il y a de semblables différences presque dans tous
le départemens.

froment y a été presque constamment plus élevé que dans celui de la Haute-Garonne, d'où descendent par le canal tous les grains et farines que ce département et les départemens supérieurs expédient par la Méditerranée, et cette différence excède les frais ordinaires du transport ; le plus bas prix moyen de l'hectolitre a été de 14 fr. 31 c., et le plus haut, en temps ordinaire, de 26 fr. 10 c. Ce prix a dépassé 28 fr. et atteint presque 29 fr. à la suite de la mauvaise récolte de 1801 ; il fut de 33 fr. 50 c., et de 36 fr. 39 c. après celle de 1811, et de 31 fr. 40 c. en 1816.

Nous avons indiqué dans les notices sur la Haute-Garonne et l'Ariége qui le bornent à l'ouest, les rapports de ces départemens avec celui de l'Aude pour le commerce des grains. A l'est, il est limité par celui de l'Hérault, où, comme nous l'avons dit plus haut, les denrées expédiées par le canal s'arrêtent à Agde pour être embarquées, ou sont vendues à Beziers pour les besoins du département de l'Hérault.

« On distingue dans le département de l'Aude plusieurs sortes » de blé : la *tuizelle* de Narbonne, le *Roussillon rouge* ou blé » fin, le *Roussillon blanc*, le *tremeson*, le blé ordinaire de » Castelnaudary, et le blé fort et dur dit *de Bessan*, origi- » naire de Barbarie, que l'on récolte principalement dans » l'arrondissement de Carcassonne.

» ... Année commune, le département fournit à ses consom- » mations en toutes sortes de grains et donne en sus un excé- » dant considérable qui passe dans le commerce des villes de » Castelnaudary, Carcassonne, et Narbonne qui l'exporte dans » le Roussillon, le Bas-Languedoc, les Cévennes et sur la côte

» de Provence. Il s'en exporte même quelques faibles parties en
» très-belles qualités aux minoteries de Toulouse.

» Les usages et les moyens commerciaux sont les mêmes
» que dans la Haute-Garonne, etc. Par le mode usité pour la
» rédaction des mercuriales on trouve le prix moyen exact de
» toutes les ventes ; mais on ne distingue aucune qualité. »
(*Rapport manuscrit.*)

PYRÉNÉES-ORIENTALES. Autrefois le Roussillon, la Cerdagne
française, et d'autres petits territoires. Ce département, situé
au sud de ceux de l'Aude et de l'Arriége, est le commencement
de la chaîne des Pyrénées qui vont en s'élevant de l'est à
l'ouest ; il s'étend, dans ce sens, depuis la mer jusqu'à l'extrémité méridionale du département de l'Arriége ; il est privé de
rivières navigables, si ce n'est la Gly vers son embouchure, à
laquelle se joint un canal du même nom ; il a encore un autre
petit canal à Millas près de Perpignan qui communique aussi
avec la mer ; son sol est coupé et fréquemment ravagé par des
torrens après la fonte des neiges.

Ce que nous avons dit du département de l'Arriége est commun à celui des Pyrénées-Orientales, sauf les particularités suivantes :

Ce dernier département n'avait en 1817 que 45,500 hectares ensemencés en céréales ; peu de pommes terre, point de
châtaigniers ; en voici la distribution :

Au froment 20,000, au méteil 6,000, au seigle 12,600, à l'orge 700, au sarrazin 1,000, 2,000 au maïs et millet, 500 seulement à l'avoine, et le surplus aux légumes secs.

On comptait ainsi le produit d'un hectare : froment 6 hectolitres, méteil 5 1/2, seigle 7 7/10, orge 9 3/5, sarrazin, maïs et avoine 8.

« Dans une bonne année, les produits du département four-
» niraient à sa consommation pendant neuf mois, si tout le
» seigle qu'il produit passait dans le pain, mais les habitans de
» la plaine n'en mangent que peu ou point ; ils consomment de
» préférence du grain froment ; le déficit en blé est couvert par
» des arrivages de mer ou du canal du Languedoc. Ce déficit
» s'accroît par les expéditions que le département fait lui-même
» annuellement sur le Haut-Languedoc, et principalement sur
» l'Aude en beaux grains récoltés dans la Saleugne (plaine
» entre Perpignan et la mer), et avec lesquels les agriculteurs
» des pays qui bordent le canal renouvellent leurs semences.

» On évalue à 5 ou 6,000 hectolitres ces exportations de
» froment de première qualité, et à plus de 65,000 les importa-
» tions soit des départemens qui avoisinent le canal des deux
» mers (par Narbonne), soit de Marseille en blés exotiques et
» en grains dits de Bourgogne (par Port-Vendre et la Nou-
» velle.)

» ... J'ai trouvé une différence très-grande sur les produits
» entre les renseignemens fournis par le commerce ou les agricul-
» teurs et ceux communiqués par la préfecture (1).

---

(1) Cette remarque se trouve dans beaucoup d'autres rapports sur d'autres départemens : tous ces rapports sont de 1819.

(359)

» ... Le commerce des grains dans ce département n'est guère
» qu'un commerce de détail ; les négocians qui s'y livrent ont
» des commissionnaires à Narbonne et dans les villes sur le ca-
» nal jusqu'à Toulouse ; ceux-ci leur envoient soit des mitadins,
» soit des farines cô qu'ils revendent par petites parties aux
» boulangers et aux habitans. Une ou deux maisons de com-
» merce ont essayé de s'affranchir de cette vieille méthode en
» portant leurs demandes directement dans la mer Noire, à
» Odessa et Taganrock ; leur essai a été fructueux. » (*Rapport
manuscrit.*) Ces négocians ont donné par là de l'essor au commerce, mais si les arrivages qu'ils provoquaient avaient ouvert
un nouveau débouché aux blés de la Russie dans nos provinces
ils auraient fait plus de mal que de bien à leur pays.

Les fromens particuliers à ce département sont la tuizelle
blanche et rouge, le blé fort ou dur, originaire, dit-on, de Barbarie, gros, rouge et raboteux, rougeâtre en dedans, mais
rendant beaucoup au pétrin. Le seigle est très-beau dans les montagnes ; il pèse et produit beaucoup aussi.

Le prix des grains est constamment très-élevé dans ce département ; dans les années disetteuses de 1801 et 1802, le prix
moyen de l'hectolitre de froment fut de 31 fr. 05 c. et de 50 fr.
50 c. Il fut de 35 fr. 75 c. et de 59 fr. 61 c., en 1811 et
1812 ; de 33 fr. 65 c., en 1816 ; dans les autres années de récoltes ordinaires, de 1797 à 1817, il ne fut jamais au-dessous de
21 fr. 55 c., et s'éleva jusqu'à 27 fr. 83 c.

———

HÉRAULT. En revenant au nord du département de l'Aude,
et à l'est de ceux du Tarn et de l'Aveyron, on trouve le dé-

partement maritime de l'Hérault, formé aussi d'une portion du Bas-Languedoc et du territoire de plusieurs anciens diocèses; le canal du Midi le traverse au midi jusqu'au port d'Agde, et même jusqu'à celui de Cette; il est aussi traversé du nord au midi par l'Hérault, et, en sens divers, par l'Orbe et d'autres rivières; plusieurs canaux établissent des communications par Beziers, Montpellier, Lunel, entre le grand canal et la mer et Beaucaire dans le département du Gard. La chaîne des Cévennes s'étend en s'abaissant au nord et à l'ouest.

Les montagnes et les étangs ne laissent au labourage qu'un espace insuffisant pour nourrir la population : 53,000 hectares seulement y étaient ensemencés en grains en 1817, et près des 4/5es l'étaient en froment; les autres grains étaient ainsi distribués : méteil un peu plus de 300, seigle environ 5,700, orge 1,100, sarrazin 10, maïs et millet moins de 400, avoine 4,200. Nous n'avons vu dans aucun autre département les espèces secondaires aussi peu cultivées.

On portait à 8 3/4 le produit moyen d'un hectare en froment, à 14 en méteil, 9 en seigle, 7 en orge, 6 1/4 en sarrazin, 16 1/2 en maïs et 18 en avoine.

Les prix des blés y sont communément aussi élevés, et même davantage relativement aux prix du département de l'Aude, que ces derniers prix le sont eux-mêmes relativement à ceux de la Haute-Garonne. L'hectolitre de froment n'y est jamais descendu au-dessous de 18 fr., et il a souvent dépassé 26 fr. en temps ordinaires, dans le cours des vingt années qui ont précédé 1817. Dans les mauvaises années il s'est élevé à 29 fr. 63 c. et 31 fr.

10 c., en 1802 et 1803 ; à 36 fr. 27 c. et 39 fr. 75 c., en 1811
et 1812, et à 34 fr. 43 c., en 1816.

Il est aisé de juger par le tableau de l'ensemencement que les
blés qui sortent de ce département, soit par la mer, soit par ses
frontières de terre pour le Gard, la Lozère, l'Aveyron et même le
Cantal, ne proviennent pas de son sol ou qu'ils y sont remplacés
par les importations, puisqu'il n'en récolte pas assez pour sa
propre consommation. C'est moins sur les marchés communaux
que dans les villes de commerce situées sur les canaux, et que
nous avons déjà nommées, que se font les ventes et les expéditions pour le dehors. Celles qui suivent les routes de terre emploient tous les moyens de portage que nous avons décrits dans
d'autres départemens montagneux.

AVEYRON, c'était la province du Rouergue, pays hérissé au
nord de montagnes qui, comme celles de l'Auvergne dont elles
sont voisines, furent volcanisées, et au midi par une branche de
celles des Cévennes. Un tiers du sol est inculte et produit des
minéraux ; les vallons et les plaines sont arrosés par plusieurs
rivières, dont quelques-unes y deviennent navigables après s'être
grossies de plusieurs autres ; ce sont, entre autres, l'Aveyron,
le Tarn et le Lot.

« Ce n'est qu'en s'approchant du Cantal qu'on aperçoit quelques cultures de froment ; tout le pays situé sur la droite du Lot
ne produit que du seigle et de l'avoine ; celui qui est compris
entre le Tarn et l'Aveyron donne un peu de froment, mais beau-

coup plus des deux autres espèces ; il en est de même de Ville-Comtal, Villeneuve, etc. On appelle *causses* les terres à froment, *segala* les terres à seigle. »

Situation en 1817 :

123,600 hectares étaient ensemencés, savoir : environ 35,400 en froment, 3,700 en méteil, 44,000 en seigle, 12,500 en orge, 1,700 en sarrazin, 4,400 en maïs, 19,200 en avoine, le surplus en graines et menus grains. On y cultivait généralement la pomme de terre et le châtaignier.

L'hectare rendait moyennement en froment 8 hectolitres 1/4, 7 en méteil, 5 en seigle, 10 en orge, 12,85/100 en sarrazin, 24 en maïs et 12,75/100 en avoine.

Malgré la rareté du froment, ou plutôt peut-être à cause du peu d'usage qu'on en fait dans ce département, son prix s'y est élevé beaucoup moins haut dans la période des vingt années de 1797 à 1816 que dans d'autres départemens de la même région plus fromenteux et plus commerçans ; le plus haut prix de l'hectolitre, en temps ordinaires, a été de 23 fr. 33 c., le plus bas 18 fr. 07 c. Dans les années disetteuses, il est monté, savoir : en 1802 et après, à 27 fr. 13 c. et 26 fr. 17 c. ; en 1811 et 1812, à 29 fr. 46 c. et 34 fr. 35 c., et, en 1816, à 31 fr. 65 c.

Ces détails paraissent suffisans pour un département qui ne met rien dans le commerce général. On a vu dans les notices précédentes quels sont ceux d'où il tire ou reçoit ce qui manque à sa subsistance.

Lozère, l'ancien Gevaudan. Ce département prend son nom de la plus haute cime des Cévennes qui en occupent une grande partie. Le Lot, le Tarn, l'Allier y ont leur source, mais n'y sont d'aucune utilité pour les transports.

La partie montagneuse ne produit que du seigle, un peu d'orge et d'avoine ; celle appelée *causse*, comme dans l'Aveyron, produit du froment, de l'avoine, de l'orge et du seigle, et les Cévennes proprement dites sont plantées de châtaigniers sous lesquels on cultive du seigle. La pomme de terre est généralement cultivée.

Les terres ensemencées en céréales, en 1817, ne consistaient qu'en 53,400 hectares environ, savoir :

En froment 9,000, en méteil 3,400, en seigle 28,000, 700 en orge, 600 en sarrazin, 20 en maïs, 5,000 en avoine, 400 en graines légumineuses.

On portait, en chiffres ronds, le produit moyen de l'hectare à 7 hectolitres 1/2 en froment et en seigle, à 7 en méteil, 8 en orge et en avoine, 5 en sarrazin et 6 en maïs.

Le plus bas prix de l'hectolitre de froment dans les vingt ans de 1797 à 1817 avait été de 20 fr. 06 c., le plus haut, en temps ordinaire, de 26 fr. 50 c. Dans les années de grande cherté, il s'était élevé à 27 fr. 53 c., 36 fr. 68 c., 31 fr. 94 c., de 1802 à 1804 compris ; à 30 fr. 43 c. et 36 fr. 13 c., en 1811 et 1812 ; et à 53 fr. 09 c., en 1816.

Un préfet de ce département croyait à la possibilité d'y agrandir considérablement le domaine de la charrue ou de la bêche par des défrichemens de landes d'une grande étendue. La Lozère est tributaire pour sa subsistance de tous les départemens qui l'entourent; les notices sur ces départemens ont dit comment les grains y sont apportés. Il y en arrive même d'au-delà du Rhône, à travers les départemens de la Haute-Loire et de l'Ardèche, par les plus petits moyens de transport.

———

OBSERVATIONS GÉNÉRALES.

L'importation et l'exportation par les départemens des Pyrénées-Orientales, de l'Aude et de l'Hérault, est ouverte ou fermée selon les prix des marchés régulateurs de Toulouse, Marseille, Lyon et Gray. (Voir les *observations générales* à la suite de chacune des régions précédentes.)

———

9ᵉ *Région* ou *Région du Sud-Est.*

Trois départemens de cette région, le Gard, l'Ardèche et la Haute-Loire, sont situés sur la rive droite du Rhône, qui sépare les deux premiers de ceux de la Drôme, de Vaucluse, et du département des Bouches de ce fleuve; en arrière de ces trois derniers départemens sont les départemens frontières des Hautes-Alpes, des Basses-Alpes et le département maritime du Var. Aucun d'eux ne récolte assez de grains pour sa subsistance. Les notices précédentes sur les départemens du Rhône, de l'Isère, de l'Aude, et de l'Hérault , et celle ci-après sur celui des Bouches-du-Rhône, par lesquels les départemens de la région que nous allons parcourir reçoivent les subsistances qui leur manquent , permettent d'abréger celles qui les concernent.

Gard. A l'est des départemens de l'Aveyron et de la Lozère, et au nord-est de celui de l'Hérault que nous avons quittés les derniers dans la 8ᵉ région, est le département du Gard , le cinquième de ceux entre lesquels le Languedoc a été divisé. Le Rhône, le canal de Beaucaire et quelques petits canaux qui établissent vers le midi une communication avec le grand canal du Languedoc, sont ses principales voies de transport. Son extrémité méridionale touche à la Méditerranée ; elle est marécageuse et inculte ; le nord est montagneux, les terres de l'intérieur peu fertiles ; elles ne produisent jamais assez pour la consommation ; dans les années les plus abondantes , elles ne donnent de grains que pour sept ou huit mois.

Situation en 1817 :

65,300 hectares ensemencés en grains , dont à peu près 52,400 en froment, 6,900 en méteil, 9,000 en seigle, 4,000 en orge, 4,800 en sarrazin, 1,600 en maïs, 5,200 en avoine, 1,500 en légumes secs et menus grains. En outre, une assez grande quantité était plantée en pommes de terre et en châtaigniers.

En froment le produit de l'hectare était de 13 hectolitres 63/100, en méteil de 9,88/100, en seigle de 9,78/100 ; il était de 14,77/100 en òrge, de 30,26/100 en sarrazin, de 17,30/100 en maïs et de 20,18/100 en avoine.

Les grains qui y descendent par le Rhône s'arrêtent à Comps, près de Nîmes, et à Beaucaire, d'où on les porte par charrettes dans l'intérieur du département ; quelques batçaux s'arrêtent dans le nord au Pont-Saint-Esprit. Les blés qui arrivent par le canal du Languedoc à Lunel s'expédient aussi de là par charrettes sur Nîmes et les Cévennes.

« Le département du Gard produit à peu près par moitié de
» la *tuizelle* et de l'*aubenne*. Cette dernière espèce de blé est
» blanche et rouge, sa farine est un peu grise ; il se récolte au
» midi à Aymarques, Massillargues, et le long du Rhône depuis
» Saint-Gilles et Beaucaire jusqu'au Pont-Saint-Esprit. La *tui-*
» *zelle* est jaune, tendre et produit beaucoup, et se vend 4 fr.
» de plus que l'*aubenne* ; la plus belle se récolte à Saint-Gilles,
» Usez, Saint-Geniez et Ledignan. » (*Rapport manuscrit.*)

Les mercuriales ne font aucune mention du prix des blés étrangers ; du reste, elles sont établies, comme dans tant d'autres lieux, sans égard aux quantités vendues de chaque qualité : on distingue seulement les tuizelles des aubennes.

Le prix du froment a été constamment très-élevé dans ce département pendant les vingt années de 1797 à 1817, et l'on ne peut aisément distinguer dans le relevé qui en a été fait les années de récoltes ordinaires des années stériles ; le prix le plus bas est de 21 fr. 31 c., le plus haut de 30 fr. 08 c. En 1801 et les deux années suivantes ce prix s'élève à 31 fr. 65 c., 32 fr.

55 c., 37 fr. 39 c. En 1811 et 1812, il est de 58 fr. 95 c.
et 41 fr. 61 c., et, en 1816, de 36 fr. 54 c.

Ardèche, au nord du département précédent, entre ceux de
la Lozère et de la Haute-Loire à l'ouest, et le Rhône à l'est, où
il a en face l'ancienne province du Dauphiné. Ce département a
plusieurs rivières, entre autres la Loire qui y prend sa source,
mais aucun moyen de navigation intérieure.

Ce pays, autrefois les Cévennes et le Vivarais, est composé
de montagnes granitiques et volcaniques ; c'est le seigle qui est
sa principale production en céréales, et ce grain y est de très-
bonne qualité. En 1817, il couvrait 56,300 hectares, le froment
15,000, le méteil de 18 à 1,900, l'orge 3,700, le sarrazin
1,800, le maïs ou millet moins de 1,600 et l'avoine 7,500. En
tout, avec les légumes secs et menus grains, environ 83,800
hectares. Les récoltes avaient donné pour produit de l'hectare
10 hectolitres 2/3 en froment, 9 en méteil, 9 1/9 en seigle,
14 2/3 en orge, 47 1/2 en maïs et méteil (s'il n'y a point d'erreur) et 15 en avoine.

Prix des années disetteuses : en 1803, 37 fr. 06 c. ; en 1811
et 1812, 35 fr. 94 c., 39 fr. 54 c. ; en 1816, 35 fr. 36 c. ;
et, dans les années ordinaires de 1797 à 1817, plus bas 18 fr.
98 c., plus haut 28 fr. 88 c.

« Le département de l'Ardèche a des excédans en pommes de
» terre et en châtaignes qu'il expédie au loin, mais il a des
» déficits annuels en grains. Pour les combler, l'arrondissement

» de Tournon reçoit de Bourgogne et de l'Isère ; celui de Pri-
» vas reçoit aussi de Bourgogne ou prend sur le marché de
» Valence (Drôme). Enfin, celui de l'Argentière reçoit des
» grains de Bourgogne, du Bas-Dauphiné, et par Nîmes des
» grains de la Méditerranée. » (*Rapport manuscrit.*)

Les grains du pays sont d'une qualité supérieure à ceux du Dauphiné et plus encore à ceux dits de Bourgogne.

« A Privas, principal marché du département, la mairie se
» borne à transcrire sur un registre la quantité vendue en masse
» pour le froment, en masse pour le seigle, et ensuite leur prix
» moyen : on n'y indique jamais le prix moyen de la première
» et de la seconde qualité. » (*Manuscrit cité.*)

———

Haute-Loire, département composé, comme le précédent, d'une portion des Cévennes et du Vivarais, et aussi du Velai et du Forez; il est situé entre l'Ardèche et le Cantal, borné au nord par le Puy-de-Dôme, au sud par la Lozère. La Loire et l'Allier n'y sont point navigables. Le sol est montagneux, mais les plaines y sont assez fécondes, notamment celle du Puy et celle de Brioude, dans laquelle nous avons vu que le Cantal puise des grains. La nouvelle *géographie de la France*, ouvrage distingué, dit « que la récolte du froment est plus que suffisante pour la con-
» sommation du pays, et qu'il exporte annuellement à Lyon une
» quantité considérable de marrons, » cependant, l'état ministé-
riel de 1817 ne fait mention ni de maronniers ni de châtaigniers, et ne porte qu'à 9,200 hectares les terres ensemencées en froment.

celles en seigle étaient de 85,100 ; le méteil en occupait 5,200,
l'orge environ 5,500 et l'avoine 10,600. Il n'y avait ni sarrazin
ni maïs ; les légumes secs et les menus grains couvraient environ
4,900 hectares, ce qui élevait à 121,000 et plus l'étendue ensemencée en céréales. La récolte en pommes de terre avait produit 938,000 hectolitres, deux et même trois fois plus que dans
les autres départemens de la même région.

Voici quel y était le produit moyen de l'hectare :

En froment 10 hectolitres 55/100, en méteil 14,25/100, en
seigle 9,58/100, en orge 16,50/100, en avoine 15,03/100.

Prix moyen de l'hectolitre de froment dans les vingt années
de 1797 à 1817 :

1° En temps ordinaires, prix le plus bas 16 fr. 20 c. ; le plus
haut 26 fr. 78 c. ; 2° en temps de disette, savoir : en 1803,
52 fr. 58 c. ; en 1811 et 1812, 29 fr. 67 c. et 35 fr. 43 c., et,
en 1816, 29 fr. 79 c.

On a vu dans les notices sur les départemens environnans comment les grains arrivent de proche en proche et de loin dans
ces pays stériles et de difficile accès.

DRÔME. C'est la partie méridionale et occidentale du Dauphiné, bornée au nord et à l'est par l'Isère et les Hautes-Alpes,
deux départemens formés de la même province, au sud par celui de Vaucluse, et à l'ouest par le Rhône qui le sépare du
département de l'Ardèche.

La Drôme le traverse de l'est à l'ouest dans toute sa largeur jusqu'au Rhône, mais elle n'est navigable que rarement et depuis Crest, à peu de distance de ce fleuve. L'Isère qui le traverse aussi dans sa partie septentrionale, l'est dans tout son cours. Ce département est arrosé par un grand nombre de petites rivières. Les hautes montagnes qui occupent sa partie orientale et les sables qui bordent le Rhône ne lui laissent point assez de terres arables pour les besoins de ses habitans. C'est le Rhône qui lui apporte, soit du nord soit du midi, les grains qui lui manquent; ils remontent dans le haut pays par tous les moyens de transport que l'on peut employer. Nous avons vu que le département de l'Ardèche achète des grains sur les marchés de celui-ci, mais ces grains sont rarement des produits de son sol.

La plaine sableuse de Montélimart a été rendue fertile en céréales, mais d'espèces secondaires.

Le nombre d'hectares ensemencés en 1817 était de 112,800 sur lesquels 67,000 étaient semés en froment, 4,000 en méteil, 28,000 en seigle, 1,700 en orge, 4,000 environ en sarrazin, 450 en maïs et millet et 5,000 en avoine. La plantation des pommes de terre était assez répandue; il y avait peu de châtaigniers.

L'hectare donnait pour produit moyen : 15 hectolitres 58/100 en froment, 12,58/100 en méteil, 10,1/2 en seigle, 15,3/4 en orge, 6,48/100 en sarrazin, 8,45/100 en maïs et 15 en avoine.

« On estime que, dans les années ordinaires, le département
» récolte assez de céréales pour se nourrir pendant dix mois.
» Divers cantons, tels que la Valoire, Valence, Chabreuil,

» Romans et Die, ont des excédans qu'ils versent sur les can-
» tons voisins... Il arrive quelquefois sur les marchés voisins
» du Rhône des farines, même de Paris... Les transports dans
» l'intérieur se font en charrettes et à dos... » (*Rapport manuscrit.*)

Le plus bas prix moyen de l'hectolitre de froment y avait
été, de 1797 à 1817, de 17 fr. 40 c.; le plus haut, dans les
années ordinaires, de 27 fr. 91 c.; et, dans les années disetteuses, savoir : en 1801, 1802 et 1803, 28 fr. 58 c., 30 fr.
90 c. et 36 fr. 57 c.; en 1811 et 1812, 34 fr. 39 c. et 37 fr.
82 c.; et, en 1816, 31 fr. 94 c.

Romans, Valence, Montélimart, sont les principaux marchés de ce département. (Voir les notices sur ceux du Rhône,
de l'Isère et des Bouches-du-Rhône.)

———————

Hautes-Alpes. Le nom de ce département, la partie la plus
élevée de l'ancien Dauphiné, donne seul une idée de sa culture
et de son commerce : des rochers, de profondes vallées, de
nombreux torrens, point de rivières navigables, point de chemins accessibles, et, de plus, l'ignorance des bons procédés,
des bons instrumens d'agriculture pour tirer un meilleur parti
du peu de terres cultivables. On s'accorde cependant à louer les
efforts qu'on y fait depuis une vingtaine d'années pour améliorer
le sol et les méthodes agricoles.

Il n'avait en 1817 que 49,000 hectares semés en grains; le
froment en occupait 25,500, le méteil 5,000, le seigle à peu

près 10,500, l'orge moins de 2,200 et l'avoine moins de 4,800.
On comptait le produit de l'hectare pour 10 hectolitres 08/100
en froment, pour 11,76/100 en méteil et en seigle, et pour
15 en orge et en avoine.

« L'arrondissement de Briançon récolte du seigle au-delà de
» ce qui lui est nécessaire, mais point assez de froment; la
» pomme de terre y supplée. On y cultive la tuizelle et un gros
» blé appelé *bégagnon*. Le déficit se comble par des arrivages
» du Val-d'Embrun et de Gap, et quelquefois du Piémont.
» Dans les cas rares d'abondance, cet arrondissement verse ses
» petits excédans sur ce dernier pays jusqu'à Turin. »

Les excédans en seigle descendent régulièrement vers Embrun
et Gap.

Ces deux villes tirent des blés du département de l'Isère par
Grenoble, et de celui des Bouches-du-Rhône par Marseille et
Sisteron (Var).

Voici le relevé du prix moyen de l'hectolitre de froment dans
ce département dans le période de 1797 à 1817 : le plus bas a
été de 19 fr. 50 c.; le plus haut, dans les années réputées
ordinaires, de 50 fr. 67 c.; et, dans les années disetteuses,
savoir : 34 fr. 20 c. et 45 fr. 83 c., en 1802 et 1803; 39 fr.
80 c. et 41 fr. 41 c., en 1811 et 1812; et 32 fr. 76 c., en
1816.

Basses-Alpes, l'ancienne Haute-Provence. Ce département,
dont le nom fait aussi connaître la structure et l'aridité, n'a
non plus aucune rivière navigable; la Durance le traverse du
nord au sud : les seuls arrondissemens de Sisteron et de Forcal-

quier ont quelque fertilité. Ceux de Digne, de Barcélonnette et de Castellanne, enfoncés dans les Alpes, ne produisent que très-peu de grains.

Situation en 1817 :

Environ 69,800 hectares ensemencés, savoir : en froment 30,100, en méteil 12,300, en seigle 11,100, en orge 1,800, en avoine un peu moins de 6,300, et plus de 8,000 en graines légumineuses et menus grains.

Les récoltes de cette année avaient donné pour produit moyen par hectare 9 hectolitres 40/100 en froment, 7 hectolitres 64/100 en méteil, 5 en seigle, 8 en orge, 7,61/100 en avoine, et 4,41/100 en menus grains et graines.

Malgré la moindre stérilité de ce département et son moindre éloignement des ports de la Provence, par lesquels il tire du dehors les grains dont il manque, le prix du blé y est constamment plus élevé que dans le département des Hautes-Alpes. L'hectolitre de froment n'y est point descendu au-dessous de 22 fr. 05 c., terme moyen, dans les vingt années de 1797 à 1817 ; le plus haut y a été de 37 fr. 95 c. dans les années qui ailleurs étaient ordinaires, et, dans celles de disette, ce prix a été porté à 42 fr. 41 c. en 1803 ; à 42 fr. 14 c. en 1812 ; il ne s'éleva, en 1816, qu'à 34 fr. 51 c. de 26 fr. 87 c. où il était l'année précédente.

« Malgré l'insuffisance de ses récoltes, ce département verse
» quelquefois des blés de son sol sur celui des Hautes-Alpes par
» Seyne, et sur celui du Var par Manosque et les cantons voi-
» sins de la Durance. Ces blés sont de belle qualité ; les blancs
» se composent de tuizelle et les rouges de saissette.

» Ce sont les grains des cantons de Forcalquier, de Sisteron,
» de Seyne qui fournissent le plus à ceux de Digne et de Barce-
» lonnette ; mais il faut annuellement avoir recours à Marseille
» ou aux petits ports du Var, qui reçoivent eux-mêmes des
» blés de cette ville, pour compléter les besoins du départe-
» ment. » (*Rapport manuscrit.*)

———

VAUCLUSE, département composé du Comtat-Venaissin, de
la principauté d'Orange et d'une petite partie de la Haute-
Provence ; il est situé à l'ouest des Basses-Alpes, au sud de la
Drôme, à l'est du Rhône, qui le sépare du département du
Gard, et au nord du département des Bouches-du-Rhône ; il n'a
point dans son intérieur de rivières navigables. La Durance, qui
le sépare de ce dernier département, fertilise quelques parties
de son sol, mais elle y cause souvent de grands ravages. Ses
montagnes font partie de la chaîne des Alpes, et il est un de
ceux qui ont le moins de terres labourables.

En 1817 l'étendue de celles ensemencées en grains n'était
que de 51,200 hectares, c'est-à-dire 1,800 seulement de plus
que dans les Hautes-Alpes ; mais sa position sur le Rhône et sa
proximité de Marseille le mettent bien plus à portée des ressources que ce dernier département, et même que celui des
Basses-Alpes. Sur ces 51,200 hectares, 21,000 étaient ensemencés en froment, environ 7,000 en méteil, 10,700 en seigle,
5,000 en orge, 1,600 en sarrazin, moins de 500 en maïs et
de 4,500 en avoine ; peu de légumes secs, de menus grains et
de pommes de terre.

On y comptait uniformément pour 10 hectolitres le produit
d'un hectare en froment, en méteil ou *consegal* (1) et en sarrazin, à 12 1/2 le produit en seigle et en orge, à 12,40/100 en
maïs et à 12 en avoine ; estimation qui, comme beaucoup
d'autres, ne repose sur rien de certain.

« On calcule qu'année moyenne les grains du département
» nourrissent ses habitans pendant neuf mois et plus..... Les
» belles plaines du bassin de Vaucluse et de L'Ile, celles qui
» bordent la rive droite de la Durance et celles qui entourent
» Avignon sur la rive gauche sont extrêmement fertiles et bien
» cultivées... Les grains du pays de première qualité sont les
» saissettes en petite quantité, et les tuizelles blanches et
» rouges ; ceux de seconde qualité sont les aubennes et un blé
» dit *barbe noire.*

» ... Avignon est l'un des trois marchés du Rhône (2) qui
» fournit le plus à la côte de Provence ; les négocians du Var,
» Toulon, Antibes, etc., lorsqu'ils veulent tirer des grains de
» Bourgogne, s'adressent aux commissionnaires ou commerçans
» de cette ville plutôt que d'en faire descendre pour leur compte
» de Gray ou de Lyon, afin de n'avoir pas à supporter les frais
» et les pertes presque habituelles qu'occasionne la navigation
» du Rhône.

---

(1) Ce nom formé des deux mots italiens *con-segale, avec seigle,*
est le même que le *cossegail* d'Olivier de Serres dont nous avons parlé
page 3 ; le nom de *conceau,* que l'on donne en Bourgogne au méteil,
est probablement une autre altération de ce nom.

(2) Les deux autres sont Lyon et Arles.

» Les grains de la même source destinés au département du
» Gard s'arrêtent à Avignon. Cette ville en reçoit aussi du
» Dauphiné par Vienne.

» Il n'y a pas de marché public à Avignon ; les ventes de
» grains se font par courtiers... Lorsque l'importation est per-
» mise, les grains étrangers remontent à Avignon par le
» Rhône. » (*Rapport manuscrit.*)

Le plus bas prix de l'hectolitre de froment a été de 19 fr.
71 c. dans le cours des vingt années qui précédèrent 1817 ; le
plus haut a été de 29 fr. 52 en temps ordinaires ; il s'est élevé
dans les mauvaises années, savoir : à 33 fr. 60 c., en 1802 ;
à 38 fr. 11 c., en 1803 ; à 37 fr. 52 c., en 1811 ; à 39 fr.
80 c., en 1812 ; à 32 fr. 45 c., en 1816.

Var, partie de l'ancienne Provence, département maritime,
montagneux, même dans sa partie la plus rapprochée des côtes
et couvert en partie de bois ; il est arrosé par beaucoup de rivières mais sans navigation. Ses récoltes en céréales n'égalent
pas communément la moitié de sa consommation.

Les terres ensemencées en grains consistaient, en 1817, en
78,700 hectares, dont 62,700 en froment, 2,300 en seigle,
3,700 en méteil, environ 1,900 en orge, 4,000 en avoine, et
autant en menus grains et légumes secs.

Le rapport moyen d'un hectare y était compté rondement
pour 7 hectolitres en froment, seigle, menus grains et légumes,
pour 8 en méteil, 9 en avoine et 10 en orge.

« Dans l'arrondissement de Toulon la récolte annuelle
» moyenne ne suffit que pour trois mois et demi au plus... Son
» territoire, beaucoup trop sec, ne produit que peu de pommes
» de terre... Le déficit se comble par des arrivages soit directs
» d'Avignon, du Languedoc ou de l'étranger, soit de l'entrepôt
» de Marseille... et par les excédans en froment de l'arrondisse-
» ment de Brignolles.

» ... Dans les bonnes années, ce dernier arrondissement et
» celui de Draguignan récoltent à peu près pour leur consom-
» mation de huit mois ; la culture de la pomme de terre y est
» plus étendue que dans l'arrondissement de Toulon. C'est aussi
» de Marseille, soit par les routes de Saint-Zacharie, Saint-
» Maximin, Brignolles, soit par les ports de Saint-Tropez,
» Saint-Raphaü, Fréjus, que ces arrondissemens tirent le
» complément de leur consommation.

» ... L'arrondissement de Grasse ne produit de grains que
» pour environ cinq mois de sa subsistance. Il s'approvisionne
» aussi par Marseille et par Antibes, plus souvent de blés
» étrangers que de blés français.

» En général, les grains de ce département sont de très-
» bonne qualité ; ce sont des saissettes et des tuizelles.

» A Toulon, les mercuriales ne se font pas conformément
» aux instructions du ministre... La mairie confond toutes les
» qualités sans exception... » (*Rapport manuscrit*, 1819.)

Prix moyen de l'hectolitre de froment de 1797 à 1817.

1° Plus bas, 22 fr. 25 c. ; plus haut, en temps ordinaires,
55 fr. 07 c. ; 2° en temps de disette, savoir : de 1800 à 1803

inclus, 38 fr. 48 c. à 41 fr. 21 c.; en 1811 et 1812, 47 fr. 86 c. et 42 fr. 99 c., et, en 1816, 36 fr. 44 fr.

(Voir pour ce département et les trois précédens la notice suivante sur le département des Bouches-du-Rhône où est le grand entrepôt des blés pour le midi de la France.)

———

Bouches-du-Rhône, l'ancienne Basse-Provence. Ce département, que traverse le Rhône du nord au midi et qui est situé sur la Méditerranée, est le centre du plus grand commerce de céréales dans le midi de la France, non-seulement à cause de ses propres besoins mais parce que le port de Marseille est le point d'arrivée des blés du Levant, de l'Afrique, des divers pays de la Méditerranée, de ceux qui entrent par l'Océan dans cette mer, et de ceux qui y arrivent par le canal du Languedoc pour remonter dans l'intérieur du royaume, de même que des grains que les départemens septentrionaux y expédient par la Saône et le Rhône.

L'est et le sud-est du département sont couverts de hautes montagnes arides; une autre vaste partie du sol est envahie par des étangs, des marais et des terrains pierreux et incultes. « Il » ne récolte pas, assure-t-on, pour fournir à la consommation » de ses habitans pendant le tiers de l'année. L'arrondissement » de Tarascon fournit seul plus de la moitié de la récolte totale » en froment et en seigle; il en nourrit ses habitans et verse » l'excédant, d'environ 30,000 hectolitres de très-bonne qua- » lité, sur les arrondissemens d'Aix et de Marseille, et au-delà » du Rhône par Beaucaire sur le département du Gard. Arles,

» situé plus bas, à la bifurcation de ce fleuve qui forme l'île fertile
» de la Camargue, produit un blé supérieur connu sous le nom
» de *saissette*, le plus beau et le plus productif en farine de toute
» la France.

» ... L'arrondissement de Marseille donne un peu de saissette,
» beaucoup de tuizelle (1) et des blés mélangés. La belle qualité
» de ces blés permet aux boulangers de les mêler avec des blés
» durs étrangers. Il paraît constant que les saissettes d'Arles
» et les tuizelles de Provence et de Vaucluse donneraient des
» minots capables de rivaliser et même de surpasser ceux du
» Tarn et du Lot. » (*Manuscrit.*)

Nous ne parlons ici que des ressources propres au département; quant à celles de l'entrepôt de Marseille, nous renvoyons au chapitre du *commerce extérieur*.

La Durance et plusieurs autres rivières qui descendent des Alpes arrosent le département mais n'y servent point aux transports; il a plusieurs canaux; deux entre autres, le canal de Crapone et celui des Alpines, conduisent les eaux de la Durance dans les cantons d'Aix et de Tarascon, mais les transports dans le haut pays ne peuvent s'opérer que par voitures et bêtes de somme : c'est probablement du poids que celles-ci peuvent porter communément qu'est venu le nom de *charge* que l'on donne dans le commerce à une mesure de blé dont le poids en froment est d'environ 120 kilogrammes.

----

(1) Ce nom, que nous avons déjà vu dans quelques départemens du Languedoc, paraît être le même que *touzelle* et originaire de la Provence. Voir page 11.

L'auteur de la statistique officielle de ce département écrivait quelques années avant 1817 : « On ne voit des blés que dans » quelques cantons, et presque seul du seigle dans tous les au- » tres. » Ce fait se trouve contredit par l'état des semences à cette dernière année; celles de froment couvraient près de 97,500 hectares, et celles de seigle seulement 500; il n'y avait ni méteil, ni sarrazin, ni même de maïs, quoique notre manus- crit évalue la récolte habituelle de ce grain à 12,000 hectolitres et celles de sarrazin à 5,000. L'orge occupait 2,700 hectares, l'avoine à peu près 12,000, et les autres grains et graines en- viron 4,800. En tout, 121,500 hectares semés en céréales.

Les récoltes de 1817 donnaient par hectare un produit moyen de 5 hectolitres 30/100 en froment, 4,43/100 en seigle, 5,85/100 en orge et 7,13/100 en avoine.

Le relevé des prix de l'hectolitre de froment, des vingt années antérieures à cette même année, met le plus bas à 20 fr. 67 c., et le plus haut à 29 fr. 82 c. en temps ordinaires ; mais l'état de guerre sans doute qui nuisait aux arrivages par mer a élevé le prix au-dessus de 52 fr. et jusqu'à 57 fr. 05 c. de 1800 à 1804. La disette le fit monter, en 1812, à 42 fr. 56 c.; il fut de 33 fr. 07 c. en 1816.

Les barques qui descendent le Rhône s'arrêtent à Arles pour transborder leurs chargemens sur des bâtimens propres au cabo- tage.

Il n'y a point de marché à Marseille. Les grains y sont vendus par l'entremise de courtiers et entre négocians. Les bou- langers s'approvisionnent à l'Annonerie, souvent sans intermédiaires. On appelle ainsi un vaste bâtiment composé de greniers appartenant à divers propriétaires.

La mercuriale ne s'établit que sur les ventes faites aux boulangers ; c'est d'après les notes des courtiers que s'établit le cours des blés vendus provenans de divers pays. Les mercuriales ne distinguent point le prix des grains indigènes ; elles n'ont pour objet que de servir à la fixation du prix du pain. Les cours du commerce cotent les prix des grains, selon leur origine, sous les noms de Bourgogne, Bretagne, Romagne, Odessa, Taganrock, etc.

« Les mercuriales d'une ville aussi importante que Mar-
» seille et qui tient le premier marché de grains de France se
» font avec une irrégularité révoltante ; sa rédaction est aban-
» donnée aux soins d'un commis subalterne, auquel j'ai essayé
» de faire des observations, et qui m'a répondu agir ainsi
» d'après des ordres supérieurs. » (*Rapport manuscrit*, 1819.)

On a vu dans les notices précédentes, principalement dans celles sur Lyon et Toulouse, d'où et par quelles voies les grains du nord, de l'ouest et du sud-ouest de la France sont expédiés sur Marseille. Nous dirons, au chapitre suivant, quels sont les ports étrangers qui envoient des blés à son entrepôt ; nous désignerons ici les diverses routes que prennent les grains qui sortent de ce port.

Marseille expédie par mer, d'un côté, sur le département du Var à Toulon, Hières, Saint-Raphau, Tropez et Antibes ; d'un autre côté, 1° sur le département de l'Hérault, à Cette, pour Montpellier et pour Nîmes (Gard), à Agde pour Beziers en remontant le canal ; 2° sur le département de l'Aude, au port de la Nouvelle pour Narbonne et Perpignan (Pyrénées-Orientales), et 3° plus directement pour cette dernière ville par Port-Vendres ; 4° enfin sur la Corse, à Bastia, Calvi et Ajaccio.

Marseille envoie aussi par le Rhône à Arles et Tarascon (même département), à Beaucaire et au Pont-Saint-Esprit (Gard), à Avignon (Vaucluse), à Montélimart (Drôme), à Vienne (Isère) et à Lyon. Il est inutile de dire que ces expéditions, en remontant le Rhône, n'ont lieu que dans les temps où les blés indigènes ne descendent plus ce fleuve et ne suffisent plus à la consommation.

On expédie encore de Marseille par terre sur les moins éloignées de ces places quand la navigation éprouve quelque obstacle, et constamment aux villes éloignées de la côte : à Aix (même département), à Brignolles, Draguignan, Forcalquier, Saint-Maximin (Var), à Manosque, Riez, Sisteron, Digne (Basses-Alpes), à Gap, Embrun, Briançon (Hautes-Alpes), à Grenoble (Isère).

Marseille est le port de France où le commerce des blés a le plus d'étendue et d'activité. Ses mouvemens sont les régulateurs de ceux de ce commerce dans les provinces du nord et de l'ouest qui, par la mer ou les rivières, peuvent communiquer avec ce port.

OBSERVATIONS GÉNÉRALES.

Voir les *observations générales* à la suite de chacune des régions précédentes.

Marseille est la seule place de cette région qui

fasse partie des marchés régulateurs de l'importation et de l'exportation par les ports de la Méditerranée ; les autres marchés concurrens sont ceux de Toulouse, de Lyon et de Gray.

Pour l'entrée et la sortie par les Hautes et Basses-Alpes, les marchés régulateurs sont les mêmes que pour le département de l'Isère, c'est-à-dire ceux du Grand-Lemps , de Saint-Laurent et de Gray.

10ᵉ *Région , île de Corse.*

Cette région ne se compose que de l'île de Corse, qui ne forme plus qu'un seul département. Cette île ne fournit rien au commerce extérieur des grains ; elle n'en récolte point assez pour sa consommation ; mais sa position à proximité des grands entrepôts de Marseille, de Gênes, et surtout de Livourne, lui assure en tout temps des ressources promptes et suffisantes. Coupée en différens sens par de longues chaînes de montagnes et par des rivières non navigables ; couverte aussi en grande partie de bois et de terrains marécageux, la culture et le commerce des blés dans l'intérieur y sont fort restreints. Elle ne contenait en 1817 que 54,800 hectares emblavés, c'est-à-dire semés en céréales, savoir : en froment un peu plus de 13,100, en méteil un peu moins de 1,900, 2,500 en seigle, environ 12,700 en orge, de 2,700 en maïs ou millet et 2,200 en légumes secs. Il y avait peu de pommes de terre, mais assez de châtaigniers pour avoir donné 100,000 hectolitres de châtaignes.

Le produit moyen de l'hectare résultant des récoltes était de

40 hectolitres de froment; 12 1/2 de méteil, 14 de seigle, 12 d'orge ou de légumes et 17,88/100 de maïs.

Le relevé du prix moyen de l'hectolitre de froment dans cette île, antérieurement à 1817, ne remonte qu'à 1805. Ce prix s'y est élevé, en 1811, à 46 fr. 10 c.; il était, en 1812, à 49 fr. 16 c. Dans les autres années, il a varié de 20 fr. 77 c. à 38 fr. 55 c. Précédemment, en 1801, il était monté à 44 fr. 18 c. Les récoltes de l'île ont bien moins d'influence sur les prix que celles des divers pays qui l'approvisionnent.

Les arrondissemens de Bastia, Calvi et Corte, qui composaient le département du Golo quand la Corse était divisée en deux, sont les moins fertiles en grains. Dans la partie occidentale et méridionale, qui formait le département du Liamone, les arrondissemens de Vico, d'Ajaccio, de Talano, et surtout celui de Sartène, le sol étant plus plat, plus arrosé et mieux cultivé, produit plus de céréales, mais moins cependant que la consommation de ces arrondissemens réunis n'en exige. On remarquera l'absence totale de l'avoine et du sarrazin dans cette île.

Elle ne fait point partie des départemens frontières soumis aux lois régulatrices de l'importation et de l'exportation des grains. Livourne et la Sardaigne, qui n'en sont distantes, l'une au nord, l'autre au midi, que par quelques heures de navigation, sont les sources principales où elle puise ses approvisionnemens en grains, dans la première pour Bastia et la côte est et nord, dans la seconde pour Ajaccio et pour l'ouest et le sud.

FIN DU TABLEAU SOMMAIRE DU COMMERCE INTÉRIEUR.

CHAPITRE V.

COMMERCE EXTÉRIEUR.

Exportations et Importations. — Leur importance annuelle, leur *maximum*. — Pays de production. — Pays d'entrepôt. — Direction des douanes dans lesquelles elles s'opèrent. — Efforts à faire pour rendre inutile l'importation des blés étrangers.

———

Les premières lois permanentes sur l'exportation et l'importation des céréales rendues sous le gouvernement de la restauration eurent pour motif de protéger le cultivateur et la culture même des blés, l'une contre les effets de la surabondance des récoltes indigènes, l'autre contre ceux de la trop grande affluence des blés étrangers; car, ainsi que nous l'avons déjà dit, la loi de 1819 sur l'importation était restrictive de la faculté d'importer qui jusqu'alors n'avait point été limitée. L'opposition s'empara de cette circonstance pour attaquer ces lois comme partiales, abusives, onéreuses à la majorité des habitans, qui ne vit que de salaires; le but de la révolution de 1830 étant de favoriser les intérêts populaires, ces lois ont été amendées dans cet esprit en 1832; leurs effets diront si, comme vient de

l'écrire un publiciste à propos d'une mutinerie d'ouvriers, « le pain est *tombé* à un prix qui assure un
» *encouragement suffisant* à l'agriculture (1). »

Jamais avant la loi de 1819 l'importation des blés
en France n'avait été assez immodérée pour que les
propriétaires du sol en prissent l'alarme; l'importation qui suivit la disette de 1816, portée en deux
ans à 2,996,500 quintaux métriques, excita leurs
cris de toutes parts et amena la loi limitative de
l'entrée des grains exotiques; dans la seule année
1832, l'importation de ces blés s'est élevée à 3,462,000
quintaux, et nulle plainte formelle ne s'est fait entendre contre elle, quoique certainement le déficit
de la récolte de 1831 fût moindre de beaucoup que
celui de 1816. C'est une anomalie semblable à celle
que nous avons signalée, pages 142 et 143, touchant
les prix réels et les prix limites, et de laquelle aussi
il serait utile de rechercher les causes.

Ces 3,462,000 quintaux métriques sont la somme
la plus forte des *importations annuelles* depuis l'établissement de la législation permanente sur les céréales.
La somme la plus forte des *exportations* de grains de
toute espèce depuis la même époque est de 640,330

---

(1) *Journal des Débats*, septembre 1833. C'est de la taxe de Paris
qu'il s'agit; cette taxe est dans ce mois de 57 c. par pain de deux kilogr.,
de la première qualité; et de 42 c. et demi par pain de la seconde.

quintaux, quantité sortie en 1827, et dans laquelle sont compris les envois faits dans nos colonies. Telle est, jusqu'à présent, la mesure extrême des deux mouvemens opposés de notre commerce au-dehors depuis 1814.

Le taux moyen des *exportations annuelles* pendant les sept années de 1820 à 1827, y compris celles pour les colonies, a été de 348,410 quintaux. En déduisant ces dernières les exportations à l'étranger n'ont été par an que de 219,137 quintaux.

Le taux moyen des *importations annuelles* pendant les quatre années suivantes, qui furent de mauvaises années, a été de 1,572,857 quintaux.

On peut tirer de ces faits la conséquence que, communément, le commerce extérieur des céréales roule pour la France sur une masse de moins de deux millions de quintaux, dont elle reçoit près des quatre cinquièmes et dont elle fournit moins d'un cinquième, et que, dans les années disetteuses, elle peut recevoir 3,500,000 quintaux de céréales sans exciter les plaintes de son agriculture, et, dans celles d'abondance, exporter 640,000 sans faire hausser exorbitamment le prix des grains indigènes.

Les blés étrangers viennent ou des *pays de production,* ou des *pays d'entrepôt*; les premiers sont : 1° en Europe, la Russie septentrionale et méridionale, dans laquelle il faut aujourd'hui comprendre la Pologne ; la Hongrie, la Romagne, la Sicile, la Sardaigne, quelques parties de l'Espagne ; sur les bords du Rhin, la Souabe et l'ancien Palatinat ; la Belgique. Il faut compter aussi dans les États exportateurs la Suède, la Poméranie, le Mecklembourg, le Danemarck pour les seigles et les avoines. 2° En Afrique, l'Égypte, les régences barbaresques et le royaume de Maroc. 3° En Amérique, les États-Unis.

Les pays d'entrepôt, c'est-à-dire ceux qui tirent des grains des lieux de production pour les réexpédier sur les divers points de consommation, sont principalement : dans la mer Baltique, les villes anséatiques ; dans la mer du Nord, la Hollande et l'Angleterre ; dans le golfe Adriatique, Trieste ; dans la Méditerranée, Livourne et Gênes.

Chaque pays de production a lui-même de premiers dépôts situés sur les bords de la mer où se rendent des divers points de l'intérieur les blés destinés à être exportés. C'est à ces dépôts que puisent les villes entrepositaires et les consommateurs qui franchissent ces intermédiaires : tels sont, *pour la Russie septentrionale,* Archangel, Revel, Riga ; *pour la Pologne et la Prusse,* Memel, Elbing, Dantzik, Stettin ; *pour les pays arrosés par l'Elbe et le Wezer,*

Hambourg et les autres villes anséatiques de la Baltique ; *pour la Russie méridionale*, Odessa, Taganrok sur la mer d'Azof, Kaffa, etc. ; *pour l'Égypte*, Alexandrie ; *pour les régences d'Afrique et Maroc*, Tunis, Tanger, etc. ; *pour la Hongrie*, Fiume et Trieste dans le golfe Adriatique, Patras *pour la Morée*, Ancône *pour l'Italie septentrionale*, situées toutes deux sur le même golfe ; *pour la Romagne*, Civita-Vecchia ; *pour les Deux-Siciles*, Naples et Palerme ; *pour la Toscane et la Lombardie*, Livourne et Gênes, déjà désignés comme entrepôts des blés du Levant ; *pour la Sardaigne*, Cagliari ; et *pour l'Espagne*, Barcelonne sur la Méditerranée et Saint-Ander sur l'Océan. En Amérique, New-Yorck, Baltimore, Boston, Philadelphie *pour le pays de l'Union*, et la Nouvelle-Orléans *pour la Louisiane.*

Les directions des douanes françaises où le mouvement extérieur des grains a habituellement le plus d'activité sont : *sur la frontière maritime*, celles de Marseille, Toulon, Montpellier, Perpignan pour la Méditerranée, et celles de Bordeaux, Nantes le Hàvre ou Rouen et Dunkerque pour l'Océan et la Manche ; et *sur la frontière de terre*, les directions de Valenciennes, Thionville, Strasbourg, Belley, Grenoble et Digne.

Le sujet de ce livre étant de présenter un tableau de la France seulement sous le rapport de la culture, de la consommation et du commerce des céréales, nous ne le grossirons pas des renseignemens que nous avons recueillis sur leur culture et leur commerce dans les autres pays; ils pourront faire le sujet d'un autre ouvrage.

Long-temps la Pologne pour le Nord, l'Italie et les États barbaresque pour le Midi, ont été les seules sources où la France et, en général, les autres États de l'Europe allaient puiser le supplément nécessaire aux blés de leur territoire; c'était principalement aux Hollandais et aux Anglais que la France demandait le secours des grains de la Baltique; c'était par des Juifs et des Grecs que lui étaient apportés ceux d'Afrique et du Levant. L'agrandissement de l'empire russe, principalement sur la mer Noire, celui des États-Unis de l'Amérique, ont ouvert depuis cinquante ans, et notamment depuis vingt, de nouvelles sources d'abondance. Des routes nouvelles se sont ainsi ouvertes au commerce; et, d'un autre côté, les Français ont appris à aller puiser aux sources mêmes avec leurs propres navires les denrées qu'ils ne recevaient que par des navires étrangers.

Les secours que l'Europe a reçus et reçoit encore de ces sources lointaines sont immenses; ils ont, sans nul doute, atténué ou prévenu de grandes calamités;

leur prix a grandement contribué à la richesse des États qui les lui envoie ; mais est-il certain que l'Europe, et surtout la France, ne puissent jamais s'en passer ? Une agriculture plus étendue, des voies de communication plus faciles, des réglemens moins prohibitifs qui donneraient aux nations agricoles de l'Europe occidentale les moyens de multiplier les produits du sol et de les répartir entre eux, finiraient avec le temps par les affranchir du tribut qu'elles paient ainsi à des nations rivales. C'est la consommation de la population ouvrière qui fait chez nous la valeur des grains ; c'est l'absence d'une telle cause qui leur donne si peu de valeur en Russie, en Pologne, en Amérique. Un jour, quand les progrès de la civilisation auront fait établir dans ces pays des manufactures pour tous les genres d'industries, ils réserveront pour eux-mêmes les subsistances qu'ils vendent aujourd'hui aux nations industrieuses, et celles-ci seront réduites aux ressources de leur propre sol ; ce que nous serons obligés de faire alors, il est sage de nous y préparer dès à présent. Ce qui reste à conquérir du sol de notre patrie pour l'agriculture produirait seul plus de blés que nous n'avons besoin actuellement d'en demander aux nations étrangères.

TABLEAUX

DU PRIX DU BLÉ EN FRANCE DE 1755 A 1832.

Prix moyens par année de l'hectolitre de froment depuis et compris 1756 jusqu'à 1819 inclus.

1º DANS LE ROYAUME DIVISÉ EN GÉNÉRALITÉS, ETC.		2º DANS LE ROYAUME DIVISÉ EN DÉPARTEMENS.	
1756, 9 fr. 58 c.		1791, 16 fr. 25 c.	
1757, 11 91		1792, 22 10	
1758, 11 29		1793, 35 03	
1759, 11 79			
1760, 11 79			Le territoire de la France était alors plus étendu qu'avant la guerre de 1792.
1761, 10 »		1794,	Sans appréciation possible, à cause de la dépréciation des assignats et des mandats, et de l'établissement du *maximum* et des réquisitions forcées.
1762, 9 94	Edits en faveur de la liberté illimitée du commerce des grains.	1795,	
1763, 9 58		1796,	
1764, 10 13			
1765, 11 18			
1766, 13 29			
1767, 14 31		1797, 19 f. 49 c.	
1768, 15 53		1798, 17 12	
1769, 15 41	Arrêts du parlement et du conseil qui rétablissent le régime réglementaire et prohibitif.	1799, 16 25	
1770, 18 85		1800, 20 43	
1771, 18 19		1801, 22 47	
1772, 16 68		1802, 24 35	
1773, 16 48	Arrêts du conseil qui rétablissent la liberté du commerce des blés dans l'intérieur seulement.	1803, 24 65	La France est ici restreinte aux départemens compris dans le traité de paix du 30 mai 1814.
1774, 14 60		1804, 19 24	
1775, 15 93		1805, 19 09	
1776, 12 94		1806, 19 41	
1777, 13 38		1807, 18 93	
1778, 14 70		1808, 16 58	
1779, 13 61		1809, 14 93	
1780, 12 62		1810, 19 68	
1781, 13 47		1811, 26 19	
1782, 15 29			Décret impérial qui prohibe les ventes hors des marchés, fixe un *maximum* au prix du blé, etc.
1783, 15 07		1812, 34 33	
1784, 15 35		1813, 22 58	
1785, 14 89			
1786, 14 12	Déclaration du Roi autorisant le commerce des blés de province à province et avec l'étranger.	1814, 17 73	Loi du 2 décembre qui autorise l'exportation.
1787, 14 18			
1788, 16 12	Suspension de l'exportation.	1815, 19 53	Suspension de l'exportation.
1789, 21 90	Décret du 29 août pour la vente et la circulation libre dans l'intérieur seulement.	1816, 28 31	
1790, 19 48		1817, 36 16	
		1818, 24 65	
		1819, 18 43	

Prix moyens généraux par année de l'hectolitre de froment résultant des prix de l'hectolitre dans les diverses classes des départemens frontières, créées par les lois du 2 décembre 1814, 16 juillet 1819 et 4 juillet 1821, pour régler l'exportation et l'importation des grains,

Depuis et compris 1820 jusqu'à 1831 compris.

———

Du 1er août 1819 au 1er août 1820,			16 fr.	60 c.	25 m.
—	1820	—	1821,	18	65	36
—	1821	—	1822,	15	08	50
—	1822	—	1823,	17	20	04
—	1823	—	1824,	15	86	68
—	1824	—	1825,	14	80	03
—	1825	—	1826,	15	23	26
—	1826	—	1827,	15	97	53
—	1827	—	1828,	20	44	61
—	1828	—	1829,	22	34	65
—	1829	—	1830,	21	29	56
—	1830	—	1831,	22	41	78

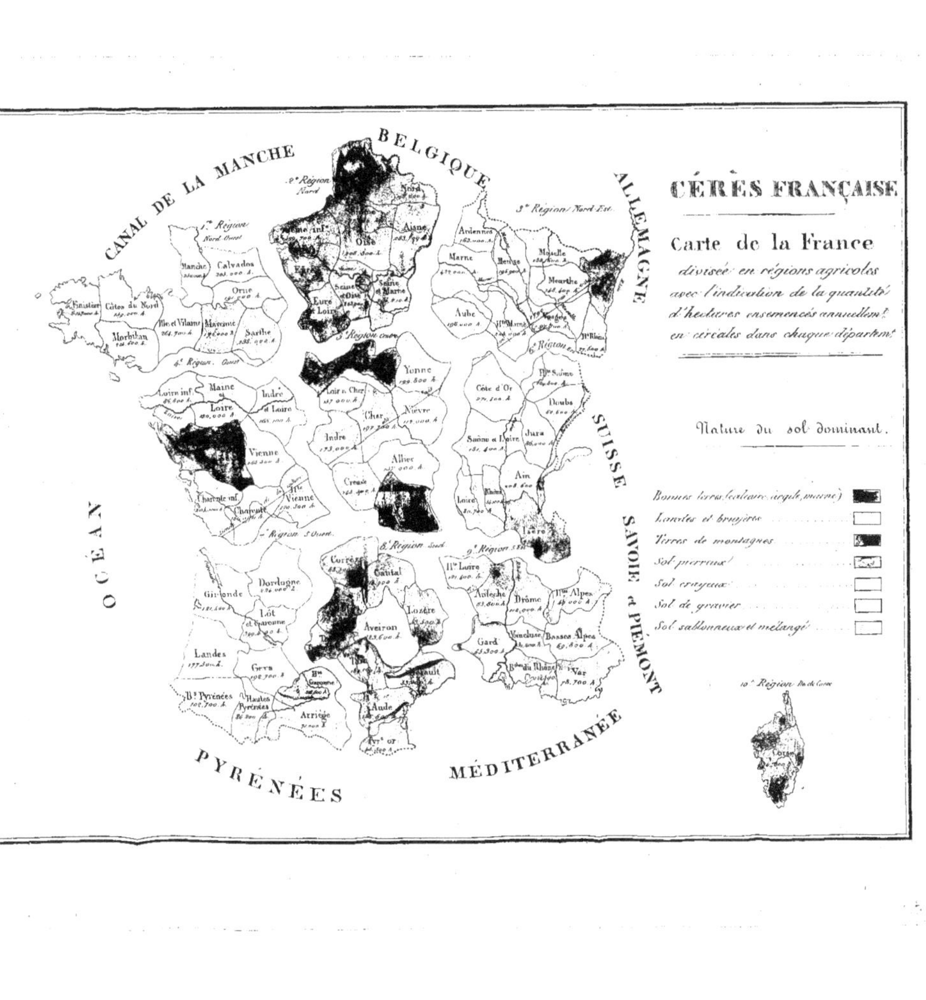

CANAL DE LA MANCHE
BELGIQUE
ALLEMAGNE
SUISSE
SAVOIE et PIÉMONT
OCÉAN
PYRÉNÉES
MÉDITERRANÉE

CÉRÈS FRANÇAISE
Carte de la France
divisée en régions agricoles
avec l'indication de la quantité
d'hectares ensemencés annuellem.
en céréales dans chaque départem.

Nature du sol dominant.

Bonnes terres (calcaire, argile, marne)
Landes et bruyères
Terres de montagnes
Sol pierreux
Sol crayeux
Sol de gravier
Sol sablonneux et mélangé

1re Région Nord-Ouest
2e Région Nord
3e Région Nord-Est
4e Région Ouest
5e Région Centre
6e Région Est
7e Région S.Ouest
8e Région Sud
9e Région Est
10e Région Ile de Corse

Finistère
Côtes du Nord
Morbihan
Manche
Calvados
Orne
Ille-et-Vilaine
Mayenne
Sarthe
Seine-inf
Oise
Aisne
Eure
Eure-et-Loire
Seine
Seine-et-Oise
Seine-et-Marne
Ardennes
Marne
Meuse
Moselle
Meurthe
Aube
H.te Marne
Bas-Rhin
Loire-inf
Maine-et-Loire
Indre-et-Loire
Loir-et-Cher
Yonne
Cher
Nièvre
Côte d'Or
Doubs
H.te Saône
Jura
Indre
Vienne
Creuse
Allier
Saône-et-Loire
Ain
Loire
Rhône
Isère
H.te Vienne
Charente-inf
Charente
Dordogne
Gironde
Lot-et-Garonne
Landes
Gers
H.te Garonne
B.ses Pyrénées
Hautes Pyrénées
Arriège
Corrèze
Cantal
Lozère
Aveiron
H.te Loire
Ardèche
Drôme
H.tes Alpes
Gard
Vaucluse
Basses Alpes
B.ches du Rhône
Var
Hérault
Aude
Py.t or
Corse